Visual Basic 6.0 程序设计教程

戴祖诚　张　力　编著

云南大学出版社

图书在版编目（CIP）数据

Visual Basic 6.0 程序设计教程/戴祖诚，张力编
著.—昆明：云南大学出版社，2010
ISBN 978 - 7 - 5482 - 0066 - 6

Ⅰ.①V… Ⅱ.①戴… ②张 Ⅲ.①
BASIC 语言—程序设计—高等学校—教材 Ⅳ.①TP312

中国版本图书馆 CIP 数据核字（2010）第 061077 号

Visual Basic 6.0 程序设计教程

戴祖诚 张 力 编著

策划组稿：徐 曼
责任编辑：徐 曼 朱光辉
封面设计：刘 雨
出版发行：云南大学出版社
印 装：云南南方印业有限责任公司
开 本：787mm×1092mm 1/16
印 张：22.25
字 数：541 千
版 次：2010 年 5 月第 1 版
印 次：2010 年 5 月第 1 次印刷
书 号：ISBN 978 - 7 - 5482 - 0066 - 6
定 价：35.00 元

社 址：云南省昆明市一二一大街 182 号
云南大学英华园内（邮编：650091）
发行电话：(0871) 5033244，5031071
网 址：http：//www.ynup.com
E - mail：market@ynup.com

内容简介

本书主要介绍 Visual Basic 6.0 的程序设计方法，通过大量的实例，循序渐进、深入浅出地介绍了 Visual Basic 6.0 中文版的集成开发环境，面向对象的程序设计方法，Visual Basic 6.0 程序设计基础、Visual Basic 6.0 控制结构、数组、过程及常用标准控件、对话框程序设计、用户界面设计、数据文件、数据库基础以及开发应用程序等。全书力求结构严谨、叙述生动、通俗易懂、简洁实用。每章附有习题，便于教学和练习。

本书可作为高等学校本、专科学生开设计算机程序设计语言课程的教材，也可作为培训班教材和自学用书。

为便于教学，本书作者还提供了电子教案和源程序及代码，欢迎与之联系。

E－mail：dzcheng88@126.com

前　言

　　Visual Basic 是 Microsoft 公司推出的一种可视化的编程工具，其功能强大、简单易学、面向对象编程的优势，成为广泛共识，已成为新一代的程序设计语言。Visual Basic 6.0 中文版是在 Visual Basic 5.0 的基础上发展起来的，是 Visual Basic 6.0 英文版的完全汉化版。它不仅是一种面向对象编程语言，还是一种集成开发环境，是一部生成应用程序的机器，它在应用软件开发、多媒体课件及模拟技术等方面的应用越来越广，在 Visual Basic 6.0 的集成开发环境下，用户可以方便地设计出美观、友好的界面，极大地提高了编程效率。

　　我国的许多高等院校普遍都把 Visual Basic 6.0 作为学生学习的第一门计算机高级语言。但是，大多数学生没有编程基础，学习中最大的困难是编写程序代码。因此，本书在结构和内容编排上注重基础知识和基本概念，采取由浅入深、循序渐进的方法，加强理论与实际的密切结合，使读者能较容易地掌握 Visual Basic 6.0 的程序设计方法和技巧，并应用到所学的专业和相关领域。

　　全书共分 13 章，其中第 1~2 章介绍了 Visual Basic 6.0 中文版的集成开发环境；第 3~7 章介绍了 Visual Basic 6.0 的语言基础和面向对象的程序设计方法；第 8~10 章介绍了常用标准控件、对话框、菜单栏、工具栏、状态栏和 MDI 窗体设计；第 11 章介绍了文件的基本操作；第 12 章扼要介绍了数据库的基础知识；第 13 章主要介绍了绘图、剪贴板、键盘事件和鼠标事件以及开发应用程序课件，并简要介绍了笔者在物理学方面用 Visual Basic 6.0 中文版所开发的部分应用程序课件。

　　由于我们水平有限，书中还有诸多不足之处，敬请广大读者多提宝贵意见。

编　者

2009 年 10 月

目 录

第 1 章 Visual Basic 概述 ………………………………………………… （1）

1.1 Visual Basic 发展简史 …………………………………………… （1）

1.2 Visual Basic 6.0 的特点 ………………………………………… （1）

1.3 Visual Basic 6.0 的版本 ………………………………………… （2）

1.4 Visual Basic 6.0 中文版的安装及要求 ………………………… （3）

1.5 Visual Basic 6.0 中文版的启动与退出 ………………………… （5）

习 题 …………………………………………………………………… （5）

第 2 章 Visual Basic 6.0 中文版集成开发环境 ……………………… （6）

2.1 主窗口 ……………………………………………………………… （6）

2.2 其他窗口 …………………………………………………………… （10）

习 题 …………………………………………………………………… （13）

第 3 章 面向对象的程序设计方法 ……………………………………… （14）

3.1 对象及其属性、方法和事件 ……………………………………… （14）

3.2 窗 体 ……………………………………………………………… （16）

3.3 控 件 ……………………………………………………………… （21）

3.4 创建一个简单的 Visual Basic 6.0 应用程序 …………………… （23）

3.5 Visual Basic 6.0 应用程序的结构与工作方式 ………………… （29）

习 题 …………………………………………………………………… （30）

第 4 章 Visual Basic 6.0 程序设计基础 …………………………… （31）

4.1 数据类型 …………………………………………………………… （31）

4.2 常量和变量 ………………………………………………………… （36）

4.3 变量的作用域 ……………………………………………………… （44）

4.4 常用内部函数 ……………………………………………………… （47）

4.5 运算符与表达式 …………………………………………………… （61）

4.6 输入和输出 ………………………………………………………… （74）

习 题 …………………………………………………………………… （95）

第 5 章 Visual Basic 6.0 控制结构 ………………………………… （97）

5.1 顺序结构 …………………………………………………………… （97）

5.2 选择控制结构 ……………………………………………………… （99）

5.3 多分支控制结构 ………………………………………… (106)

5.4 For 循环控制结构 ……………………………………… (109)

5.5 While...Wend 循环控制结构 …………………………… (113)

5.6 Do 循环控制结构 ……………………………………… (115)

5.7 多重循环 ………………………………………………… (120)

5.8 GoTo 型控制结构 ……………………………………… (124)

习　题 ……………………………………………………… (126)

第6章　数　　组 …………………………………………… (127)

6.1 数组的概念 ……………………………………………… (127)

6.2 动态数组 ………………………………………………… (130)

6.3 数组的基本操作 ………………………………………… (133)

6.4 数组的初始化 …………………………………………… (140)

6.5 控件数组 ………………………………………………… (142)

习　题 ……………………………………………………… (147)

第7章　过　　程 …………………………………………… (149)

7.1 Sub 过程 ………………………………………………… (149)

7.2 Function 过程 …………………………………………… (154)

7.3 参数传递 ………………………………………………… (158)

7.4 可选参数和可变参数 …………………………………… (163)

7.5 对象参数 ………………………………………………… (166)

7.6 递　归 …………………………………………………… (169)

7.7 Sub Main 过程与快速提示窗体 ……………………… (171)

7.8 Shell 函数 ……………………………………………… (175)

习　题 ……………………………………………………… (177)

第8章　常用标准控件 ……………………………………… (178)

8.1 标　签 …………………………………………………… (178)

8.2 文本框 …………………………………………………… (179)

8.3 命令按钮 ………………………………………………… (184)

8.4 框架控件、单选按钮和复选框 ………………………… (186)

8.5 列表框 …………………………………………………… (189)

8.6 组合框 …………………………………………………… (194)

8.7 图片框和图像框 ………………………………………… (197)

8.8 直线和形状 ……………………………………………… (199)

8.9 滚动条控件 ……………………………………………… (202)

8.10 定时器 ………………………………………………… (205)

8.11 文件系统控件 ………………………………………… (209)

习　题 ·· (213)

第9章　对话框程序设计 ···································· (214)
9.1　对话框概述 ·· (214)
9.2　自定义对话框 ·· (214)
9.3　通用对话框 ·· (217)
习　题 ·· (226)

第10章　用户界面设计 ···································· (227)
10.1　菜单栏设计 ··· (227)
10.2　工具栏设计 ··· (233)
10.3　状态栏设计 ··· (239)
10.4　MDI 设计 ··· (242)
习　题 ·· (254)

第11章　数据文件 ·· (255)
11.1　文件概述 ··· (255)
11.2　文件的打开与关闭 ····································· (258)
11.3　文件操作语句和函数 ··································· (260)
11.4　顺序文件 ··· (262)
11.5　随机文件 ··· (270)
习　题 ·· (277)

第12章　数据库基础 ······································ (278)
12.1　数据库基本知识 ······································· (278)
12.2　Data 控件 ·· (283)
12.3　SQL 语言 ··· (289)
习　题 ·· (298)

第13章　开发应用程序 ···································· (299)
13.1　绘　图 ··· (299)
13.2　剪贴板 ··· (311)
13.3　键盘事件和鼠标事件 ··································· (317)
13.4　文字特技 ··· (327)
13.5　开发应用程序课件 ····································· (332)
13.6　制作应用程序的安装盘 ································· (343)
习　题 ·· (347)

参考文献 ·· (348)

第 1 章　Visual Basic 概述

Visual Basic 由于简单易学、功能强大而深受广大用户的喜爱，随着 Visual Basic 版本的升级，其功能和性能不断得到增强，作为一种可视化的编程工具，极大地方便了用户的使用，提高了编程效率。本章主要介绍 Visual Basic 发展简史、Visual Basic 6.0 中文版的特点和版本、安装要求以及启动与退出。

1.1　Visual Basic 发展简史

Visual Studio 6.0 是 Microsoft 公司开发的应用程序和一些相关工具的集合，Visual Basic 6.0 是 Visual Studio 6.0 大家族中的一个成员。"Visual"意为可视的，看得见的。而"Basic"是指 BASIC（Beginner All – purpose Symbolic Instruction Code——初学者通用符号指令代码）语言。Visual Basic 则是可视化的程序设计语言。

在计算机的高级语言中，Basic 语言具有十分重要的地位。1964 年第一代 Basic 问世，最初只有十几条语句，称为基本 Basic。20 世纪 70 年代中期到 80 年代中期出现了第二代，在功能上有较大的扩展，有 GW – Basic 和 MS – Basic。在 80 年代中期出现了第三代，它们是结构化的 True Basic、Quik Basic、Turbo Basic、QBasic。90 年代初期出现了第四代，称为 Visual Basic，它包含了数百条语句、函数和关键词。

Visual Basic 是基于 Windows 平台上最方便最快捷的可视化的软件开发工具。Microsoft 公司于 1991 年在美国亚特兰大推出 Visual Basic 1.0 版，当初其功能很少，但是发展十分迅速，于 1992 年推出 Visual Basic 2.0 版，1993 年 4 月推出 Visual Basic 3.0 版，1995 年 10 月推出 Visual Basic 4.0 版，1997 年推出 Visual Basic 5.0 版，1998 年推出 Visual Basic 6.0 版。从 1.0 到 4.0 版，Visual Basic 只有英文版，而 5.0 版以后的 Visual Basic 才有中文版。Visual Basic 6.0 中文版是 Visual Basic 6.0 英文版的完全汉化版。

1.2　Visual Basic 6.0 的特点

与传统的计算机编程语言相比，Visual Basic 6.0 在许多方面都有较大的突破，新增了许多的功能，主要有以下几个特点：

1. 可视化的程序设计

用传统的编程语言设计程序时，对界面的设计和计算处理等是通过编写程序代码来实现的，在设计过程中看不到实际的界面，必须编译后运行程序时才能观察到，往往对界面的效果不满意，不能直接在界面上修改，只能回到程序中反复修改编译。这样一来，工作量很大，效率却很低。而在 Visual Basic 6.0 中，提供了可视化的设计工具，用系统提供的工具，按设计的要求，在窗体上画出所需的控件，并设置其属性，编写实现程序功能的那部分代码，即可获得满意的界面，极大地提高了程序设计的效率。

2. 面向对象的程序设计

在一般的程序设计语言中，对象是一个抽象的概念，由程序代码和数据组成。而在 Visual Basic 6.0 中，这个对象成为实在的东西，可以用工具画在窗体上，以图形的方式显示在界面上，Visual Basic 6.0 自动生成对象的程序代码并封装起来，程序员只是为各个对象分别编写程序代码来实现其功能。

3. 结构化的程序设计

Visual Basic 6.0 具有高级程序设计语言的语句结构，具有功能强且使用灵活的调试器和编译器，能自动进行语法错误检查。在设计程序的过程中，输入代码的同时，解释系统会将高级语言分解翻译成计算机可以识别的机器指令，并自动进行语法检查。程序员随时可以运行程序进行调试和修改。设计完成后，还可以编译生成可执行文件，在脱离 Visual Basic 6.0 环境的情况下运行。

4. 事件驱动编程机制

Visual Basic 6.0 通过事件来执行对象的操作，每一个事件都可以通过一段程序来响应，程序员为每一个事件编写一段程序来实现指定的操作和功能。

5. 访问数据库

Visual Basic 6.0 具有很强的数据库管理功能，能够直接编辑和访问其他数据库，可以使用结构化查询语言 SQL 数据标准，直接访问服务器上的数据库。

除以上主要特点外，Visual Basic 6.0 还能够进行动态数据交换（DDE）、对象的链接与嵌入（OLE）、动态链接库（DLL），能够通过 Internet 访问文档和应用程序，通过 Active X 技术使用其他应用程序提供的功能等。

1.3　Visual Basic 6.0 的版本

为了满足不同开发人员的需要，Microsoft 公司将 Visual Basic 6.0 中文版定制成三种版本：

（1）Visual Basic 6.0 学习版（Learning Edition），是一个入门的版本，主要是针对初学者，可以用于开发 Windows 和 Windows NT 的应用程序。该版本包括所有的内部控件、网格控件和数据绑定控件等。

（2）Visual Basic 6.0 专业版（Professional Edition），为专业编程人员提供了功能完备的开发工具。该版本包括学习版的全部功能以及 Active X 控件、Internet 控件和 Crystal Report Writer 等。

（3）Visual Basic 6.0 企业版（Enterprise Edition），使专业编程人员能够开发功能强大的工作组内分布式应用程序。该版本包括专业版的全部功能以及自动化管理器、部件管理器、数据库管理工具等。

这三个版本中都提供了详细的用户手册和包含完整联机文档的 MSDN Library 光盘，为用户提供了详细的参考资料。此外，用户还可以通过使用 Visual Basic 联机链接方式访问 Internet 上的相关网站获取更多的信息。

本书介绍的内容是针对 Visual Basic 6.0 中文企业版，但其内容适用于专业版和学习版，可以用来建立 32 位的应用程序。

1.4　Visual Basic 6.0 中文版的安装及要求

Visual Basic 6.0 必须要经过安装后才能使用。对于不同的版本，其要求和配置也有所不同，因此，在安装之前应该了解 Visual Basic 6.0 对计算机软件和硬件配置的要求以及安装的基本过程。

1.4.1　Visual Basic 6.0 中文版的软硬件环境

Visual Basic 6.0 中文企业版所需要的软硬件环境的要求：
- Windows9X 或 Windows NT 3.51 以上的操作系统。
- CPU 486/50MHz 微处理器以上的兼容机。
- 一个 CD – ROM 驱动器。
- 需要配置 32MB RAM（推荐配置至少 32MB 以上内存）。
- 若全部安装，至少需要 150MB 剩余硬盘空间。
- VGA 或分辨率更高的显示器。
- 键盘、鼠标等其他定点设备。

1.4.2　Visual Basic 6.0 中文版的安装过程

Visual Basic 6.0 中文版的安装是由光盘向硬盘安装。将光盘放入 CD – ROM 驱动器中，一般情况下，会自动启动安装程序，如果没有自动启动安装程序，用户可以在光盘的根目录下双击 SETUP. EXE 文件，启动安装程序进入如图 1.1 所示的界面。

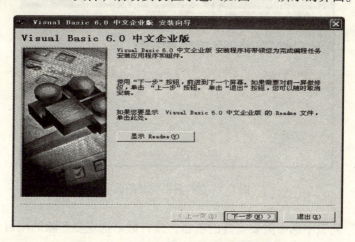

图 1.1　Visual Basic 6.0 中文版安装向导

单击"下一步"按钮，进入 Visual Basic 6.0 中文版安装程序。按照界面的提示进行操作即可以完成 Visual Basic 6.0 中文版的安装。

1.4.3　添加或删除 Visual Basic 6.0 中文版部件

第一次安装 Visual Basic 6.0 中文版时，多数用户由于经验不足，往往会选择"典型安装"，日后使用过程中，发现需要没有安装的组件时，可以再次运行安装程序添加所需要的组件。

将光盘放入 CD-ROM 驱动器中，启动 Visual Basic 6.0 中文版安装程序，安装程序会自动检测当前系统已安装过的 Visual Basic 6.0 中文版的组件，并在屏幕上出现如图 1.2 所示的界面。

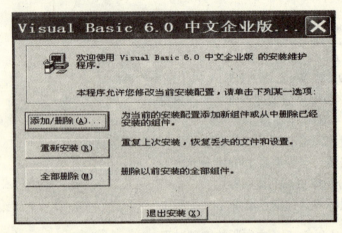

图 1.2　Visual Basic 6.0 中文版的安装维护界面

单击"添加/删除"按钮，屏幕上出现如图 1.3 所示的界面。

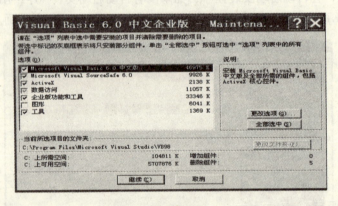

图 1.3　选择需要安装的选项

在"选项"列表中选中需要安装的项目，或者撤消选定要删除的项目，单击"继续"按钮，即可安装所需的项目，或删除不需要的项目。

1.5 Visual Basic 6.0 中文版的启动与退出

1. Visual Basic 6.0 中文版的启动

在安装 Visual Basic 6.0 中文版时，如果选择默认的安装路径，则 Visual Basic 6.0 中文版安装的位置是 "C:\Program Files \ Microsoft Visual Studio \ VB98"。完成安装后，可以用下列方法来启动 Visual Basic 6.0 中文版：

（1）在桌面上双击 Visual Basic 6.0 快捷方式图标即可启动 Visual Basic 6.0 中文版。

（2）单击 "开始 \ 程序 \ Microsoft Visual Basic 6.0 中文版（程序组）\Microsoft Visual Basic 6.0 中文版（程序项）" 命令，可以启动 Visual Basic 6.0 中文版。

（3）打开驱动器窗口中的 VB98 文件夹，双击 "VB6. exe" 图标即可启动 Visual Basic 6.0 中文版。

（4）单击 "开始 \ 运行" 命令，在对话框中的 "打开" 栏内输入 C:\Program Files \ Microsoft Visual Studio \ VB98 \ VB6. exe，单击 "确定" 按钮即可启动 Visual Basic 6.0 中文版。

2. Visual Basic 6.0 中文版的退出

在 Visual Basic 6.0 中文版集成开发环境中，可以用下列方法退出：

（1）单击其右上角的 "关闭" 按钮，即可退出 Visual Basic 6.0 中文版。

（2）选择 "文件 \ 退出" 命令，即可退出 Visual Basic 6.0 中文版。

（3）按 Alt + Q 组合键（或按 Alt + F4 组合键），如果当前程序没有存盘，系统显示一个对话框，询问用户是否将其存盘，选择 "是" 按钮则存盘，选择 "否" 按钮则不存盘。

习　题

1.1　Visual Basic 6.0 的主要特点是什么？

1.2　Visual Basic 6.0 有几种版本？有何区别？

1.3　Visual Basic 6.0 中文企业版对计算机系统的软硬件环境有何要求？

1.4　安装 Visual Basic 6.0 中文版后，可以用哪些方法来启动 Visual Basic 6.0 中文版？

第2章 Visual Basic 6.0中文版集成开发环境

Visual Basic 6.0 中文版为用户提供了一个功能强大、使用方便的开发环境，它集成了设计、开发、编辑、调试和测试等多种功能，一个应用程序的设计、编辑、调试、编译及获得帮助等，都可以在这个环境中完成，因此，称为集成开发环境。本章主要介绍 Visual Basic 6.0 中文版集成开发环境的标题栏、菜单栏、工具栏以及工具箱、窗体设计器、工程资源管理器窗口、属性窗口、窗体布局窗口等内容。

2.1 主窗口

启动 Visual Basic 6.0 中文版后，系统进入了 Visual Basic 6.0 中文版集成开发环境。每次启动 Visual Basic 6.0 中文版时，都要显示"新建工程"对话框，如图2.1 所示。

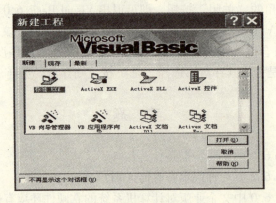

图2.1 新建工程对话框

这是开发环境默认的第一个界面，该对话框显示了用户可以建立的工程类型共有13种。用户可以选定一个应用程序的类型，单击"打开"按钮或双击其图标，即可创建该类型的应用程序。如选定"标准 EXE（典型的应用程序）"，双击其图标，屏幕出现如图2.2 所示主窗口。

系统自动为应用程序命名为：工程1（Project1），并打开一个名为 Form1 的窗体。

2.1.1 标题栏

标题栏是位于窗口顶部的水平条，左边是控制菜单按钮，其后是应用程序名字和所处的状态，右边是最大化、最小化、关闭按钮。如图2.3 所示。

工程1 - Microsoft Visual Basic [设计]
文件(F) 编辑(E) 视图(V) 工程(P) 格式(O) 调试(D) 运行(R) 查询(U) 图表(I) 工具(T) 外接程序(A) 窗口(W) 帮助(H)
工程1 - Form1 (Form)
Form1

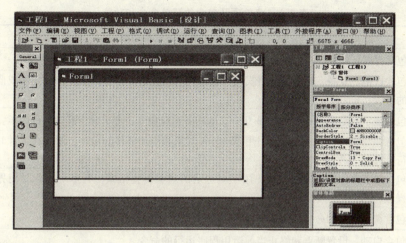

图 2.2　Visual Basic 6.0 中文版集成开发环境窗口

工程1 - Microsoft Visual Basic [设计]
工程1 - Microsoft Visual Basic [运行]
工程1 - Microsoft Visual Basic [break]

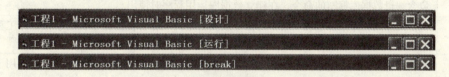

图 2.3　应用程序的工作状态

在标题栏中显示出应用程序的三种工作状态：

（1）设计状态：表明当前的工作状态是“设计阶段”。

标题栏为：工程 - Microsoft Visual Basic [设计]。

（2）运行状态：表明当前的工作状态是“运行程序”。

标题栏为：工程 - Microsoft Visual Basic [运行]。

（3）中断状态：表明当前的工作状态是“中断运行程序”。

标题栏为：工程 - Microsoft Visual Basic [break]。

2.1.2　菜单栏

菜单栏位于标题栏的下方，菜单栏中的菜单命令提供了开发、编辑、调试和保存应用程序所需要的工具。Visual Basic 6.0 中文版的菜单栏中共有 13 个菜单项，如图 2.4 所示。

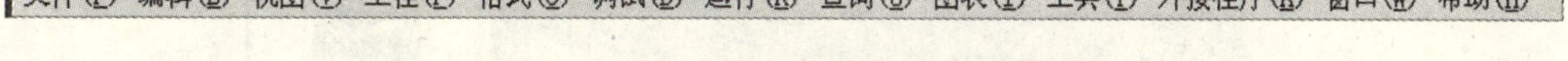

文件(F) 编辑(E) 视图(V) 工程(P) 格式(O) 调试(D) 运行(R) 查询(U) 图表(I) 工具(T) 外接程序(A) 窗口(W) 帮助(H)

图 2.4　Visual Basic 6.0 中文版的菜单栏

每个菜单项包含有若干个菜单命令，执行不同的操作。如表 2.1 所示。

表 2.1　菜单项及包含的菜单命令和功能

菜单项	包含的菜单命令和功能
文　件	包含打开、保存、打印项目以及生成执行文件的命令，用于对文件进行操作。
编　辑	包含撤销、复制、粘贴等与格式化、编辑代码相关的命令。用于控件、文件或监视表达式的编辑。
视　图	包含显示\隐藏 Visual Basic 6.0 中文版的各窗口命令，用于对各窗口进行操作。
工　程	包含向当前项目加入组件、引用 Windows 对象和添加部件的命令，用于在设计时对工程进行管理。
格　式	包含对齐窗体中控件的命令，用于对选定的对象调整格式，有多个对象时使界面整齐的操作。
调　试	包含调试程序的命令，用于选择不同的调试程序的方法。
运　行	包含启动、设置断点和终止当前运用程序运行的命令。
查　询	包含简化 SQL（结构化查询语言）查询设计的命令，在建立数据库运用程序时使用。
图　表	包含编辑数据库框图的命令，在建立数据库运用程序时使用。
工　具	包含向应用程序添加过程、菜单的命令以及自定义工作界面的命令，用于在设计工程时选择一些工具。
外接程序	包含当前加入的外接程序以及用来增加\删除外接程序的"外接程序管理器"，用于打开可视化数据管理器，加载或卸载外接程序。
窗　口	包含屏幕窗口布局的命令。
帮　助	提供 Visual Basic 6.0 中文版帮助的命令。

单击某个菜单项，即可以打开该菜单。例如：单击"文件"菜单，就可以打开"文件"菜单命令，如图 2.5 所示。

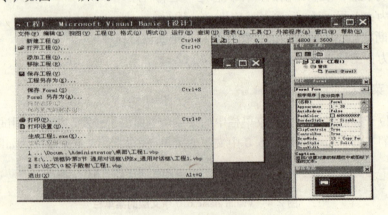

图 2.5　文件菜单命令

单击"打开工程"命令，或按 Ctrl + O 组合键（称为"热键"或"快捷键"），可以打开"打开工程"对话框，从而打开已有的工程文件。如果打开了不需要的菜单或不需要的对话框，可以用 Esc 键关闭。

2.1.3 工具栏

工具栏在菜单栏的下方。Visual Basic 6.0 中文版提供了四种工具栏：标准、编辑、调试和窗体编辑器。选择"视图\工具栏"命令可以打开（或关闭）工具栏。一般情况下，Visual Basic 6.0 中文版只显示"标准"工具栏，如图 2.6 所示。

图 2.6　Visual Basic 6.0 中文版标准工具栏

单击工具栏上的按钮，则执行该按钮所代表的操作。工具栏中各按钮的功能如表 2.2 所示。

表 2.2　工具栏中各按钮的功能

名　称	功　能
添加工程	添加标准的 EXE 工程。把新的或已有的工程添加到当前打开的工程组中。
添加窗体	在当前的工程中添加一个新的或现存的窗体。
菜单编辑器	打开菜单编辑器，可以使用菜单编辑器在用户界面上设计菜单。
打开工程	弹出"打开工程"对话框，打开已有的工程文件。
保存工程	保存当前的工程及其所有部件。
剪　切	将当前选定的内容剪切到剪贴板中。
复　制	将当前选定的内容复制到剪贴板中。
粘　贴	将剪贴板中的内容复制到当前位置上。
查　找	打开"查找"对话框。
撤　销	撤销最后一次的操作。
重　复	取消最近一次的撤销操作。
启　动	运行当前的应用程序。
中　断	暂停正在运行的程序。
结　束	使正在运行的程序停止并返回到 Visual Basic 6.0 集成开发环境。
工程资源管理器	打开工程资源管理器窗口，可显示当前打开工程的层次列表及其内容。
属性窗口	打开属性窗口，显示出选定的对象在设计时的属性。
窗体布局窗口	打开窗体布局窗口，可以预览和定位窗体。
对象浏览器	打开"对象浏览器"对话框。
工具箱	打开工具箱。
数据视图窗口	打开数据视图窗口。
组件管理器	打开组件管理器窗口。

工具栏右侧两个栏内的数据，显示出窗体当前的位置和大小，其单位是 twip。

2.2　其他窗口

在 Visual Basic 6.0 集成开发环境中，选择"工具 \ 选项"命令，出现"选项"对话框，如图 2.7 所示，选择"可连接的"选项卡，用户可在选项卡中选择能够连接的其他窗口。

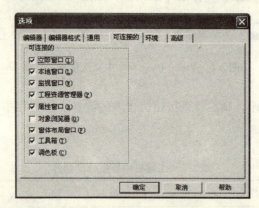

图 2.7　设置可连接的窗口

2.2.1　工具箱

Visual Basic 6.0 的工具箱也称为控件箱，通常位于窗体的左侧。工具箱提供了一组控件，它是构成用户界面的基本部分，每个控件由一个工具图标来表示，不同的图标代表不同的控件类型，如图 2.8 所示。用户设计界面时可从中选择需要的控件拖放到窗体中，也可以先单击控件，然后在窗体中画出任意大小的控件。

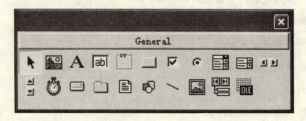

图 2.8　工具箱

如果需要更多的控件，可以在"新建工程"窗口中，选择"VB 企业版控件箱"，如图 2.9 所示。

图 2.9　VB 企业版控件箱

除了工具箱中的 Visual Basic 6.0 内部控件以外，还可以将 Active X 控件添加到工具箱中像内部控件一样的使用。用户也可以通过用鼠标右键单击控件箱，在快捷菜单中选择"添加选项卡"命令，在打开的对话框中输入新选项卡名来创建自定义的控件箱。

2.2.2 窗体设计器

窗体设计器窗口简称为窗体。窗体是 Visual Basic 6.0 应用程序的基本构造模块，是面向用户的窗口，如图 2.10 所示。在窗体上的工作区布满网点，以使各个控件整齐排列，用户可以将控件、图形和文本按自己的设计添加到窗体上任何位置。程序运行时网点（网格）自动消失。

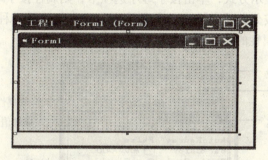

图 2.10　Visual Basic 6.0 中文版窗体设计器

启动 Visual Basic 6.0 中文版后，系统自动为窗体命名为 Form1，用户可以更改窗体的名称。窗体的左上角是控制菜单按钮，右上角是最大化、最小化、关闭按钮。窗体设计器标题栏默认的名称通常是"工程 1 – Form1"。一个应用程序可以包含多个窗体。其默认的名称为"Form1"，"Form2"……窗体就像是一块画布，为可视化设计提供了建构的平台。

2.2.3 工程资源管理器窗口

Visual Basic 6.0 中文版使用工程资源管理器窗口来管理组成工程的文件，如图 2.11 所示。

工程资源管理器窗口的标题通常是"工程 – 工程 1"，其工具栏中有三个按钮，从左起依次为：

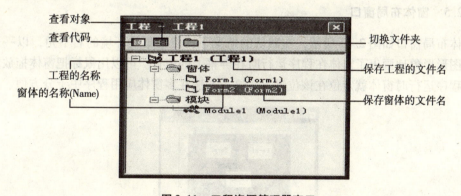

图 2.11　工程资源管理器窗口

- 查看代码按钮：用于浏览所编辑程序的代码。
- 查看对象按钮：用于对包括窗体在内的所有对象进行编辑。

● 切换文件夹按钮：用于对窗体所在的文件夹进行切换。

在资源管理器窗口中，括号内是工程、窗体、程序模块、类模块等的存盘文件名，括号外是工程、窗体、程序模块、类模块等的名称（Name 属性）。

2.2.4　属性窗口

属性窗口用于显示和设置对象的属性。默认的情况下，属性窗口位于资源管理器窗口的下方，可以通过拖动属性窗口的标题栏将它移动到屏幕的其他位置。如图 2.12 所示，属性窗口分为标题栏、对象框、属性排序选项、属性列表和属性说明 5 个部分。属性排序选项可以选择属性的显示方式，单击按字母序选项卡，则属性按字母顺序排序；单击按分类序选项卡，则属性按分类顺序排序。在属性窗口中，每选择一种属性时，在"属性说明"部分都要显示该属性的名称和功能。

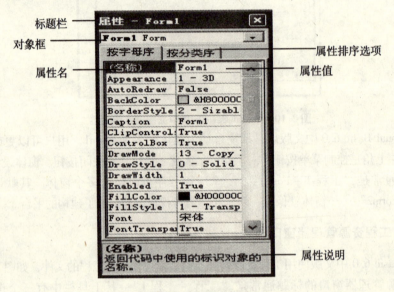

图 2.12　属性窗口

2.2.5　窗体布局窗口

窗体布局窗口如图 2.13 所示，在默认的情况下，位于集成环境的右下角，以一个显示器的图形形象地画出了窗体在程序运行时在屏幕上的位置。可以用鼠标把窗体拖放到新位置，程序运行时窗体就定位在该位置上。这一方法在多窗体应用程序中十分方便。

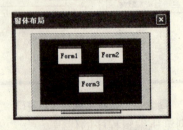

图 2.13　窗体布局窗口

2.2.6 代码编辑器窗口

代码编辑器窗口是输入应用程序代码的编辑器，如图 2.14 所示。在对象列表框中，显示所选对象的名称；在过程列表框中，显示所选对象的事件；在代码窗口中，显示程序代码。

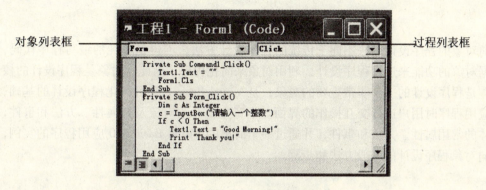

图 2.14 代码编辑器窗口

可以用下列方法打开代码编辑器窗口：

（1）选择"视图\代码窗口"菜单命令。

（2）双击窗体或窗体上的控件。

（3）在工程窗口中选择一个窗体或模块，然后单击"查看代码"按钮。

（4）按下 F7 键。

在 Visual Basic 6.0 中文版集成开发环境中，还有立即窗口、本地窗口、监视窗口等一些窗口。立即窗口、本地窗口、监视窗口是为调试应用程序而提供的，只在应用程序运行时才有效。

习　题

2.1　Visual Basic 6.0 集成开发环境主要由哪些部分组成？

2.2　Visual Basic 6.0 集成开发环境中主要包括哪些窗口？怎样打开和关闭这些窗口？

2.3　Visual Basic 6.0 集成开发环境包括哪几种工具栏？如何显示这些工具栏？

2.4　标准工具栏中的每个按钮所对应的菜单命令是什么？

2.5　属性窗口的功能是什么？它有哪几种排序方式？

2.6　窗体布局窗口中的小窗体的作用是什么？

第 3 章　面向对象的程序设计方法

面向对象的程序设计方法不同于传统的程序设计方法，不再是单纯的编写程序代码，而是根据对象的功能来进行程序设计，利用对象来简化程序。因此，对象是程序设计的核心。窗体是程序设计的一个非常重要的对象，是 Visual Basic 6.0 可视化程序设计的基础，是运行应用程序时用户进行交互操作的界面。本章主要介绍对象及其属性、方法和事件，介绍窗体的常用属性、方法和事件，并通过一个简单的 Visual Basic 6.0 应用程序的实例，介绍面向对象程序设计的一般方法和步骤。

3.1　对象及其属性、方法和事件

用 Visual Basic 6.0 创建应用程序的过程是与对象进行交互的过程。一个用户界面由若干个对象所构成，所有的程序设计都是针对对象来实现的，对象是 Visual Basic 6.0 应用程序的基本单元。

3.1.1　Visual Basic 6.0 的对象

所谓"对象"是指具有某些特殊属性的具体事物的抽象。世界上的万物，大到整个宇宙，小到原子、分子等都可以是对象，每一个对象包含了许多属性。例如：一辆汽车就是一个对象，它包含了名称、外壳的形状、颜色、发动机的性能、耗油量等属性。对象还可以分为许多更小的对象。例如：汽车车轮也是一个对象，它有外胎、内胎等等，外胎、内胎仍然是对象。

一般来说，Visual Basic 6.0 中的对象是系统中的运行实体，具有特殊属性（数据）和行为方式。Visual Basic 6.0 中的对象分为两类：一类是由系统设计好的，称为予定义对象。例如：窗体和控件等，可以直接使用或对其进行操作；另一类由用户定义，是用户自己建立的对象。

对一个对象进行的操作是通过与该对象有关的属性、事件和方法来实现的。

3.1.2　对象的属性

属性（Property）是每个对象所固有的特性，是指一个对象的性质和特征。这些特征可能是直接可见的，也可能是不可见的。例如：石头有形状、颜色、硬度和重量等属性，形状和颜色是可见的，而硬度和重量是不可见但却是客观存在的。每块石头的形状、颜色、硬度和重量的数据就是属性值，不同的对象有不同的属性。在 Visual Basic 6.0 中，对象的属性设置既可以在"属性"窗口中来进行，也可以在运行时由代码来实现。

1. 在属性窗口中设置对象的属性

在设计阶段，对象的属性设置可以在"属性"窗口中来实现。首先必须选定要设置属性的对象，然后激活属性窗口进行属性设置。

（1）激活属性窗口的几种方法：

- 用鼠标单击属性窗口的任何部位。
- 执行"视图 \ 属性窗口"命令。
- 按 F4 键。
- 单击工具栏上的"属性窗口"按钮。
- 按 Ctrl + PgDn 或 Ctrl + PgUp。

（2）设置属性的方式：

- 在属性窗口中，双击属性名后直接在右侧输入新的属性值。
- 在属性值栏中单击下拉列表箭头选择所需的属性值。
- 利用对话框设置属性（如：字体的设置）。

2. 在程序运行时设置对象的属性

在程序运行时，可以用程序代码来设置（或改变）对象的属性值，其语法格式为：

[**对象名.**] **属性名 = 属性值**

例如：Text1. Text = " "

执行该语句把文本框 Text1 控件的 Text 属性设置为空，即将 Text1 内的文本清除。

又例如：Text2. Text = " Good morning!"

执行该语句把文本框 Text2 控件的 Text 属性设置为 Good morning!，即在 Text2 内显示出"Good morning!"。

再例如：Command1. Visible = False

当程序运行时，将命令按钮 Command1 的 Visible 属性设置为 False，即命令按钮 Command1 不显示。

若省略对象名时，一般则把当前窗体作为当前对象。例如：将窗体的标题设置为"你好!"，语句 Caption = "你好!" 与 Form1. Caption = "你好!" 效果相同。

注意：上述语句中的标点符号"."（点）和" "（双引号）只能是在英文状态下的符号。

3.1.3　对象的方法

对象的方法（Method）是指对象可以进行的操作，即是一种专门的子程序，用来完成对对象进行的操作。方法中的代码是不可见的，可以通过调用来使用对象的方法，其调用格式为：

[**对象名.**] **方法名称**

例如：Text1. SetFocus

执行该语句使文本框 Text1 获得焦点，即将光标移到 Text1 内。

又例如：Form1. Show '该语句的功能为显示 Form1 窗体。

　　　　　Form1. Hide '该语句的功能为隐藏 Form1 窗体。

省略对象名时，一般则把当前窗体作为当前对象。

例如：Print "欢迎使用 Visual Basic 6.0 中文版！"

该语句的功能为在当前窗体 Form1 上显示"欢迎使用 Visual Basic 6.0 中文版！"。

与 Form1. Print "欢迎使用 Visual Basic 6.0 中文版！" 效果相同。

3.1.4　对象的事件

事件（Event）确定对象对外部条件的响应，即事件是指在对象上实施的一个操作，能够被对象识别的动作。如闪光、铃声、枪声等都是人们能识别并作出反应的事件。在 Visual Basic 6.0 中，单击（Click）、双击（DblClick）、装载（Load）、改变（Change）等是一些对象所能识别的操作，也就是对象的事件。只有当事件发生时，响应事件的程序才会运行，事件不发生，响应事件的程序就不会运行。在 Visual Basic 6.0 中文版中，对象（控件）事件过程的语法格式为：

Private Sub 对象名称_ 事件名称( )

  响应事件的程序代码

End Sub

例如：单击（Click）命令按钮 Command1 就是一类事件。

Private Sub Command1_ Click( )

  Text1. Text = " "

  Text2. Text = "Good morning!"

End Sub

当发生单击（Click）命令按钮 Command1 事件时，执行响应事件的程序代码，即将 Text1 内的文本清除，在 Text2 内显示出"Good morning!"。

双击（DblClick）命令按钮 Command1 也是一类事件。

当对某一个对象执行一系列语句时，可以用 With 结构，其格式为：

With 对象名

  语句块

End With

例如：With Text1

. Height = 300　　　　　　　　'相当于：Text1. Height = 300。

. Width = 900　　　　　　　　'相当于：Text1. Width = 900。

. Text = "你好！"　　　　　　'相当于：Text1. Text = "你好！"。

End With

用 With 结构，可以不必重复写出对象（Text1）的名称。

3.2　窗　体

窗体是 Visual Basic 6.0 十分重要的对象，是构成应用程序界面的基本模块，是程序员的"工作平台"。窗体的结构与 Windows 下的窗口十分类似。在程序运行前，即设计阶段，称为窗体，程序运行后也可以称为窗口（或界面）。如图 3.1 所示。

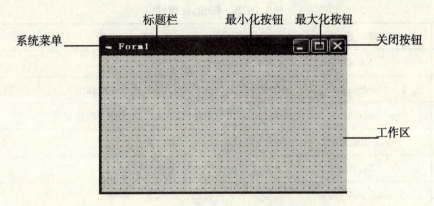

图 3.1　窗体的结构

系统菜单（窗体图标）位于窗体的左上角，运行时，单击该图标后，下拉显示系统菜单命令，通过这些命令可以对窗体进行移动、最大化、最小化、关闭等操作。双击该图标将关闭窗体。

3.2.1　窗体的常用属性

窗体的属性决定了窗体的外观和操作。如图 2.12 所示，在属性窗口中，其属性排列分为按字母序和按分类序两种，下面我们按字母序介绍窗体的常用属性。

（1）Name（名称）属性：用于设置窗体名称，首次创建时默认为 Form1。用 Name 属性设置的名称是在代码中引用的窗体对象名。该属性不仅适用于窗体，而且适用于所有控件。也就是说，Name 属性设置的名称就是程序代码中使用的对象名。

（2）Appearance 属性：用于设置窗体的外观是平面还是三维的。可以设置为：0——平面，没有立体效果；1——三维（默认），窗体是立体显示的。

（3）AutoRedraw 属性：用于设置窗体的显示信息是否重画。当设置为 True，如果窗体被其他窗体覆盖，又回到该窗体时，将自动刷新或重画窗体上的所有图形和文本，窗体中显示信息不会消失；当设置为 False（默认值），窗体再现时，其上所有图形和文本不重画，原来的信息会消失。若在程序代码中设置 AutoRedraw 属性时，其格式为：

对象名 . AutoRedraw = < True | alse >

这里的对象可以是窗体或图片框。

（4）BackColor 属性：用于设置窗体的背景色。每种颜色是用一个十六进制常量来表示。也可以单击 BackColor 属性值右端的箭头，通过调色板来直接设置。对于具有 BackColor 属性的其他控件如标签、文本框、图片框、列表框等都可以用同样的方法来设置其背景色。

（5）BorderStyle 属性：用于设置窗体的边框样式。其属性值为 0～5 之间的整数，如表 3.1 所示。

表3.1 **BorderStyle 属性**

属性值	常 量	说 明
0	None	窗体没有标题栏和边框。
1	FixedSingle	窗体有固定边框，运行时不能改变窗体的大小。
2	Sizable	窗体有可调整的边框，其大小可变，默认设置。
3	FixedDouble	固定对话框，运行时窗体大小不能变。
4	FixedToolWindow	固定工具窗口，窗体大小不能改变。
5	SizableToolWindow	可变大小工具窗口，窗体大小可变。

BorderStyle 属性在设计时有效，运行时只读，不能在运行时改变其属性值。

（6）Caption 属性：用于设置窗体的标题。既可以在属性窗口中设置，也可以在程序代码中设置。

（7）Enabled 属性：用于激活或禁止窗体。既可以在属性窗口中设置，也可以通过程序代码设置，其格式为：

对象名 . Enabled = < True ｜ False >

"对象名"可以是窗体或控件的名称。当属性值设为 False 后，运行时该对象呈灰色显示，用户不能访问。

（8）Font 属性：字体属性用于设置窗体所显示正文的特性，包括字体名称、字体样式、字体的大小和效果等。

（9）ForeColor 属性：用于设置窗体文本和图形的前景颜色，其设置方法与 BackColor 属性的设置方法相同。用 Print 方法输出的文本均按 ForeColor 属性设置的颜色输出。

（10）Icon 属性：用于设置窗体左上角显示的窗口图标。在属性窗口中，单击 Icon 属性设置框右边的小按钮，打开"加载图标"对话框，选择某个图标文件（扩展名为 .ico 或 .cur）加载到 Icon 属性的值上，窗体左上角显示出相应的图标。

（11）Left 属性和 Top 属性：Left 属性的值决定窗体外框左边缘到屏幕左边缘的距离，Top 属性的值决定窗体外框上边缘到屏幕上边缘的距离。若用坐标来表示，则坐标原点在屏幕显示区的左上角，水平向右为 x 轴正方向，垂直向下为 y 轴的正方向，因此，Left 属性和 Top 属性的值就是窗体左上角在屏幕上的位置坐标，其单位为 twip（缇）。1 英寸 = 1440twip，1cm≈567twip。

（12）Width 属性和 Height 属性：Width 属性和 Height 属性分别决定窗体的宽度和高度，其默认的单位是 twip。

用下列程序可以将启动时的窗体设置在屏幕中央：

Form1. Left = (Screen. Width – Form1. Width)/ 2

Form1. Top = (Screen. Height – Form1. Height)/ 2

（13）Picture 属性：用于设置在窗体中显示的图形。

（14）MaxButton 属性和 MinButton 属性：用于设置窗体显示时是否有最大化和最小化按钮。

（15）MouseIcon 属性：用于设置程序运行时鼠标在窗体中所显示的图标（MousePointer 属性的值设置为 99 生效）。

（16）MousePointer 属性：用于设置程序运行时鼠标在窗体中所显示的指针类型。

（17）Visible 属性：用于设置在程序运行时窗体是否可见。若在程序代码中设置，其格式为：

对象名 . Visible = < True | False >

（18）WindowState 属性：用于设置启动窗体时的窗口状态。0——正常，1——最小化，2——最大化。

WindowState 属性设置使窗体处于最大化或最小化时，不受 MaxButton 和 MinButton 属性取值的影响，并且 Left、Top、Width、和 Height 的属性值失效。

例 3.1 窗体的部分属性设置。

Form1. AutoRedraw = True   '设置窗体自动重画。

Form1. Width = 8000   '将窗体的宽度设置为 8000 twip。

Form1. Height = 3000   '将窗体的高度设置为 3000 twip。

Form1. Caption = " 欢迎使用 Visual Basic 6.0 ! "

'设置窗体的标题为 "欢迎使用 Visual Basic 6.0 ！"。

Form1. FontName = " 宋体 "   '设置窗体中文本的字体名称为 "宋体"。

Form1. FontSize = 18   '设置窗体中文本的字体大小为 18 号。

3.2.2 窗体的常用方法

Visual Basic 6.0 的窗体有多个方法，可以在应用程序中编写代码来调用窗体的这些方法。窗体的常用方法如表 3.2 所示。

表 3.2 窗体的常用方法

方　法	功　能
Cls	清除由 Print 方法在窗体中显示的文本。
Show	显示窗体。
Hide	隐藏窗体，但不从内存中清除。
Refresh	刷新窗体。
Move	移动窗体。
Print	在窗体中显示文本。

（1）窗体最常用的是 Show 方法，用于显示一个已经装入内存的窗体，如果调用 Show 方法时指定的窗体没有装载，Visual Basic 6.0 将自动装载该窗体。Show 方法的语法格式为：

窗体名 . Show ［模式］

其中，模式用于决定窗体是有模式还是无模式。如果模式为 1，表示窗体是模式窗体，当显示模式窗体时，在继续执行应用程序的其他部分之前，必须隐藏或卸载该窗体，不能同时与应用程序的其他窗体交互。如果模式为 0 或缺省（默认），表示窗体是无模式窗体，则可以与其他窗体之间进行交互，不用隐藏或卸载该窗体。通常情况下，窗体是无模式窗体。

（2）Hide 方法用于隐藏窗体，同时 Visual Basic 6.0 会把窗体的 Visible 属性设置为 False，此时，窗体不再响应用户的操作。

例 3.2 窗体的常用方法举例。

Form1. Cls	'清除由 Print 方法在窗体 Form1 中显示的文本。
Form1. Show	'显示无模式窗体 Form1。
Form2. Show1	'显示模式窗体 Form2。
Form1. Hide	'隐藏窗体 Form1。
Form1. Refresh	'刷新窗体 Form1。
Form1. Print "Visual Basic 6.0"	'在窗体 Form1 中显示 "Visual Basic 6.0"。

（3）Move 方法可以用来移动对象（窗体或控件）的位置，并改变对象的大小。其格式为：

［对象名］.Move Left ［, Top ［, Width ［, Height］］］

其中，对象名为窗体或控件的名称，Left 和 Top 为对象左上角的坐标，Width 和 Height 为对象的宽度和高度。

例 3.3 Move 方法的应用。

Form1. Move 800, 800, 3990, 2600

执行该语句后，将 Form1 移到距屏幕左端和上端 800 Twip 处，并将 Form1 的宽度变为 3990 Twip，高度变为 2600 Twip。

Text1. Move 200, 200, 1500, 1000

执行该语句后，'将 Text1 移到距窗体左端和上端 200 Twip 处，并将 Text1 的宽度变为 1500 Twip，高度变为 1000 Twip。

3.2.3　窗体的常用事件

窗体作为对象能够对事件作出响应，其中常用的事件有以下几个：

（1）Click 事件：Click 事件是鼠标单击事件，在窗体的空白区域中，单击窗体时触发的事件，其语法格式为：

Private Sub Form_Click( )

　　程序代码

End Sub

其中，Private Sub 表示过程的开始，End Sub 表示过程的结束，Form_Click( ) 是事件过程的名称。Private、Sub、End Sub 是 Visual Basic 6.0 的关键字，也称为保留字。无论窗

体对象名（Name 属性值）是什么，Click 事件的过程名都必须是 Form_ Click（），因为窗体的 Click 事件过程没有参数，所以括号内是空的，但括号不能省略。

例 3.4 窗体的事件过程。
Private Sub Form_Click( )
    Form1. Cls   '清除 Form1 窗体中显示的文本。
    Form2. Show   '显示 Form2 窗体。
    Form1. Hide   '隐藏 Form1 窗体。
End Sub

（2）DblClick 事件：DblClick 事件是鼠标双击事件，在窗体的空白区域中，双击窗体时触发的事件。其语法格式为：

Private Sub Form_DblClick( )
    程序代码
End Sub

其触发顺序是 Click 事件，然后才是 DblClick 事件。

（3）Initialize 事件：当创建窗体时触发该事件，称为初始化事件。此时，在内存中只有窗体的初始化代码，窗体不可见。

（4）Load 事件：当加载窗体时触发该事件。在 Initialize 事件之后，使用 Load 语句（或调用 Show 方法）可触发该事件。其语法格式为：

Private Sub Form_Load( )
    程序代码
End Sub

窗体的 Load 事件是将窗体加载到内存中，并未显示窗体，所以在 Load 事件中设置焦点或编写绘图语句是无效的。

（5）Unload 事件：当关闭窗体或执行 Unload 语句卸载窗体时可以触发该事件。

（6）Resize 事件：调整窗体的大小时触发该事件。

（7）Activate 事件和 Deactivate 事件：当窗体被激活成为活动窗体时触发 Activate 事件，可以在此事件中设置控件焦点或编写绘图语句。而当窗体由活动窗体变为非活动窗体时触发 Deactivate 事件。

3.2.4　窗体的启动和卸载

（1）设置启动窗体的方法：选择"工程 \ 工程 1 属性"命令，在"启动对象"下拉列表框中选择启动的窗体名，然后单击"确定"按钮。

（2）卸载窗体语句：用 Unload Me、Unload Form1 和 End 语句都可以卸载窗体。

3.3　控　件

窗体和控件都是 Visual Basic 6.0 的对象，控件是放置在窗体中的内容，凡是放入窗体中的东西都称为控件。Visual Basic 6.0 系统为不同的控件定义了不同的属性、方法和事件。

3.3.1　控件的分类

Visual Basic 6.0 的控件分为：标准控件、Active X 控件和可插入对象三类。

（1）标准控件（也称为内部控件或常用控件）：是由 Visual Basic 6.0 本身所提供的控件，共有 21 种，显示在工具箱中，不能删除。

（2）Active X 控件：Active X 控件是 Visual Basic 6.0 工具箱的扩充，在一些多媒体应用程序中使用，在使用前必须添加到工具箱中，其添加步骤为：

①选择"工程 \ 部件"命令，打开"部件"对话框，单击"控件"选项卡，如图 3.2 所示。

②选择需要添加的 Active X 控件的复选框，单击"确定"按钮，在窗体的工具箱中就出现了添加的控件。Active X 控件的扩展名为 .ocx。

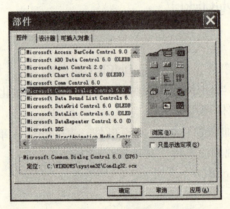

图 3.2　部件对话框

（3）可插入对象：可插入对象是由其他应用程序创建的对象，单击"可插入对象"选项卡可以将可插入对象添加到工具箱中，其方法与添加 Active X 控件的方法相同。

3.3.2　控件名称（Name）属性

每一个控件都有名称属性，用于设置控件的名称。在一般情况下，窗体和控件都有默认名，例如：Form1，Command1，Text1 等。为了能见名知义，提高程序的可读性，最好用有一定意义的名字作为控件对象的 Name 属性值。Microsoft 建议：用 3 个小写字母作为对象的 Name 属性值的前缀。如表 3.3 所示。

表 3.3　Visual Basic 6.0 对象命名约定

对象	举例	对象	举例
Form（窗体）	frmHello	CheckBox（复选框）	chkMusic
Label（标签）	lblResult	ComboBox（组合框）	cmbDepartment
PictureBox（图片框）	picMap	OptionButton（单选按钮）	optFont
Frame（框架）	fraOpreate	ListBox（列表框）	lstProvince
CommandButton（命令按钮）	cmdStart	Timer（定时器）	tmrSize

3.3.3 控件值

控件值是指 Visual Basic 6.0 为每一个控件规定的默认属性。设置该属性时，不必给出属性名，而只需给出控件名即可，通常把该属性称为该控件的控件值。

例如：TextBox 控件的 Text 属性、Label 控件的 Caption 属性、PictureBox 控件的 Picture 属性、CommandButton 控件的 Value 属性等都是其控件的控件值。

例如：Text1. Text = " Visual Basic 6.0" 与 Text1 = " Visual Basic 6.0 " 效果相同，即只需指定控件名 Text1，不需要指定属性名 Text。

3.3.4 控件访问键

控件的访问键是指通过键盘来访问控件。在设置控件（如：Command1）的 Caption 属性时，用"&"加在访问字符的前面。如表 3.4 所示。

表 3.4 控件的访问键

命令按钮	属　性	属性值	按钮显示
Command1	Caption	确定（&OK）	确定OK
Command2	Caption	关闭（&E）	关闭(E)

按 Alt + O 组合键即可访问"确定"按钮，按 Alt + E 组合键即可访问"关闭"按钮。

3.3.5 容器

窗体、框架和图片框等都可以作为其他控件的容器，在容器中，控件的 Left 属性和 Top 属性的值由容器的位置决定，移动容器时，控件随之移动，但控件和容器的相对位置不变。

将控件装入容器的方法：先在工具箱中单击某一控件，然后在容器中画出该控件，即可将该控件装入容器中。

3.4 创建一个简单的 Visual Basic 6.0 应用程序

用 Visual Basic 6.0 创建应用程序主要有 3 个步骤：
（1）创建应用程序界面。
（2）设置窗体和控件的属性。
（3）编写应用程序代码。
下面通过一个简单的实例来介绍创建 Visual Basic 6.0 应用程序的具体过程。

例 3.5 设计一个程序，单击"显示"按钮，在文本框中显示"学习 Visual Basic 6.0!"，单击"清除"按钮，清除文本框中的文本。

3.4.1 创建应用程序界面

1. 创建窗体 Form1

启动 Visual Basic 6.0 时，在"新建工程"对话框中选择"标准 EXE"后，单击"打开"按钮，屏幕上将显示新的工程和窗体。工程的默认名称为工程 1，窗体的默认名称为 Form1，如图 2.2 所示。用户可以根据需要在该窗体上设计界面，即窗体设计。还可以通过选择"工程\添加窗体"命令来添加新的窗体。

2. 在窗体中添加控件

可以通过两种方法在窗体中添加控件：

（1）单击工具箱中的控件图标，鼠标指针变为"+"，在窗体的适当位置按下鼠标左键，拖动鼠标在窗体上画出该控件。

（2）双击工具箱中的控件图标，则可以在窗体中央画出该控件。

如图 3.3 所示，在窗体中画出一个文本框 Text1 和两个命令按钮 Command1 和 Command2。

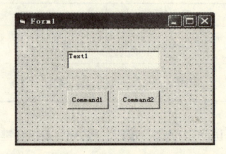

图 3.3 在窗体中添加控件

3.4.2 设置对象的属性

在属性窗口中，对窗体和控件的属性进行设置，如表 3.5 所示。

表 3.5 属性设置

控件名称	属性名	属性值
Form1	（名称）	frmHello
	Caption	你好！
Text1	Text	空
Command1	Caption	显示
Command2	Caption	清除

属性设置完成后的窗体如图 3.4 所示。

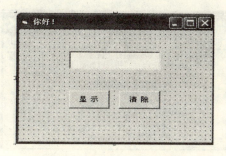

图3.4 属性设置后的窗体

3.4.3 编写代码

（1）在代码编辑器窗口中编写程序代码。

双击 Command1 按钮，打开代码编辑器窗口，并编写如下代码：

```
Private Sub Command1_Click( )
    Text1. Text = "学习 Visual Basic 6.0!"
End Sub
```

双击 Command2 按钮，并编写如下代码：

```
Private Sub Command2_Click( )
    Text1. Text = " "
End Sub
```

（2）Visual Basic 6.0 代码编辑器提供许多便于编写应用程序代码的功能，这些功能可以通过"选项"对话框进行设置。选择"工具\选项"命令，打开"选项"对话框，单击"编辑器"选项卡，在"编辑器"选项卡中，可以设置编辑功能，如图3.5所示。

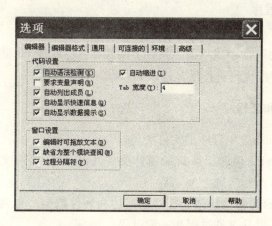

图3.5 "选项"对话框

①自动语法检测：用于设置在键入一行代码时是否自动进行语法检查。

②要求变量声明：用于设置在模块中是否要求显式变量声明。

③自动列出成员：用于设置是否自动列出成员，即在编写代码时输入"对象名"，系统会自动显示出该对象的属性、方法和事件列表框供用户选择，如图3.6所示。

图 3.6 自动列出成员

④自动显示快速信息：用于设置是否显示有关函数及其变量的说明，如图 3.7 所示。

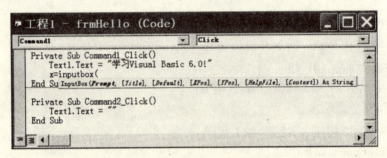

图 3.7 自动显示快速信息

⑤自动显示数据提示：用于设置在中断模式下是否在代码窗口中的光标位置显示变量或对象的属性值。

⑥过程分隔符：用于设置每个对象的编码用分隔符隔开。

3.4.4 调试应用程序

选择"运行\启动"命令或单击工具栏上的按钮 ▶ 或按 F5 键都可以运行程序，如果运行不通，需要对程序代码进行反复修改和调试，直至试通。

3.4.5 保存窗体和工程

（1）Visual Basic 6.0 应用程序的文件类型。

①工程文件（.vbp）：包含了所有的窗体文件（.frm）、模块文件（.bas）和其他文件，也包含环境设置方面的信息。

②窗体文件（.frm）：包含窗体、控件的描述和属性数据，也含有窗体级的常数、变量、外部过程的声明，以及事件过程和一般过程。

③标准模块文件（.bas）：用于存放在几个窗体中都需要用的公共代码，包含常数、类型、变量和过程的声明，以及事件过程代码。

④类模块文件（.cls）：用于建立新对象，既包含代码，又包含数据。

⑤窗体的二进制数据文件（.frx）：窗体的二进制数据文件含有窗体上控件的属性数

据（这些文件在创建窗体时自动产生的）。

此外，Visual Basic 6.0 中的文件还包括 Active X 控件（.ocx）的文件以及单个资源文件（.res）等等。

（2）在 Visual Basic 6.0 应用程序中，需要保存两种类型的文件，即窗体文件和工程文件。

①保存窗体：选择"文件\保存 Form1.frm"命令，打开"文件另存为"对话框，单击"保存"按钮（或按回车键），即可将窗体文件保存在指定的目录下的文件夹中。

②保存工程：选择"文件\保存工程"命令，打开"工程另存为"对话框，单击"保存"按钮（或按回车键），即可将工程文件保存在指定的目录下的文件夹（应与窗体文件在同一文件夹）中。

3.4.6　生成可执行文件

当应用程序调试通过以后，就可以对其编译生成可执行文件。选择"文件\生成工程"命令，如图 3.8 所示。

图 3.8　生成可执行文件

打开"生成工程"对话框，如图 3.9 所示，在文件名栏中显示生成的可执行文件的名字：工程 1.exe，与工程文件名相同，但扩展名不同，用户还可以输入新的文件名（扩展名为 .exe）。

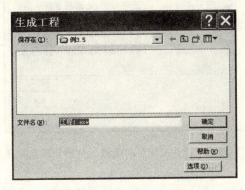

图 3.9　"生成工程"对话框

单击"确定"按钮,即可生成可执行文件,如下图3.10所示。该文件可以脱离Visual Basic 6.0环境,直接在Windows下运行。

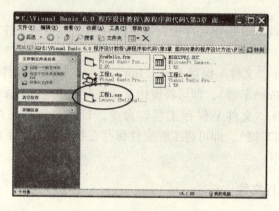

图3.10 生成可执行文件

3.4.7 应用程序的装入

一般情况下,一个Visual Basic 6.0应用程序主要包括4类文件,即窗体文件(.frm)、标准模块文件(.bas)、类模块文件(.cls)和工程文件(.vbp)。当装载程序时,只要装入工程文件,就可以自动把与该工程有关的其他3类文件装入内存。因此,装入应用程序,实际上就是装入工程文件。

用下列几种方法可以装入工程文件:

(1)在保存工程文件的目录下双击"工程文件"图标,系统会自动运行Visual Basic 6.0,并装入工程文件。

(2)在Visual Basic 6.0中,选择"文件\打开工程"命令,出现"打开工程"对话框中,单击"最新"选项卡,显示最新建立的文件列表,如图3.11所示。选定要打开的工程文件,单击"打开"按钮,即可打开该工程,也可以直接双击工程文件的图标来打开该工程。

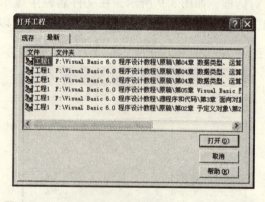

图3.11 "打开工程"对话框("最新"选项卡)

(3)选择"文件\打开工程"命令,在"打开工程"对话框中,单击"现存"选项卡，在"文件名"栏内输入要打开文件的路径和文件名，或在"查找范围"下拉列表框中，选择保存工程文件的目录，如图3.12所示，选定要打开的工程文件，单击"打开"按钮，即可打开该工程，也可以直接双击工程文件的图标来打开该工程。

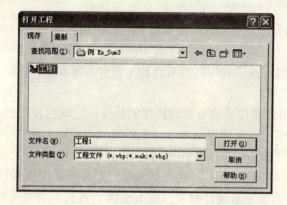

图3.12 "打开工程"对话框（"现存"选项卡）

3.5 Visual Basic 6.0 应用程序的结构与工作方式

1. Visual Basic 6.0 应用程序的结构

应用程序的结构是指组织指令的方法，即指令存放的位置和指令的执行顺序。程序越复杂，对结构的要求也越高。Visual Basic 6.0 应用程序通常由窗体模块、标准模块和类模块这三类模块组成。

（1）窗体模块。

Visual Basic 6.0 是面向对象的程序设计语言，其应用程序的代码结构就是该程序在屏幕上显示的物理模型。在屏幕上看到的窗体是由其属性决定的，这些属性定义了窗体的外观和内在特性。在 Visual Basic 6.0 中，一个应用程序可以包含一个或多个窗体模块，每个窗体模块分为两部分，一部分是作为用户界面的窗体，另一部分是执行具体操作的代码。如图3.13所示。

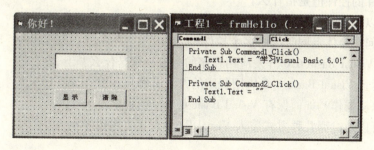

图3.13 窗体模块

在窗体上的每一个控件都有一个相对应的事件过程和响应该事件过程的程序代码。例如：

```
Private Sub Command2_Click( )
    Text1. Text = " "
End Sub
```

（2）标准模块。

标准模块（．bas）完全由代码组成，它不与具体的窗体或控件相关联。在标准模块中，可以声明全局变量，该变量可以被工程中的所有模块引用。还可以定义函数过程或子程序过程，这些函数过程或子程序过程可以被工程中的所有窗体模块中的所有过程调用。

（3）类模块。

类模块（．cls）可以看作是没有物理模型的控件，它既包含代码，又包含数据。每个类模块定义一个类，可以在窗体模块中定义类的对象，调用类模块中的过程。

2. Visual Basic 6.0 应用程序的工作方式

在 Visual Basic 6.0 中，应用程序的工作方式是事件驱动应用程序来执行指定的代码。程序员要以"对象"为中心来设计模块，而不是以"过程"为中心来考虑应用程序的结构。在事件驱动应用程序时，代码不是按顺序执行，事件发生的顺序决定了代码执行的顺序。在响应不同的事件时执行不同的代码，当其中的某个事件发生时，Visual Basic 6.0 将执行与这个事件过程相关联的代码。事件的发生可以由用户操作触发，也可以由操作系统或其他应用程序的消息触发。有些事件的发生可能伴随着其他的事件发生，也可能引起其他事件的发生。例如：在发生 DblClick 事件时，伴随有 MouseDown、MouseUp 等事件发生。当 Text1 的 Text 属性值发生改变时，由此引发 Text1 的 Change 事件。

习　题

3.1　什么是对象？什么是 Visual Basic 6.0 中的对象？两者有何区别？

3.2　什么是标准控件？什么是 Active X 控件？什么是可插入对象？

3.3　对象的属性、方法和事件三者之间的关系如何？

3.4　可以通过哪些方法激活属性窗口？

3.5　窗体上控件的位置和大小由哪些属性来确定？

3.6　控件的控件值是指什么？

3.7　可以通过哪两种方法在窗体上画出控件？怎样将控件装入容器中？

3.8　如何在窗体上同时选中多个控件？

3.9　用 Visual Basic 6.0 开发应用程序的一般步骤是什么？

3.10　运行 Visual Basic 6.0 应用程序的方法有哪几种？

3.11　怎样操作？如何保存 Visual Basic 6.0 应用程序？

3.12　可以通过哪几种方式装入 Visual Basic 6.0 应用程序？

第4章 Visual Basic 6.0 程序设计基础

本章主要介绍 Visual Basic 6.0 的数据类型、常量和变量、变量的作用域、常用内部函数、运算符与表达式、数据输入和输出的方法及相关函数、数组等。这些都是构成 Visual Basic 6.0 应用程序的基本成分，是 Visual Basic 6.0 应用程序的编程基础。

4.1 数据类型

Visual Basic 6.0 将数据分成若干种数据类型，不同的数据类型能表示的数值范围不同。用户在程序设计时，应该根据具体要求选择合适的数据类型来编写程序。Visual Basic 6.0 提供的基本数据类型主要有字符串型、数值型、字节型、货币型、对象型、日期型、布尔型和变体型数据等。

4.1.1 基本数据类型

1. 字符串型数据（String）

在 Visual Basic 6.0 中，字符串型数据用于存储文字信息，一个英文字母及其他符号用一个字节存放，占用一个字符位，一个汉字用两个字节存放，占用两个字符位。字符串是一个字符序列，由若干个（ASCII）字符组成，通常放在双引号中。例如：

"Student"

"123456789"

"Visual Basic 6.0 中文企业版"

"" ——长度为 0 的字符串称为空字符串。

Visual Basic 6.0 中的字符串分为变长字符串与定长字符串两种，变长字符串的字符长度是不确定的，定长字符串含有确定个数的字符。

2. 数值型数据（Data）

Visual Basic 6.0 数值型数据的分类如图 4.1 所示。

$$
数值型数\begin{cases} 整数\begin{cases} 整型 \\ 长整型 \end{cases} \\ 浮点数\begin{cases} 单精度型 \\ 双精度型 \end{cases} \end{cases}
$$

图 4.1 数值型数据的分类

（1）整数。

整数是不带小数点和指数符号的数，在机器内部以二进制补码形式表示。例如：

8	00000000	00001000	正数的反码、补码与原码相同。
-8	10000000	00001000	原码（最高位为符号位，正数为 0，负数为 1）。
	11111111	11110111	反码（将原码的 0 改为 1，1 改为 0）。
	11111111	11111000	补码（反码加 1）。

① 整型（Integer）。

带符号位的 16 位（2 个字节）二进制数，取值范围：-32768 ~ 32767。

② 长整型（Long）。

带符号位的 32 位（4 个字节）二进制数，取值范围：-2147483648 ~ 2147483647。

（2）浮点数。

浮点数（实型数、实数）是带有小数部分的数值，由符号、指数及尾数三部分组成。

① 单精度型（Single）。

32 位（4 个字节）的二进制数，其中符号占 1 位，指数占 8 位（用 E 或 e 表示），尾数 23 位。只能表示七位有效数字。负数的取值范围：-3.402823E + 38 ~ -1.401298E - 45。正数的取值范围：1.401298E - 45 ~ 3.402823E + 38。例如：456.78E3（或 456.78e + 3），相当于 456.78×10^3。

② 双精度型（Double）。

64 位（8 个字节）的二进制数，其中符号占 1 位，指数占 11 位（用 D 或 d 表示），尾数 52 位。能表示十五位有效数字。

负数的取值范围：-1.79769313486232E + 308 ~ -4.94065645841247E - 324

正数的取值范围：4.94065645841247E - 324 ~ 1.79769313486232E + 308

例如：123.45678D3（或 123.45678d + 3），相当于 123.45678×10^3。

3. 货币（Currency）

货币型数据是 64 位（8 个字节）的二进制数，货币类型数据的小数点是固定的，因此又称为定点数据类型。它可以精确到小数点后 4 位，小数点前有 15 位。

取值范围：-922337203685477.5808 ~ 922337203685477.5807。

4. 日期（Date）

日期型数据存储为 IEEE 64 位（8 个字节）二进制浮点数值形式，可以表示的日期范围为：100 年 1 月 1 日 ~ 9999 年 12 月 31 日。日期文字前后须加上符号"#"或直接用文本定义。

例如：# January 10，2004 #

5. 变体（Variant）

变体数据类型是一种可变的数据类型，可以表示数值、字符串、日期、货币等任何数据。

6. 字节（Byte）

字节数据类型是 8 位（1 个字节）的二进制数，可以存储 0 ~ 255 之间的无符号的整数。

7. 布尔（Boolean）

布尔数据类型是 16 位（2 个字节）的二进制数，只能存储两个逻辑值，True（真，-1）或 False（假，0）。

8. 对象（Object）

对象数据类型是 32 位（4 个字节）的二进制数，用于存储任何类型的对象。

9. Decimal 数据类型

Decimal 数据类型存储 96 位（12 个字节）无符号的整数型形式，并除以一个 10 的幂数（称为变比因子），决定小数点后面的位数，其范围为 0 ~ 28。当变比因子为 0 时，没有小数位。当变比因子为 28 时，小数点后面有 28 位数。Decimal 数据类型只能在变体类型中使用。不能把一个变量声明为 Decimal 数据类型。

4.1.2　自定义数据类型

1. 用 Type 语句自定义数据类型

在 Visual Basic 6.0 中，用户还可以根据需要自定义数据类型。在标准模块的声明部分，或窗体模块和类模块的声明部分都可以使用 Type 语句定义用户自己的数据类型，其格式如下：

［Public ｜ Private］Type 数据类型名

数据类型元素名 1 As 类型名

数据类型元素名 2 As 类型名

……

End Type

其中：

（1）［Public ｜ Private］：缺省或使用 Public 表示所定义的数据类型是公有的、全局的，任何公有的声明和定义只能在标准模块中进行。使用 Private 表示所定义的数据类型是模块级的，其声明和定义只能在窗体模块或类模块中进行，该定义局限于模块内。

（2）数据类型名：是用户要定义的数据类型的名字，其命名规则与变量命名规则相同。

（3）数据类型元素名：命名规则与变量命名规则相同，但不能是数组。

（4）类型名：可以是任何基本的数据类型，也可以是用户已定义的数据类型。

通常把 Type 语句定义的类型称为记录类型。

例如：自定义学生基本情况数据类型。

```
Private Type Student              '自定义数据类型名为：Student。
    StdName As String             '定义 Student 的姓名。
    StdSex As String              '定义 Student 的性别。
    StdAge As Integer             '定义 Student 的年龄。
    StdBirthday As Date           '定义 Student 的出生年月日。
    StdTel As String              '定义 Student 的电话号码。
    StdAdd As String              '定义 Student 的住址。
End Type
```

使用 Type 语句定义一个数据类型，它仅定义了该数据的样式，并没有分配相应的内存单元。要使用自定义数据类型，还要声明自定义数据类型变量，只有声明了自定义数据类型变量后，Visual Basic 6.0 系统才为该变量分配相应的内存单元，这个变量才可以使用。

例4.1　演示自定义数据类型。

①创建界面。将窗体 Form1 调整到一定的大小。

②设置窗体属性，如表4.1所示。

表4.1　属性设置

控件名称	属性名	属性值
Form1	（名称）	frmStudent
	Caption	自定义数据类型
	Font	楷体_GB2312 常规，小三

属性设置后的窗体如图4.2所示。

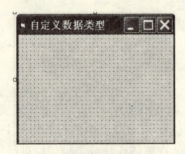

图4.2　属性设置后的窗体

③编写应用程序代码。

打开代码编辑器窗口，在对象列表框中选择"通用"，在过程列表框中选择"声明"，编写如下代码：

```
Private Type Student              '自定义数据类型名为：Student。
    StdName As String             '设置六个元素。
    StdSex As String
    StdAge As Integer
    StdBirthday As Date
    StdTel As String
    StdAdd As String
End Type
```

双击窗体 frmStudent，编写如下代码：

```
Private Sub Form_Click( )
    Dim dzc As Student            '声明 dzc 变量为 Student 数据类型。
    dzc. StdName = "王译名"       '引用元素变量。
```

```
        dzc. StdSex = " 男 "
        dzc. StdAge = 52
        dzc. StdBirthday = #5/18/1958#
        dzc. StdTel = "5323258"
        dzc. StdAdd = " 昆师路 2 号 2 栋 601 室 "
        Print dzc. StdName                          '在窗体中显示出元素变量的值。
        Print dzc. StdSex
        Print dzc. StdAge
        Print dzc. StdBirthday
        Print dzc. StdTel
        Print dzc. StdAdd
    End Sub
```

④调试应用程序，程序运行时的界面如图 4.3 所示。

图 4.3   程序运行后的界面

⑤保存窗体和工程。

2. 变量的引用

声明了用户自定义数据类型变量后，Visual Basic 6.0 系统为该变量分配相应的内存单元。那么，如何访问具体的元素（成员）呢？ Visual Basic 6.0 系统使用 "．" 来引用元素（成员）变量。当输入 dzc. 后，Visual Basic 6.0 会自动列出该数据的全部元素（成员项），供用户使用时选择，如图 4.4 所示。

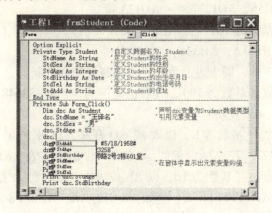

图 4.4   变量的引用

例如：dzc. StdName = "王译名"　　　　　'引用元素变量。

dzc. StdSex = "男"

dzc. StdAge = 52

dzc. StdBirthday = #5/18/1958#

dzc. StdTel = "5323258"

dzc. StdAdd = "昆师路 2 号 2 栋 601 室"

4.2　常量和变量

4.2.1　常量

在程序运行过程中，值保持不变的量就称为常量。

在 Visual Basic 6.0 程序设计过程中，经常会遇到重复使用频率较高，又非常难记的一些常数，每次输入都要核对。在这种情况下，定义常量来代表这些常数可以提高编程效率，同时也使得程序比较简洁易读。Visual Basic 6.0 中的常量分为三种：文字常量、符号常量和系统常量。

1. 文字常量

（1）字符串常量：例如："￥670"，"abcdefg"，"dzc5678"，"你好！"等由字符组成。字符串常量前后必须要加双引号（双引号和回车符不能作为字符串常量）。

（2）逻辑常量（只有两个）：True（真）和 False（假）。

（3）日期时间常量：例如：#January 1, 2001#，#1/15/2003#，#10：30：18 AM#等用"#"括起来的都是日期时间常量。

（4）数值常量：数值常量有四种表示方式，即整型数、长整型数、定点数（或货币型数）和浮点数（或实数）。

① 整型数：有 3 种，即十进制数、十六进制数和八进制数。

●十进制数（基数为 10），其取值范围为 − 32768 ～ 32767，例如：0，625，−4536，+7980 等。

●八进制数（基数为 8，用前缀 & 或 &O 表示），其取值（绝对值）范围为 &O0 ～ &O177777，例如：&O456，&O1277，− &O123 等。

●十六进制数（基数为 16，用前缀 & 或 &H 表示），其取值（绝对值）范围为 &H0 ～ &HFFFF，例如：&H123A，&H32F，− &HFF 等。

② 长整型数：有 3 种，即十进制数、十六进制数和八进制数。

●十进制长整型数（基数为 10），其取值范围为 − 2147483648 ～ 2147483647。例如：6255896，−4536235，+6597980 等。

●八进制长整型数（基数为 8，以 & 或 &O 开头，以 & 结尾），其取值（绝对值）范围为 &O0& ～ &O377777777777&，例如：&O123&，&O1237&，&O6667733& 等。

●十六进制长整型数（基数为 16，以 &h 或 &H 开头，以 & 结尾），其取值（绝对值）范围为 &H0& ～ &HFFFFFFFF&，例如：&H123A&，&H32F&，&H1AAAB& 等。

③定点数（或货币型常数）：货币类型数据的小数点是固定的，它可以精确到小数点后

4 位。小数点前有 15 位。取值范围：-922337203685477. 5808 ~922337203685477. 5807 。

④ 浮点数（实型数或实数）是带有小数部分的数值，由符号、指数及尾数三部分组成，有单精度型浮点数（指数符号为 E）和双精度型浮点数（指数符号为 D）。

2. 符号常量

在 Visual Basic 6.0 中，用户可以自定义符号常量，用来代替数值或字符串。在程序中使用自定义符号常量前，应用 Const 语句先行声明常量。Const 语句的一般格式为：

[**Public** | **Private**] **Const** 常量名 [**As** 数据类型] =表达式

其中：

（1）Public：缺省或使用 Public 表示所定义的符号常量是公有的、全局的，常量可以在整个应用程序中使用，其定义只能在标准模块中进行。

（2）Private：表示所定义的符号常量是模块级的，其声明和定义只能在窗体模块或类模块中进行，定义的常量局限于模块内的过程中使用。在窗体模块或类模块中不能用 Public 来声明常量。

（3）常量名：命名规则与变量命名规则相同，只能以字母开头，不能包括句号、类型声明字符及受限制的关键字，不区分大小写，不超过 255 个字符。

（4）As 数据类型：用于指定常量的数据类型，如果省略，则其类型由表达式决定。

（5）表达式：由文字常量、算术运算符（指数运算符除外）及逻辑运算符组成，不能使用字符串连接运算符、变量及函数。其结果可以是数值或字符串表达式，还可以用先前定义过的常量来定义新常量。

在一行中可以定义多个符号常量，各常量之间用逗号隔开，例如：

Public Const Pi As Double = 3. 141592654

Public Const Pi = 3. 14，birthday = #04/14/1958#

Private Const Pi = 3. 1415926535879

Private Const n As Integer = 5186

3. 系统常量

Visual Basic 6.0 为用户内置了大量的常量称为系统常量，可以在程序中直接使用，不能修改，这些系统常量是以小写的字母 vb 开头，例如：vbOKOnly、vbYesNo、vbCritical 等。

4.2.2 变量

在 Visual Basic 6.0 中，变量用来存储数据，在程序运行过程中，其值可以改变，并且有一个名字和特定的数据类型，它代表内存中指定的存储单元。

1. 变量的命名规则

（1）一个变量名的长度不能超过 255 个字符。

（2）变量名的第一个字符必须是字母（大小写均可以）。

（3）其余的字符可以是字母（A…Z），数字（0…9）和下划线组成。

（4）变量名不允许使用 Visual Basic 中的保留字（受限制的关键字）。

例如：对象名：Text、Image、Picture 等。

属性名：Caption、Font、Name 等。

语句：If、Loop、For 等不能作为变量名。

正确的变量名：X1，Y，A，a，ABC，A2_ 8，Y1_ 6

注意：变量名不区分大小写，如 ABC 和 abc，系统会认为是同一个变量。

2. 变量的类型和定义

（1）变量的类型 。

变量有 12 种数据类型，不同的类型占用的存储空间大小和范围不同，如表 4.2 所示。

表 4.2　变量的 12 种数据类型及其存储空间大小和范围

数据类型	类型符号	数据长度（字节）	范　　围
Single 单精度型	！	4	$-3.402823E+38 \sim -1.401298E-45$，$1.401298E-45 \sim 3.402823E+38$ 只能表示七位有效数字
Double 双精度型	#	8	$-1.79769313486232E+308 \sim -4.94065645841247E-324$ $4.94065645841247E-324 \sim 1.79769313486232E+308$ 只能表示十五位有效数字
Integer 整型	%	2	$-32768 \sim 32767$
Long 长整型	&	4	$-2147483648 \sim 2147483647$
Byte 字节型		1	$0 \sim 255$（用于存储二进制数）
Currency 货币型	@	8	$-922337203685477.5808 \sim 922337203685477.5807$
Boolean 布尔型		2	True 或 False
Date 日期时间型		8	100 年 1 月 1 日 ~ 9999 年 12 月 31 日
Object 对象型		4	任何 Object 引用
String（变长） 字符串型	$	10 + 串长	0 ~ 大约 20 亿
String（定长） 字符串型		串长	0 ~ 大约 65,400
Variant（数字） 变体型		16	任何数字值，最大可达 Double 双精度型的范围
Variant（字符） 变体型		22 + 串长	0 ~ 大约 20 亿

续　表

数据类型	类型符号	数据长度（字节）	范　围
Decimal		12	没有小数点时为：＋／－ 79228162514264337593543950335
			小数点后有 28 位数时为： ＋／－ 7.9228162514264337593543950335
			最小的非 0 值为：＋／－ 0.0000000000000000000000000001

变量类型说明：

1）数值型变量用于存储各种精度的数据。

存放整数数据：整型（Integer）和长整型（Long）。

存放包含小数数据：单精度型（Single）、双精度型（Double）和货币型（Currency）。

2）字符串（String）型变量用于存放字符串。

字符串型变量有变长与定长两种。

例如：Dim A As String，定义 A 为变长字符串变量，变长字符串最多包含 2^{31} 个字符。

例如：Dim A As String * 50，定义 A 为长度为 50 个字符串变量，若字符串字符少于 50 个，则不足部分用空格填满，若字符串字符多于 50 个，则超出部分的字符被去掉。定长字符串最多包含 2^{16} 个字符。

例 4.2　设定变量 a 为变长字符串，b 为定长字符串。单击窗体，显示变长字符串 a 和定长字符串 b 的值。

①创建界面，调整窗体 Form1 的大小。

②设置窗体属性，如表 4.3 所示。

表 4.3　属性设置

控件名称	属性名	属性值
Form1	（名称）	frmString
	Caption	演示变长和定长字符串
	Font	新宋体，常规，小三

③编写应用程序代码。

双击窗体 frmString，编写如下代码：

```
Private Sub Form_Click()
    Dim a As String            'a 为变长字符串，长度可以变化。
    Dim b As String * 8        'b 为定长字符串，长度为 8 个字符。
    a = "0123456789888"        '将字符串"0123456789888"赋值给变量 a。
    b = "0123456789888"        '将字符串"0123456789888"赋值给变量 b。
```

```
        Print Spc(3);"变长字符串:";"a = ";a
                                    '在窗体上显示变长字符串 a 的值。
        Print Spc(3);"定长字符串:";"b = ";b
                                    '在窗体上显示定长字符串 b 的值为 8 个字符。
End Sub
```
④调试应用程序，程序运行时的界面如图 4.5 所示。

图 4.5 演示变长和定长字符串

⑤保存窗体和工程。

3）逻辑型变量（Boolean）又称布尔型变量。

有 True（-1）和 False（0）两种取值。缺省值为 False。

其声明和赋值方法：

Dim Condition As Boolean

Condition = True

Condition = -1

4）日期型变量（Date）用于存放日期。

其声明和赋值方法：

Dim ABC As Date

ABC = #01/01/97 10:23:09AM#   '日期文字前后须加上符号"#"。

ABC = "06/23/97"   '也可以直接用文本定义。

例 4.3 将其他的数值类型转换为 Date 型，并在窗体中显示出相应的日期和时间。

在 Visual Basic 6.0 中，当其他的数值类型转换为 Date 型时，小数点左边的值表示日期信息，右边的值则表示时间，午夜为 0，中午为 0.5，负数表示 1899 年 12 月 30 日之前的日期。

①创建界面，调整窗体 Form1 的大小。

②设置窗体属性，如表 4.4 所示。

表 4.4 属性设置

控件名称	属性名	属性值
Form1	（名称）	frmData
	Caption	日期型变量
	Font	宋体，常规，小三

③编写应用程序代码。

双击窗体 frmData，编写如下代码：

```
Private Sub Form_Click()
    Dim DataTest1 As Date              '声明 DataTest1 为日期型变量。
    Dim DataTest2 As Date
    Dim DataTest3 As Date
    DataTest1 = 35477.998              '将数值 35477.998 赋值给日期型变量 DataTest1。
    DataTest2 = 55479.998
    DataTest3 = -3455.432
    Form1.Print Spc(3);DataTest1       '在 Form1 窗体中显示出变量 DataTest1 的值。
    Form1.Print Spc(3);DataTest2
    Form1.Print Spc(3);DataTest3
End Sub
```

④ 调试应用程序，程序运行时的界面如图 4.6 所示。

图 4.6 数值类型转换为 Date 型

⑤保存窗体和工程。

5）对象型变量（Object）用于作为引用对象的指针。

必须用 Set 语句先对对象引用赋值后，才能引用对象。

例如：Dim a As CommandButton，b As CommandButton '声明对象变量 a 和 b 为命令按钮。

```
Set a = Command1                'a 代表命令按钮 Command1。
Set b = Command2                'b 代表命令按钮 Command2。
a.Caption = "运行"               'Command1 的标记文字设为"运行"。
b.FontBold = True               'Command2 的标记文字字形设为粗体。
```
又例如：Dim Obj1 As TextBox   '声明 Obj1 定义为文本框。
```
Set Obj1 = Text1                'Obj1 代表 Text1。
Obj1.Text = ""                  '将 Text1 的 Text 值设置为空。
```

⑥ 变体型变量（Variant）又称变异变量，适用于各种数据类型。如果向变体型变量中赋予整数值，则系统将该变量当作整数型。如果向变体型变量中赋予字符串，则系统将该变量当作字符串型。在同一过程运行期间，变体型变量还可以赋予不同类型的数据，系统会进行相应的转换。

如果不声明，直接使用某变量，则系统会认为是变体型变量。

例如：Dim A，B

        A＝0.1！   '赋值后为单精度型变量。

        B＝True   '赋值后为布尔型变量。

又例如：Var1＝6   '系统会认为 Var1 为整数类型。

        Var2＝18.8   'Var2 为实型数。

        Var1＝Var1＋Var2   'Var1 变为实型变量。

在 Visual Basic 6.0 中，最常用的变量类型是数值型和字符串型。

（2）变量的声明。

在使用变量以前，应该对变量进行声明（这样可以优化程序的执行，如不声明，容易产生混乱），变量的声明分为"显式声明"和"隐式声明"。

1）显式声明。

有二种方式：

● 用 Dim 语句声明变量，其格式为：

Dim 变量名 [As 类型名]

Dim 变量名 [As 类型名]，变量名 [As 类型名]…

例如：Dim a As Integer   '声明 a 为整型变量。

        Dim b As Boolean   '声明 b 为布尔型变量。

        Dim x，y   '声明 x，y 为变体型变量。

● 用 Static 语句声明变量。

用 Static 语句声明的变量为静态变量，声明了静态变量之后，每次过程调用结束时，系统就会保存该变量的值，在下次调用该过程时，该变量的值一直会保存，其格式为：

    Static 变量名 [As 类型名]

    Static 变量名 [As 类型名]，变量名 [As 类型名]…

例如：Static a As Integer   '声明 a 为整型变量。

        Static b As Boolean   '声明 b 为布尔型变量。

        Static x，y   '声明 x，y 为变体型变量。

例 4.4　在 Visual Basic 6.0 程序中，用 Static 语句声明静态变量，每次过程调用结束时，系统就会保存该静态变量的值，在窗体上显示出每次过程调用结束时静态变量的值。

①创建界面，调整窗体 Form1 的大小。

②设置窗体属性，如表 4.5 所示。

表 4.5　属性设置

控件名称	属性名	属性值
Form1	（名称）	frmStatic
	Caption	静态变量
	Font	宋体，常规，小三

③编写应用程序代码。

双击窗体 frmStatic，编写如下代码：

```
Private Sub Form_click( )
    Dim y As Integer                '声明 y 为整型变量。
    Static x As Integer             '声明 x 为静态变量。
    y = y + 1
    x = x + 1
    Print y;Tab(15);x               '在窗体上显示出 y 的值，在 15 列上显示 x 的值。
End Sub
```

④调试应用程序，程序运行时的界面如图 4.7 所示。

图 4.7　静态变量

⑤ 保存窗体和工程。

2）隐式声明。

隐式声明是指在使用一个变量之前并不声明这个变量，而是用一个特殊的类型符号加在变量名后面来说明数据类型。

例如：Date1 !　　　　　　　　'Date1 为单精度型变量。

　　　ABC $　　　　　　　　'ABC 为字符串型变量。

3）强制变量声明。

为了避免写错变量名引起的麻烦，最好避免使用隐式声明，而采用显式变量声明。让 Visual Basic 6.0 只要遇到一个未声明的变量就发出错误的警告，在模块开始的声明处插入 Option Explicit 语句。

具体操作如下：

双击窗体，在代码窗口的"对象下拉列表框"中选择"通用"，在"过程下拉列表框"中选择"声明"，然后输入代码"Option Explicit"即可，如图 4.8 所示。

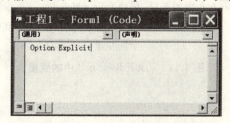

图 4.8　在代码窗口中强制变量声明

也可以选择"工具\选项"命令，单击"编辑器"，如图4.9所示。

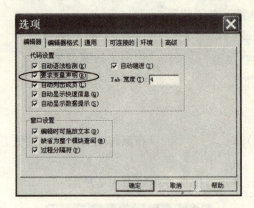

图4.9 在"选项"对话框中强制变量声明

选择"要求变量声明"复选框，可以在任何新模块中自动插入"Option Explicit 语句"。

4.3 变量的作用域

变量的作用域是指变量在应用程序中可以使用和操作的有效范围，即变量的"可见性"。Visual Basic 6.0 中声明的变量都有自己的作用范围。

Visual Basic 6.0 的应用程序由三种模块组成，即窗体模块（Form）、标准模块（Module）和类模块（Class）。如图4.10所示。

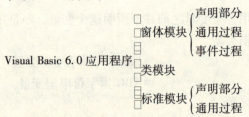

图4.10 Visual Basic 6.0 应用程序构成

根据定义变量的位置和定义变量的语句的不同，Visual Basic 6.0 中变量分为三类，如图4.11所示，各种变量位于不同的层次。

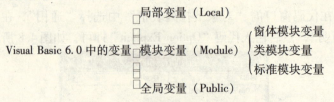

图4.11 Visual Basic 6.0 中的变量

4.3.1 局部变量

在过程内定义的变量称为局部变量。局部变量用 Dim 或 Static 来定义（不可以用 Pub-

· 44 ·

lic、Private 来定义局部变量），其作用域是它所在的过程，只有在声明它的过程中才有效，而在别的过程中则无效，另外，用 Dim 定义局部变量只在该过程执行时才存在，过程一结束，该变量的值被清为 0。因此，局部变量也称为过程级变量。在不同的过程中可以定义相同名字的局部变量，他们之间没有任何关系。例如：

Private Sub Command1_Click( )

 Dim I As Integer

 …

End Sub

Private Sub Command2_Click( )

 Dim I As Integer

 Static J As Integer

 …

End Sub

在上述两个过程中，都声明了整型变量 I，因它们是在不同过程中定义的变量（都是局部变量），所以这两个同名的变量 I 之间无任何关系。J 是静态变量，只在第二个过程中有效，而在第一个过程中无效（无定义）。

4.3.2 模块级变量

模块级变量是在窗体或模块中的不同过程中都起作用的变量。分为窗体模块变量、类模块变量和标准模块变量三种类型。模块级变量可以在模块中的声明部分用 Dim 或 Private 来声明。例如：

Dim I As Integer

Private I As Integer

1. 窗体变量

窗体变量在该窗体的所有过程中都有效，而在其他窗体的过程中无效。当同一窗体内的不同过程使用相同的变量时，必须将该变量定义为窗体变量。

窗体变量不能默认声明，在使用窗体变量前，必须先声明，其方法为：双击窗体，在代码窗口的"对象"列表框中选择"通用"，并在"过程"列表框中选择"声明"，用 Dim 或 Private 语句声明变量。例如：用 Dim 语句声明变量 a，用 Private 语句声明变量 b，在该窗体中不同的过程 a，b 变量都起作用。如图 4.12 所示。

图 4.12　窗体变量

在声明模块级变量时，Private 和 Dim 没有区别，但用 Private 会更好些，容易与 Public 区别开来，使代码容易理解。

2. 标准模块变量

标准模块是含有程序代码的应用文件，其扩展名为 .bas。标准模块变量必须在标准模块中用 Dim 或 Private 语句声明变量。其方法为：选择"工程＼添加模块"命令，打开"添加模块"对话框，如图 4.13（a）所示。单击"打开"按钮，显示如图 4.13（b）所示的代码窗口，在该窗口中，既可声明全局变量，也可编写模块级代码。

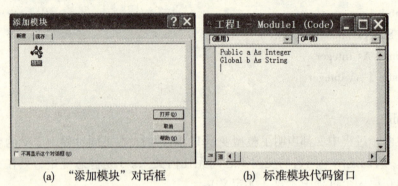

(a)　"添加模块"对话框　　　　　　(b)　标准模块代码窗口

图 4.13　标准模块变量

3. 类模块变量

类模块变量在类模块代码窗口中用 Dim 或 Private 语句声明，其方法与标准模块变量的情形相同。在类模块中，对模块级的变量不能声明为 Static。标准模块中的数据在变量的作用域内有效，类模块中的数据是随着对象的创建而创建，随着对象的撤消而消失。

建立类模块的具体操作：选择"工程＼添加类模块"命令，在显示的"添加类模块"对话框中选择"类模块"，单击"打开"按钮，就为当前的工程新建了一个类模块，其默认名为 Class1。

4.3.3　全局变量

全局变量又称全程变量。它可以在工程的所有窗体或模块（一个工程中可以有多个窗体或模块）中的每一个过程都有效。只能用 Public 或 Global 语句（不能用 Dim 或 Private 语句）在标准模块中来声明全局变量。如图 4.14 所示。

图 4.14　全局变量

4.4 常用内部函数

在 Visual Basic 6.0 中，函数分为外部函数和内部函数，外部函数是由用户根据要求自行设计定义的函数。内部函数是由 Visual Basic 6.0 系统提供的，又称公共函数。在这些内部函数中，有些是通用的，有些则与某些操作有关。每一个内部函数都有某个特定的功能，可以在任何程序中直接调用，函数具有返回值和类型。调用函数时，只须给出函数名和相应的参数即可，其格式为：

函数名（参数1，参数2…）

由 Visual Basic 6.0 系统规定的函数名一般具有一定的含义。

例如：Abs(x)   '表示求 x 的绝对值。

   Sin(x)   '表示求 x 的正弦值。

4.4.1 类型转换函数

类型转换函数用于数据类型或形式的转换。Visual Basic 6.0 系统提供了若干种转换函数，每一个函数都可以强制将一个表达式转换成某种特定的数据类型。如表4.6 所示。

表4.6 转换函数

转换函数	转换结果类型	功 能	例 子	转换结果
CBool(x)	Boolean	将 x 值转换为布尔型	CBool(0)	当 x = 0 时为 False，否则为 True
CByte(x)	Byte	将 x 值转换为字节型	CByte(135.5679)	136
CCur(x)	Currency	将 x 值转换为货币型	CCur(567.138578)	567.1386
CDate(x)	Date	将 x 值转换为日期型	CDate("February 18,2009")	2009 - 2 - 18
CSng(x)	Single	将 x 值转换为单精度型	CSng(75.3421185)	75.34212
CDbl(x)	Double	将 x 值转换为双精度型	CDbl(Ccur(123.456789) * 5.7)	703.70376
CInt(x)	Integer	将 x 的小数部分四舍五入转换为整数型	CInt(1234.5678)	1235
CLng(x)	Long	将 x 的小数部分四舍五入转换为长整数型	CLng(25427.45)	25427
CVar(x)	Variant	将 x 值转换为变体类型值	CVar(1234& " 000")	1234000
Chr $ (x)	String	将 x 值转换为相应的 ASCII 字符	Chr $ (65)	A

转换函数	转换结果 类 型	功 能	例 子	转换结果
Asc(x$)	Integer	返回字符串 x$ 中第一个字符 ASCII 码	Asc("abcd")	97
Str$(x)	String Variant	将 x 的数值转换为字符串	Str$(-459.65)	"-459.65"
Val(x$)	Double	将字符串 x 转换为数值	Val("24"and"57")	24
Hex$(x)	String	把一个十进制数转换为十六进制数	Hex$(10)	A
Otc$(x)	String	把一个十进制数转换为八进制数	Otc$(10)	12
CVErr(x)	Error	显示错误码	CVErr(2004)	自定义错误码

说明：

①转换函数的参数值必须对目标类型有效，否则会发生错误。例如：把 Long 类型数据转换为 Integer 类型数据，Long 类型数据必须在 Integer 类型的有效范围之内。

②当将其他类型转换为 Boolean 型时，0 会转换为 False，而其他非零的值则为 True。当将 Boolean 型转换为其他的数据类型时，False 会转换为 0，而 True 会转换成 -1。

③当其他的数值类型要转换为 Date 型时，小数点左边的值表示日期信息，而小数点右边的只则表示时间。

例 4.5 验证表 4.6 中前 6 位转换函数的例子，并在窗体上显示出转换结果。

①创建界面，调整窗体 Form1 的大小。

②设置窗体属性，如表 4.7 所示。

表 4.7 属性设置

控件名称	属性名	属性值
Form1	（名称）	frmFct
	Caption	转换函数
	Font	宋体，常规，小三

③编写应用程序代码。

双击窗体 frmFct，编写如下代码：

```
Private Sub Form_Click()
    Print CBool(0)
```

```
        Print CBool(1)
        Print CBool(-6)
        Print CBool(6)
        Print
        Print CByte(135.5679)
        Print CCur(567.138578)
        Print CDate("February 18,2009")
        Print CSng(75.3421185)
        Print CDbl(CCur(123.456789) * 5.7)
End Sub
```

④调试应用程序,程序运行时的界面如图4.15所示。

图4.15　部分函数的转换结果

⑤保存窗体和工程。

例4.6　演示把一个十进制数转换为八进制数;把一个十进制数转换为十六进制数;将x的数值转换为相应的ASCII字符;将字符串x$中的首字符转换为ASCII码。

①创建界面。如图4.16所示,在窗体Form1中,设置2个文本框Text1和Text2,2个标签Label1和Label2,6个命令按钮Command1~Command6。

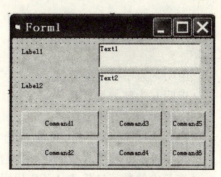

图4.16　设计转换函数界面

②设置窗体和控件属性,如表4.8所示。

表 4.8　属性设置

控件名称	属性名	属性值
Form1	（名称）	frmzhhs
	Caption	转换函数
Label1	Caption	输入一个数据
Label2	Caption	显示转换结果
Text1	Aligment	2 – Center
	Text	空
	Font	宋体，常规，四号
Text2	Aligment	2 – Center
	Text	空
	Font	宋体，常规，四号
Command1	（名称）	cmdString
	Caption	将数值转换为相应的 ASCII 字符
Command2	（名称）	cmdAsc
	Caption	将字符串中的首字符转换为 ASCII 码
Command3	（名称）	cmdHex
	Caption	十进制数转换为十六进制数
Command6	（名称）	cmdExit
	Caption	退　出

③编写应用程序代码。

```
Option Explicit
Private Sub cmdString_Click( )
    Dim a As String        '声明 a 为字符串型变量。
    Dim b As Integer       '声明 b 为整数型变量。
    Dim c As String        '声明 c 为字符串型变量。
    a = Text1. Text        '将文本框 Text1 中的文本赋值给字符串变量 a。
    b = Val( a )           '将字符串 a 转换为数值后赋值给整数型变量 b。
    c = Chr( b )           '将 b 中的数值转换为 ASCII 代码指定的字符后赋值给字符
                            串型变量 c。
    Text2. Text = c        '在文本框 Text2 中显示出 c 的值。
End Sub
Private Sub cmdAsc_Click( )
```

```
        Dim a As String      '声明 a 为字符串型变量。
        Dim b As Integer     '声明 b 为整数型变量。
        Dim c As String      '声明 c 为字符串型变量。
        a = Text1. Text      '将文本框 Text1 中的文本赋值给字符串变量 a。
        b = Asc(a)           '将 a 中字符串的首字符转换为 ASCII 码后赋值给整数型变
                             量 b。
        c = Str(b)           '将 b 中的数值转换为字符串后赋值给字符串型变量 c。
        Text2. Text = c      '在文本框 Text2 中显示出 c 的值。
    End Sub
    Private Sub cmdHex_Click( )
        Dim a As String      '声明 a 为字符串型变量。
        Dim b As Integer     '声明 b 为整数型变量。
        Dim c As String      '声明 c 为字符串型变量。
        a = Text1. Text      '将文本框 Text1 中的文本赋值给字符串变量 a。
        b = Val(a)           '将字符串 a 转换为数值赋值给单精度型变量 b。
        c = Hex(b)           '将 b 中的数值转换为十六进制数后赋值给字符串型变量 c。
        Text2. Text = c      '在文本框 Text2 中显示出 c 的值。
    End Sub
    Private Sub cmdOtc_Click( )
        Dim a As String      '声明 a 为字符串型变量。
        Dim b As Integer     '声明 b 为整数型变量。
        Dim c As String      '声明 c 为字符串型变量。
        a = Text1. Text      '将文本框 Text1 中的文本赋值给字符串变量 a。
        b = Val(a)           '将字符串 a 转换为数值赋值给单精度型变量 b。
        c = Oct(b)           '将 b 中的数值转换为八进制数后赋值给字符串型变量 c。
Text2. Text = c              '将 c 中的字符串赋值给文本框 Text2 的 Text 的属性。
End Sub                      '上述语句可用一条语句 Text2. Text = Oct（Text1. Text）代替。
    Private Sub cmdClear_Click( )
        Text1. Text = " "    '将文本框 Text1 中的文本清空。
        Text2. Text = " "    '将文本框 Text2 中的文本清空。
        Text1. SetFocus      '将光标设置在 Text1 中。
    End Sub
    Private Sub cmdExit_Click( )
        End
    End Sub
```

④调试应用程序，程序运行时的界面如图 4.17 所示。

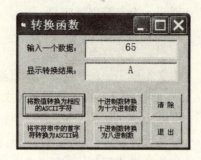

图 4.17 转换函数界面

⑤保存窗体和工程。

4.4.2 算术函数

算术函数(又称数学函数)是 Visual Basic 6.0 系统提供给用户进行算术计算的函数。常用的算术函数如表4.9 所示。

表 4.9 常用的算术函数

函数名	返回值 类型	功　能	例　子	返回值
Abs(x)	与 x 相同	求 x 的绝对值	Abs(−20.6)	20.6
Sin(x)	Double	求 x(弧度)的正弦值	Sin(30 * 3.14/180)	0.5
Cos(x)	Double	求 x(弧度)的余弦值	Cos(60 * 3.14/180)	0.5
Tan(x)	Double	求 x(弧度)的正切值	Tan(45 * 3.14/180)	1
Atn(x)	Double	求 x(数值)的反正切值	4 * Atn(1)	3.14159265358979
Sqr(x)	Double	求 x 的平方根	Sqr(4)	2
Exp(x)	Double	求 e 的 x 次方	Exp(x)	e 的 x 次幂
Fix(x)	Double	取 x 的整数部分	Fix(−36.7)	−36
Int(x)	Double	取 x 的整数部分	Int(−36.7)	−37
Log(x)	Double	求 x 的自然对数值	Log(x)/ Log (10)	以 10 为底的 x 的对数
Rnd(x)	Single	产生一个 0~1 之间的随机数	Int((8 * Rnd) +1)	0~8 之间的随机数
符号函数 Sgn(x)	Variant Integer	x>0,返回 1	Sgn(18)	1
		x =0,返回 0	Sgn(0)	0
		x<0,返回 −1	Sgn(−18)	−1

说明：对数值型变量取整，可以用 Fix(x)和 Int(x)函数。当参数 x 是正数时，Fix(x)和 Int(x)函数结果相同。当参数 x 是负数时，Fix(x)函数返回大于等于 x 的第一个负整数；而 Int(x)函数则返回小于等于 x 的第一个负整数。

例 4.7   求方程 $ax^2 + bx + c = 0$ 的解。

①创建应用程序界面。如图 4.18 所示，在窗体 Form1 中，设置 6 个标签 Label1 ~ Label6，5 个文本框 Text1 ~ Text5，3 个命令按钮 Command1 ~ Command3。

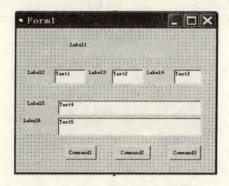

图 4.18   设计二次方程求解器界面

②设置窗体和控件属性，如表 4.10 所示。

表 4.10   属性设置

控件名称	属性名	属性值
Form1	（名称）	frmEquation
	Caption	二次方程求解器
Label1	BorderStyle	1 – Fixed Single
	Caption	$ax^2 + bx + c = 0$
Label2	Caption	a =
Label3	Caption	b =
Label4	Caption	c =
Label5	Caption	X1 =
Label6	Caption	X2 =
Text1	（名称）	txtA
	Text	空
	Font	宋体，常规，四号
Text2	（名称）	txtB
	Text	空
	Font	宋体，常规，四号

控件名称	属性名	属性值
Text3	（名称）	txtC
	Text	空
	Font	宋体，常规，四号
Text4	（名称）	txtX1
	Text	空
	Font	宋体，常规，四号
Text5	（名称）	txtX2
	Text	空
	Font	宋体，常规，四号
Command1	（名称）	cmdEx
	Caption	求解
Command2	（名称）	cmdClear
	Caption	清除
Command3	（名称）	cmdExit
	Caption	退出

③编写应用程序代码。

```
Private Sub cmdClear_Click( )
    txtA. Text = " "              '清空文本框中内容。
    txtB. Text = " "
    txtC. Text = " "
    txtX1. Text = " "
    txtX2. Text = " "
    txtA. SetFocus               '将光标移到 txtA 文本框内（txtA 获得焦点）。
End Sub
Private Sub cmdEx_Click( )
    Dim a As Integer, b As Integer, c As Integer
    Dim x1 As Single, x2 As Single
    a = Val( txtA. Text)          '从文本框中取数据赋值给 a。
    b = Val( txtB. Text)          '从文本框中取数据赋值给 b。
    c = Val( txtC. Text)          '从文本框中取数据赋值给 c。
    d = b ^ 2 - 4 * a * c        '求根的判别式。
```

```
        If d > = 0 Then                    '如果 d ≧ 0,则
            x1 = (-b + Sqr(d))/(2 * a)      '求出两个实数根
            x2 = (-b - Sqr(d))/(2 * a)
            txtX1. Text = Str (x1)           '将两个实数根分别显示在 txtX1 和 txtX2 中
            txtX2. Text = Str (x2)
        Else
txtX1. Text = Str(-b /(2 * a)) + " +" + Str(Int((Sqr(-d)/(2 * a)) * 100)/100) + "i"
txtX2. Text = Str(-b /(2 * a)) + " -" + Str(Int((Sqr(-d)/(2 * a)) * 100)/ 100) + "i"
        End If
    End Sub
    Private Sub cmdExit_Click()
        End
    End Sub
    Private Sub Form_Load()
        Rem 将窗体设置在屏幕中间
        Form1. Top = (Screen. Height - Form1. Height)/ 2
        Form1. Left = (Screen. Width - Form1. Width)/ 2
    End Sub
```

④调试应用程序, 程序运行时的界面如图 4.19 所示。

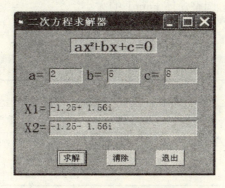

图 4.19　二次方程求解器运行界面

⑤保存窗体和工程。

4.4.3　日期与时间函数

日期与时间函数用于进行日期和时间处理。常用的日期与时间函数如表 4.11 所示。

表4.11　常用的日期与时间函数

函数名	返回值 类　型	功　　能	例　　子	返回值
Day(日期)	Integer	返回日期，1～31 的整数	Day(#4/14/1958#)	14
Month(日期)	Integer	返回月份，1～12 的整数	Month(#4/14/1958#)	4
Year(日期)	Integer	返回年份	Year(#4/14/1958#)	1958
Weekday(日期)	Integer	返回星期几	Weekday(#4/14/1958#)	2
Date(系统日期)	Date	返回系统日期	Date	系统日期
Now (系统日期和时间)	Date	返回系统日期和时间	Now	系统日期 和时间
Time(系统时间)	Date	返回当前系统时间	Time	系统时间
Hour(时间)	Integer	返回钟点，0～23 的整数	Hour(#4:35:17 PM#)	16
Minute(时间)	Integer	返回分钟，0～59 的整数	Minute(#4:35:17 PM#)	35
Second(时间)	Integer	返回秒钟，0～59 的整数	Second(#4:35:17 PM#)	17

例 4.8　演示日期与时间函数。

①创建应用程序界面，调整窗体 Form1 的大小。

②设置窗体属性，如表4.12 所示。

表4.12　属性设置

控件名称	属性名	属性值
Form1	(名称)	frmData
	Caption	演示日期与时间函数
	Font	宋体，常规，小四

③编写应用程序代码。

```
Private Sub Form_Click()
    Print Year(#4/14/1958#)          '返回年份。
    Print Month(#4/14/1958#)         '返回月份。
    Print Day(#4/14/1958#)           '返回日期。
    Print Weekday(#4/14/1958#)       '返回星期几。
    Print Time                       '返回当前系统时间。
    Print Date                       '返回系统日期。
    Print Now                        '返回系统日期和时间。
    Print Hour(#4:35:17 PM#)         '返回钟点。
```

```
Print Minute(#4:35:17 PM#)        '返回分钟。
Print Second(#4:35:17 PM#)        '返回秒钟。
End Sub
```
④调试应用程序，程序运行时的界面如图4.20所示。

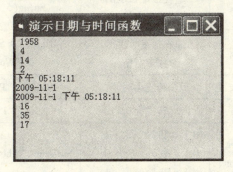

图4.20　演示日期与时间函数

⑤保存窗体和工程。

4.4.4　字符串函数

字符串函数用于进行字符串处理。字符串函数大都以类型说明符 $ 结尾，表示函数的返回值为字符串。在 Visual Basic 6.0 中，函数尾部的 $ 可以有，也可以省略，其功能相同。常用的字符串函数如表4.13所示。

表4.13　常用的字符串函数

函数名	返回值 类型	功　能	例　子	返回值
Ltrim(字符串)	String	去掉左边空格	Ltrim(" Public ")	"Public "
Rtrim(字符串)	String	去掉右边空格	Rtrim(" Public ")	" Public"
Trim(字符串)	String	去掉前后空格	Trim(" Public ")	"Public"
Left(字符串,长度)	String	从左起取指定数的字符	Left("Public ", 5)	"Publi"
Right(字符串,长度)	String	从右起取指定数的字符	Right("Public",1)	"c"
Mid(字符串，开始 位置［，长度］)	String	从开始位置起取 指定数的字符	Mid("Public",1,4)	"Publ"
InStr(［开始位置,］ 字符串1，字符串2 ［，字符串比较］)	Integer Variant	字符串2在字符串1中 最先出现的位置	InStr("XpXXPXXP","P")	5
Len(字符串)	Integer Variant	字符串长度	Len("Public")	6

函数名	返回值类型	功 能	例 子	返回值
String（长度，字符串）	String	重复指定长度的数个字符	String(5," * ")	" ****** "
Space(长度)	String	插入指定长度的数个空格	"Hello" & Space(10) & "Word!"	插入 10 个空格
Lcase(字符串)	String	转成小写	Lcase（"Public"）	"public"
Ucase(字符串)	String	转成大写	Ucase（"Public"）	"PUBLIC"
StrComp（字符串 1，字符串 2[，比较]）	Integer Variant	串 1 < 串 2　　 -1 串 1 = 串 2　　　0 串 1 > 串 2　　 1	StrComp（"Abcd"，"abcd"）	-1

例 4.9　演示部分字符串函数的功能。

①创建应用程序界面，调整窗体 Form1 的大小。

②设置窗体属性，如表 4.14 所示。

表 4.14　属性设置

控件名称	属性名	属性值
Form1	（名称）	frmString
	Caption	演示部分字符串函数的功能
	Font	宋体，常规，小四

③编写应用程序代码。

```
Option Explicit
Private a As String, b As String, c As String        '声明 a，b，c 为字符串变量。
Dim x As String, y As String, z As String            '声明 x，y，z 为字符串变量。
Private Sub Form_Click()
    a = Left("Public",5)                             '从左起取指定 5 个字符。
    b = Mid("Public",1,4)                            '从开始位置起取 4 个字符。
    c = Len("opqrstuvw")                             '计算字符串的长度。
    x = LCase("Public")                             '将字符串转成小写。
    y = UCase("Public")                             '将字符串转成大写。
    z = String(10," * ")                            '输出 10 个 * 字符。
    Print Space(10);"a = ";a                         '从左边开始 10 个空格后显示"a ="Publi。
    Print Space(10);"b = ";b
    Print Space(10);"c = ";c
```

```
    Print Space(10);"x = ";x
    Print Space(10);"y = ";y
    Print Space(10);"z = ";z
End Sub
```
④调试应用程序,程序运行时的界面如图4.21所示。

图 4.21　演示部分字符串函数的功能

⑤保存窗体和工程。

例 4.10　求输入的字符串反向显示。

①创建应用程序界面。如图4.22所示,在窗体 Form1 中,设置2 个标签 Label1 和 Label2,2 个文本框 Text1 和 Text2,2 个命令按钮 Command1 和 Command2。

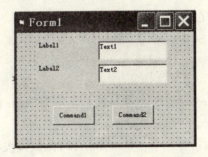

图 4.22　创建字符串反向显示界面

②设置窗体和控件属性,如表4.15所示。

表 4.15　属性设置

控件名称	属性名	属性值
Form1	(名称)	frmReverse
	Caption	字符反向
Label1	Caption	输入字符串
Label2	Caption	反向字符串

控件名称	属性名	属性值
Form1	（名称）	frmReverse
	Caption	字符反向
Text1	（名称）	txtInput
	Text	空
	Font	宋体，常规，五号
Text2	（名称）	txtReverse
	Text	空
	Font	宋体，常规，五号
Command1	（名称）	cmdReverse
	Caption	反 向
Command2	（名称）	cmdClear
	Caption	清 除

③编写应用程序代码。

```
Private Sub cmdReverse_Click( )
    Dim Str As String，StrReverse As String
    Dim i As Integer
    Str = txtInput. Text
    For i = 1 To Len(Str)            '循环次数由字符串 Str 的长度决定。
    StrReverse = Mid(Str，i，1) & StrReverse
                                    'Mid(Str,i,1)函数每次从第 i 个位置取 1 个字符。
    Next i
    txtReverse. Text = StrReverse
End Sub
Private Sub cmdClear_Click( )
    txtInput. Text = " "
    txtReverse. Text = " "
    txtInput. SetFocus
End Sub
```

④调试应用程序，程序运行时的界面如图 4.23 所示。

图 4.23　字符串反向显示

⑤保存窗体和工程。

4.5　运算符与表达式

运算（即操作）是对数据进行加工，运算符则是指 Visual Basic 6.0 中表示某种运算的符号，被运算的对象（数据）称为运算量或操作数。表达式是 Visual Basic 6.0 中表示某种运算的式子，由运算符和运算量组成，即指用运算符和括号将属性、常量、变量和函数等连接起来的有意义的式子。

4.5.1　运算符

Visual Basic 6.0 中常用的运算符有四类：算术运算符、字符串运算符、关系运算符和逻辑运算符。

1. 算术运算符

算术运算符是用于进行数值计算的运算符。Visual Basic 6.0 提供了 9 个算术运算符，除取负（－）是单目（只有一个运算量）运算符，其余均为双目运算符。表 4.16 中按优先级别列出了这些算术运算符。

表 4.16　Visual Basic 6.0 算术运算符

运　算	运算符	例　子	运算结果
指数运算	^	6^2	36
取负	－	－36	－36
乘法运算	*	5 * 6	30
浮点除法运算	/	17/2	8.5
整数除法运算	\	17 \ 2	8（取整数）
求余（取模）运算	Mod	9 Mod 4	1
加法运算	+	10 + 8	18
减法运算	－	10 － 7	3

说明：

（1）指数运算。

指数运算用来计算乘方和开方。

例如：6＾2，6 的平方，结果为 36 。

10＾-2，10 的负 2 次方（10 的平方的倒数），结果为 0.01。

4＾0.5，4 的平方根，结果为 2。

27＾(1/3)，27 的立方根，结果为 3。

（2）浮点数除法与整数除法。

浮点数除法运算符（／）执行的除法操作，其结果为浮点数，与数学中的除法一样。

例如：a = 12／5，运算结果为 a = 2.4。

　　　 b = 7／2，运算结果为 b = 3.5。

整数除法运算符（＼）整除运算，结果为整型值。当操作数带有小数时，首先被四舍五入为（长）整型数，然后进行整除运算（操作数的范围：− 2147483648.5 ～ 2147483647.5），其运算结果为（长）整型数，并不进行四舍五入。

例如：c = 12＼5，运算结果为 a = 2。

　　　 d = 7＼2，运算结果为 d = 3。

　　　 x = 25.88＼6.58，运算结果为 x = 3。

（3）求余（取模）运算。

求余（取模）运算（Mod）用于求余数，其结果为第一个操作数整除第二个操作数所得的余数。

例如：9 Mod 6，结果为 3。

　　　 25 Mod 6，结果为 1。

25.88 Mod 6.58 首先四舍五入把 25.88 和 6.58 变为 26 和 7，然后再求 26 Mod 7（即 26 被 7 整除，商为 3，余数为 5），其结果为 5。

（4）表 4.16 是按算术运算符优先级别列出的，其中乘法和浮点除法是同级运算符，加法和减法是同级运算符。如果表达式中有括号，要先算括号（有多层括号时，先计算内层括号）内的表达式。

例 4.11　演示指数、除法和求余（取模）运算。

①创建应用程序界面，调整窗体 Form1 的大小。

②设置窗体属性，如表 4.17 所示。

表 4.17　属性设置

控件名称	属性名	属性值
	（名称）	frmSuanshu
Form1	Caption	演示指数、除法和求余（取模）运算
	Font	宋体，常规，小四

③编写应用程序代码。

```
Option Explicit
Dim a As Integer, b As Integer, c As Integer
Dim d As Integer, x As Integer
Private Sub Form_Click()
    Print "6^2 = ";6 ^ 2                    '指数运算（^）。
    Print "10^ -2 = ";10 ^ -2
    Print "4^0.5 = ";4 ^ 0.5
    Print "27^(1/3) = ";27 ^ (1 / 3)
    Print
    Print "12/5 = ";12 / 5                  '浮点数除法（/）。
    Print "7/2 = ";7 / 2
    Print
    Print "12\5  = ";12\5                   '整数除法运算（\）。
    Print "7\2  = ";7\2
    Print "25.88\6.58 = ";25.88\6.58
    Print
    Print "9 Mod 6 的结果为"; 9 Mod 6   '求余（取模）运算（Mod）。
    Print "25 Mod 6 的结果为"; 25 Mod 6
    Print "25.88 Mod 6.58 的结果为"; 25.88 Mod 6.58
End Sub
```

④调试应用程序，程序运行时的界面如图4.24所示。

图4.24　指数、除法和求余运算

⑤保存窗体和工程。

例4.12　由华氏温度计算出摄氏温度。计算公式为：

$$C = \frac{5}{9}(F - 32)$$

式中的 F 表示华氏温度，C 表示摄氏温度。

①创建应用程序界面。在窗体 Form1 中，设置2个标签，2个文本框，1个命令按钮，

如图4.25所示。

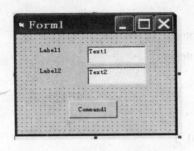

图4.25 创建计算温度界面

②设置窗体属性，如表4.18所示。

表4.18 属性设置

控件名称	属性名	属性值
Form1	（名称）	frmTemperature
	Caption	计算温度
Label1	Caption	华氏温度
	Font	楷体_ GB2312，常规，四号
Label2	Caption	摄氏温度
	Font	楷体_ GB2312，常规，四号
Text1	（名称）	txtF
	Font	宋体，常规，小四
	Text	空
Text2	（名称）	txtC
	Font	宋体，常规，小四
	Text	空
Command1	（名称）	cmdStart
	Caption	计 算
	Font	楷体_ GB2312，常规，四号

③编写应用程序代码。
Private Sub cmdStart_Click( )
　　Dim f As Single, c As Single 　'声明变量f为单精度型，c为单精度型。
　　f = Val(txtF. Text) 　'将txtF中字符转换为数值，赋值给f。
　　c =5/9 * (f-32) 　'计算摄氏温度。

txtC. Text　= CStr(c)　　　　　　　　　　　　'将 c 的值转换为字符在 txtC 中显示出来。
End Sub
　④调试应用程序，程序运行时的界面如图 4.26 所示。

图 4.26　计算摄氏温度

　⑤保存窗体和工程。

2. 字符串运算符

字符串运算符（又称为连接运算符）是用于合并字符串的运算符。

（1）"+"运算符。

例如：c $ = " abc " + " efg "

　　　Form1. print c $　　　　　　　　　　　　'结果为 abcefg。

（2）" & "运算符。

& 运算符在变量与运算符（&）之间要加空格"□"。

例如：A $ = " Visual "

　　　B $ = " □Basic "

　　　Form1. print A $ □&□b $　　　　　　　'结果为 Visual Basic。

3. 关系运算符

关系运算符是将两个同类型的变量或表达式进行"比较"运算，其结果为逻辑值：真（True）或假（False）。

"比较"的方法：当对字符串进行"比较"时，首先比较的是两个字符串的第一个字母，其中 ASCII 码大的则大；如果前面部分相同的，则字符串长的则大；英文字母后面的比前面的大（即 b 比 a 大）；小写字母比大写字母大（如：a 比 A 大）；字符串全部一样并长度相同才能相等；较晚的日期时间大于较早的日期时间。

Visual Basic 6.0 中常用的关系运算符如表 4.19 所示。

表 4.19　常用的关系运算符

运算符	测试关系	例　子	结　果
=	等于	66 = 69	False
		" ab" = " ac"	False

运算符	测试关系	例 子	结 果
< > 或 > <	不等于	66 < > 69	True
		"ab" < > "ac"	True
<	小于	66 < 66	False
		"ab" < "ac"	True
>	大于	69 > 66	True
		"ab" > "ac"	False
< =	小于（或）等于	66 < = 66	True
		"ab" < = "ac"	True
> =	大于（或）等于	69 > = 68	True
		"ab" > = "ac"	False
Like	比较（字符串匹配）样式		
Is	比较对象变量		

说明：

（1）等于运算符和赋值号的区别。

例如：X1 =（ 88 = X2）

       | |

    赋值号 等于运算符

上式的执行顺序为：先判断等号两边的数据是否相等，若相等则结果为 True，否则结果为 False；然后将结果的值赋值给变量 X1 。

（2）Is 运算符。

Is 运算符也称为对象比较运算符。用于比较两个对象变量，如果它们所引用的是同一个对象，则运算结果为 True，否则为 False 。

例如：Dim a As Object   '声明 a 为对象型变量。

      Dim b As Object   '声明 b 为对象型变量。

      Dim c As Boolean   '声明 c 为 Boolean 型变量。

      Set a = Command1   '将 Command1 赋值给变量 a。

      Set b = Command1   '将 Command1 赋值给变量 b。

      c = a Is b   '变量 c 的结果为 True。

例 4.13 演示 Is 运算符的使用。

①创建应用程序界面。在窗体 Form1 中设置 1 个命令按钮，如图 4.27 所示。

图4.27 创建 Is 运算符界面

②设置窗体属性，如表4.20所示。

表4.20　属性设置

控件名称	属性名	属性值
Form1	（名称）	frmIs
	Caption	Is 运算符
	Font	宋体，常规，四号
Command1	Caption	结 束

③编写应用程序代码。

```
Option Explicit
    Dim a As Object                        '声明 a 为对象型变量。
    Dim b As Object                        '声明 b 为对象型变量。
    Dim c As Boolean                       '声明 c 为 Boolean 型变量。
Private Sub Command1_Click( )
    Unload Me
End Sub
Private Sub Form_Click( )
    Set a = Command1                       '将 Command1 赋值给变量 a。
    Set b = Command1                       '将 Command1 赋值给变量 b。
    c = a Is b                             '变量 c 的结果为 True。
    Debug. Print Spc(3);"c = "; c          '在立即窗口中显示 c 的值。
    frmIs. Print Spc(3);"c = "; c          '在窗体 frmIs 中显示 c 的值。
End Sub
```

④调试应用程序，程序运行时的界面如图4.28所示。

⑤保存窗体和工程。

（3）Like 运算符。

Like 运算符也称字符串匹配运算符。它将字符串与给定的"模板"进行匹配，若匹配成功，则结果为 True，否则结果为 False 。其格式为：

图 4.28　Is 运算符的使用

Strvar1　Like　Strvar2

其中：Strvar1 是被比较的字符。

　　Strvar2 是"模板"，是由各种通配符和符号组成的字符串。

各种通配符以及它们的含义如表 4.21 所示。

表 4.21　模板通配符

模板中的字符	含　义
?	任何一个字符
*	零个或者多个字符
#	任何一个数字（0~9）
［字符列表］	字符列表中的任何一个字符
［！字符列表］	不在字符列表中的任何一个字符
［字符 1—字符 2］	字符 1~字符 2 范围中的任何一个字符
［！字符 1—字符 2］	不在字符 1~字符 2 范围中的任何一个字符

例 4.14　演示字符串匹配运算。

①创建应用程序界面。调整窗体 Form1 的大小。

②设置窗体属性，如表 4.22 所示。

表 4.22　属性设置

控件名称	属性名	属性值
Form1	（名称）	frmLike
	Caption	Like 运算符
	Font	宋体，常规，小四

③编写应用程序代码。

```
Private Sub Form_Click()
    Print "abc" Like "abc"                  '匹配，结果为True。
    Print "abc" Like "a? c"                 '匹配，结果为True。
    Print "abc" Like "a * c"                '匹配，结果为True。
    Print "Visual Basic" Like "V * B * "    '匹配，结果为True。
    Print "Command1" Like " * #"            '匹配，结果为True。
    Print
    Print "e" Like "[ a - k]"               'e包含在a - k中，结果为True。
    Print "e" Like "[ !a - k]"              'e不包含在a - k中，结果为False。
    Print "e" Like "[ abcdefgh]"            'e包含在abcdefgh中，结果为True。
    Print "s" Like "[ a - k]"               's包含在a - k中，结果为False。
    Print "s" Like "[ !a - k]"              's不包含在a - k中，结果为True。
    Print "s" Like "[ !abcdefgh]"           's不包含在abcdefgh，结果为True。
End Sub
```

④调试应用程序，程序运行时的界面如图4.29所示。

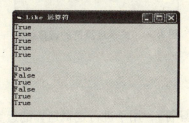

图4.29　演示字符串匹配运算

⑤保存窗体和工程。

例4.15　演示关系运算符的运算。

①创建应用程序界面。调整窗体Form1的大小。

②设置窗体属性，如表4.23所示。

表4.23　属性设置

控件名称	属性名	属性值
Form1	（名称）	frmRelation
	Caption	关系运算符举例
	Font	宋体，常规，小四

③编写应用程序代码。

Private Sub Form_Click()

```
Dim a As Integer,b As Integer
a = 6：b = 8
Print Space(10)；a < b            '结果为真(True)。
Print Space(10)；a = b            '结果为假(False)。
Print Space(10)；"abc" > "abcd"   '结果为假(False)。
Print Space(10)；"bde" > "abcde"  '结果为真(True)。
Print Space(10)；"basic" Like "b * c"  '结果为真(True)。
Print Space(10)；"9" > "24"       '结果为真(True),字符串的第一个
                                   字符 9 > 2。
End Sub
```

④调试应用程序,程序运行时的界面如图 4.30 所示。

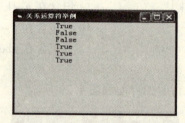

图 4.30　关系运算符的运算结果

⑤保存窗体和工程。

4. 逻辑运算符

逻辑运算符(又称布尔运算符),用于进行逻辑运算的运算符。

(1)Not (非)。

例如：$A = \overline{E}$ $(E = \overline{A})$

当 E 为真(True)时,A 为假(False);当 E 为假(False)时,A 为真(True)。

又如:6 > 9   '结果为 False。

　　Not (6 > 9)   '结果为 True。

(2) And (与)。

例如：$C = A \cdot B$

只有当 A 和 B 均为真时,C 才为真(True),否则 C 为假(False)。

又例如:(6 > 9)And (7 < 8)   '结果为假 (False)。

(3)Or (或)。

例如：$C = A + B$

只要 A 或 B 有一个为真(True)时,C 就为真(True),只有 A 和 B 均为假(False)时,C 才为假(False)。

又例如:(6 > 9)Or (7 < 8)   '结果为真 (True)。

(4) Xor(异或,其符号为⊕)。

例如：$C = A \oplus E = A\overline{E} + \overline{A}E$

当 A 和 E 同为真(True)或同为假(False)时,C 为假(False),否则 C 为真(True)。

又例如：(6＞9)Xor (7＜8)　　　　　　　　'结果为真(True)。

再例如：(9＞6)Xor (7＜8)　　　　　　　　'结果为假(False)。

　　　　(6＞9)Xor (7＞8)　　　　　　　　'结果为假(False)。

(5)Eqv (等价)。

如果两个表达式同为真(True)或同为假(False)时,其结果为真(True),否则为假(False)。

例如：(6＞9)Eqv (7＞8)　　　　　　　　'结果为真(True)。

(6)Imp(蕴含)。

只有当第一个操作数为真(True),并且第二个操作数为假(False)时,结果为假(False),其他情况都为真(True)。

例如：(6＜9)Imp (7＞8)　　　　　　　　'结果为假(False)。

Visual Basic 6.0 中只有逻辑非运算符是单目(只有一个操作数)运算符,其余都是双目运算符,其运算规则如表4.24所示。

表4.24　逻辑运算符运算规则

操作数	操作数	与	或	异 或	等 价	蕴 含
A	B	A And B	A Or B	A Xor B	A Eqv B	A Imp B
True	True	True	True	False	True	True
True	False	False	True	True	False	False
False	True	False	True	True	False	True
False	False	False	False	False	True	True

4.5.2　表达式

在 Visual Basic 6.0 中,表达式是由运算符和运算量组成的式子,运算量可以是常量、变量及函数,单个常量或变量也可以看成是一种表达式。表达式的运算结果称为表达式的值。

1. 表达式的书写规则

Visual Basic 6.0 中的表达式的书写规则采用符号水平书写方法,即表达式中无上下角标,无上分子下分母,所有的符号都书写在一行上,大括号、中括号、小括号都用圆括号代替。

表4.25中给出了一些代数式和表达式对应的书写方法。

表4.25　代数式和表达式的书写方法

代数式	表达式	说　　明
3.6×10^{-2}	3.6E－2	数值用科学计数法表示。

代数式	表达式	说　明
$x \div y$	x/y	除号用 / 表示。
$\dfrac{x-y}{x+y^2}$	$(x-y)/(x+y\hat{}2)$	分数、乘方采用符号水平书写方法。
$x - \dfrac{x}{x+y^2}$	$x-y/(x+y\hat{}2)$	
$\dfrac{1}{2}\sin\alpha\cos(2\pi-\beta)$	$\mathrm{Sin(Alpha)*Cos(2PI-Beta)/2}$	自定义常量 PI = 3.14159。
$e^x + \ln\lvert x\rvert$	$\mathrm{Exp}(x)+\mathrm{Ln}(\mathrm{Abs}(x))$	
$X \geqslant Y \geqslant Z$	$X > = y\ \mathrm{And}\ y > = z$	

2. 运算符的优先级与结合性

当在表达式中有多个运算符时，其计算顺序由运算符的优先级与结合性来决定。优先级高的运算符先计算，优先级低的运算符后计算，优先级相同的运算符按从左到右的顺序计算。

四类运算符优先级从高到低的顺序为：

算术运算符→字符串运算符→关系运算符→逻辑运算符

表达式执行的一般顺序如下：

（1）首先进行函数运算。

（2）其次进行算术运算，顺序为：

幂（^）→ 取负（ - ）→ 乘、除（ * 、/ ）→ 整除（ \ ）→取余（Mod）→ 加、减（ + 、 - ）

（3）再次进行字符串运算：连接（ & 、 + ）。

（4）然后进行关系运算，顺序为：

< → < = → > → > = → = → < > → Like → Is

（5）最后进行逻辑运算，顺序为：

Not → And → Or → Xor → Eqv → Imp

3. 编写表达式与求表达式的值

例如：设 $a=1$，$b=2$，$c=3$，$d=4$，求下面表达式的值。

（1）Not a + b + c - 1 and d + 9 \ 2

→ Not a + b + c - 1 and d + 4

→ Not 5 and 8

→ Not 00000101 and 00001000

→ 11111010 and 00001000　　　　'先进行"非"运算，再进行"与"运算。

→ 00001000

→ 8

（2）c < a Xor Not "Vbasic" Like "V * B * "

→ False Xor Not "Vbasic" Like "V * B * "

→ False Xor Not False

→ False Xor True

→ True

(3) b/2 < −1 + d Or b^2 = 6

→ b/2 < −1 + d Or 4 = 6

→ 1 < −1 + d Or 4 = 6

→ 1 < 3 Or 4 = 6

→ True Or False

→ True

例 4.16 演示运算符的优先级和求表达式的值。

①创建应用程序界面。调整窗体 Form1 的大小。

②设置窗体属性，如表 4.26 所示。

表 4.26 属性设置

控件名称	属性名	属性值
Form1	（名称）	frmBds
	Caption	求表达式的值
	Font	宋体，常规，四号

③编写应用程序代码。

```
Private x As Integer, y As String, z As String
Private Sub Form_Click()
    a = 1: b = 2: c = 3: d = 4          '一行多句要用冒号（:）隔开
    x = Not a + b + c − 1 And d + 9\2
    y = c < a Xor Not "Vbasic" Like "V * B * "
    z = b / 2 < −1 + d Or b ^ 2 = 6
    Print "x  = "; x
    Print "y = "; y
    Print "z = "; z
End Sub
```

④调试应用程序，程序运行时的界面如图 4.31 所示。

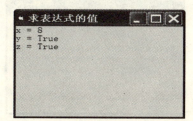

图 4.31 求表达式的值

⑤保存窗体和工程。

4.6　输入和输出

程序运行时，程序和用户之间常常要交换信息。在 Visual Basic 6.0 中，可以通过各种控件实现输入输出操作，也可以通过系统定义的一些语句和函数来实现输入输出操作。常用的有 Print 方法、InputBox 函数和 MsgBox 函数等。

4.6.1　Print 方法及相关函数

早期的 Basic 语言中，数据的输出主要通过 Print 语句来实现，Visual Basic 6.0 也用 Print 输出数据，但是，它是作为方法使用。

1. Print 方法

Print 方法可以用于窗体、图片框和打印机上显示（输出）文本字符串和表达式的值。

其格式为：

[对象名.] **Print** [表达式] [，丨;]

其中：

（1）对象名称：可以是窗体、图片框、打印机、立即窗口。如果缺省，则在当前窗体上输出。例如：

① 在当前窗体上显示字符串："欢迎使用 Microsoft Visual Basic 6.0！"

[Form1.] Print　"欢迎使用 Microsoft Visual Basic 6.0！"

② 在图片框 Picture1 中显示字符串："欢迎使用 Microsoft Visual Basic 6.0！"

Picture1. Print　"欢迎使用 Microsoft Visual Basic 6.0！"

③ 将字符串"欢迎使用 Microsoft Visual Basic 6.0！"输出到打印机上

Printer. Print　"欢迎使用 Microsoft Visual Basic 6.0！"

④ 在立即窗口中显示字符串："欢迎使用 Microsoft Visual Basic 6.0！"

Debug. Print　"欢迎使用 Microsoft Visual Basic 6.0！"

例 4.17　在窗体、图片框、打印机、立即窗口中输出数据。

① 创建应用程序界面。在窗体 Form1 中设置 1 个图片框，4 个命令按钮，如图 4.32 所示。

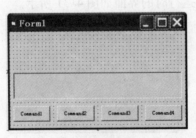

图 4.32　创建输出数据界面

② 设置窗体属性，如表4.27所示。

表4.27　属性设置

控件名称	属性名	属性值
Form1	（名称）	frmPrint
	Caption	Print 方法
Picture1	Font	宋体，常规，小四
Command1	（名称）	cmdForm
	Caption	窗　体
Command2	（名称）	cmdPicture
	Caption	图片框
Command3	（名称）	cmdPrinter
	Caption	打印机
Command4	（名称）	cmdDebug
	Caption	立即窗口

③ 编写应用程序代码。

```
Private Sub cmdForm_Click( )
    FontSize = 12
    Print "欢迎使用 Microsoft Visual Basic 6. 0!"
End Sub
Private Sub cmdPicture_Click( )
    Picture1. Print "欢迎使用 Microsoft Visual Basic 6. 0!"
End Sub
Private Sub cmdPrinter_Click( )
    Printer. Print "欢迎使用 Microsoft Visual Basic 6. 0!"
End Sub
Private Sub cmdDebug_Click( )
    Debug. Print "欢迎使用 Microsoft Visual Basic 6. 0!"
End Sub
```

④ 调试应用程序，程序运行时的界面如图4.33所示。

⑤ 保存窗体和工程。

（2）表达式：可以是数值表达式或字符串，对于数值表达式将输出数值表达式的值，对于字符串则照原样输出，如果省略"表达式"，则输出空一行。对多个表达式或字符串，可用逗号、分号或空格隔开，逗号后面的表达式在下一个区段输出，分号或空格后面的表达式则按紧凑的格式输出数据。

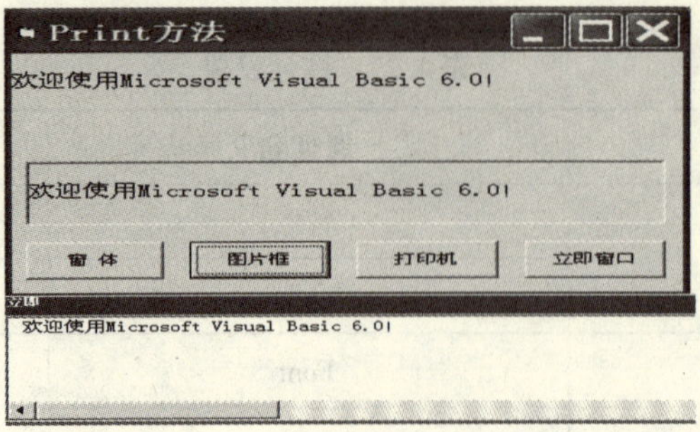

图 4.33 在窗体、图片框、立即窗口中输出数据

例如：x = 1：y = 2：z = 3

  Print x，y，z   '按分区输出变量的值。

  Print   '空一行。

  Print x,y,z;"Daizu"；"cheng"

输出结果为：1 2 3   '按分区输出数据。

          '空一行。

    1 2 3 Daizucheng '输出变量的值和字符串。

（3）Print 方法具有计算和输出双重功能，但没有赋值功能。

例如：x = 6 ：y = 8

  Print（x + y）/3   '结果为 7。

  Print z = (x + y)/3   '错，Print 方法没有赋值功能。

（4）通常情况下，执行一次 Print 方法要自动换行，为了能在同一行上输出，可以在
Print 方法的末尾加上一个逗号（或分号），使得下一个 Print 方法的输出内容与上一个
Print 方法的输出内容在同一行上，并按格式在下一个分区（或以紧凑的方式）输出数据。

  例 4.18 为了能在同一行上输出，可以在 Print 方法的末尾加上一个逗号或分号，使
输出数据在同一行上，但其结果有所不同。例如执行下列代码：

```
Private Sub Form_Click( )
    FontSize = 16
    FontBold = True
    Print "100 + 200 = ",
    Print 100 + 200
    Print "100 + 200 = ";
    Print 100 + 200
End Sub
```

在窗体上显示的结果有所不同，如图 4.34 所示。

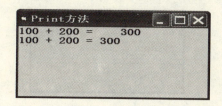

图 4.34　Print 方法中逗号与分号的区别

2. 与 Print 方法有关的函数

（1）Tab(n) 函数。

Tab(n) 函数用于确定输出数据的起始位置。即将光标移动到第 n 列，从第 n 列开始输出数据，要输出的内容放在 Tab(n) 函数后面，并用分号隔开。

例如：Print Tab(10)；3000　　　　　'在第 10 列的位置输出数值 3000。

（2）Spc(n) 函数。

Spc(n) 函数用于在显示下一个表达式之前插入 n 个空格，Spc(n) 函数与输出项之间用分号隔开。参数 n 的取值范围：0 ～ 32767 。

例如：Print " Visual " ;Spc(1)；" Basic 6.0"　　　　'先输出 Visual，然后跳过 1 个空格，再显示出 Basic 6.0。

（3）Space(n) 函数。

Space(n) 函数返回 n 个空格，其功能与 Spc(n) 函数相同，Space(n) 函数与输出项之间用分号隔开。

例如：Debug . Print " Hello " ;Space(2)；" World! "　　　'先在立即窗口中输出 Hello，然后跳过 2 个空格，再显示出 World!。

例 4.19　在窗体上添加 1 个图片框 Picture1，演示 Tab(n) 函数、Spc(n) 函数和 Space(n) 函数的输出效果。

编写如下代码：

```
Private Sub Form_Click( )
    Print "李为民" ;Tab(8)；"物理系" ;Tab(16)；"班长"
    Print "李为民" ;Spc(8)；"物理系" ;Spc(16)；"班长"
    Print Tab(6)；"Tab(6)"
    Print Spc(6)；"Spc(6)"
    Picture1. Print
    Picture1. Print Tab(1)；" Visual" ;Spc(1)；" Basic 6.0!"
    Debug. Print " Hello" ;Space(2)；" World!"
End Sub
```

程序运行时，在窗体上显示各函数的输出结果如图 4.35 所示。

图 4.35 有关函数的输出效果

3. 格式输出

用格式输出函数 Format 函数可以使数值或日期按指定的格式输出，一般格式为：

Format（数值表达式，格式字符串）

Format 函数的功能是：按"格式字符串"指定的格式输出"数值表达式"的值。"格式字符串"是一个字符串常量或变量，如表 4.28 所示。当"格式字符串"为常量时，必须放在双引号内。

表 4.28 格式说明字符及其意义

字　符	意　义
#	指定一个数字位置，不足时不补 0
0	指定一个数字位置，不足时需前后补 0
.	小数点
,	千位分隔符
%	百分数显示
$	美元符号
− +	正、负号
E+　E−	指数符号

说明：

（1）#表示一个数字，如果要显示的数值小于格式字符串指定的区段长度，则该数值靠区段的左端显示，多余的位不补 0。如果要显示的数值大于格式字符串指定的区段长度，则数值照原样显示。

（2）0 与#功能相同，只是多余的位用 0 补齐。

例 4.20 演示格式字符 0 与#的功能。

执行下列程序：

```
Private Sub Form_Click()
    Print Format(12345,"########")        '多余的位不补 0，结果为 12345。
    Print Format(12345,"00000000")        '多余的位补 0，结果为 00012345。
```

Print Format(12345,"###")　　'显示的数值大于格式字符串指定的
　　　　　　　　　　　　　　　　　　区段长度，则数值照原样显示。结
　　　　　　　　　　　　　　　　　　果为12345。

Print Format(123.45," 00000.000")　　'前后补0，结果为00123.450。

End Sub

在窗体上显示的输出结果如图4.36所示。

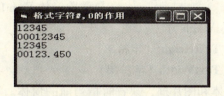

图4.36　格式字符0与#的功能

（3）小数点与#或0结合使用，可以放在区段的任何位置，根据格式字符串的位置，小数部分多余的数字按四舍五入处理。

（4）逗号从小数点左边第一位开始，每3位用一个逗号隔开，逗号可以放在小数点左边的任何位置（不能放在头部，也不能紧靠小数点）。

例4.21　测试数值的格式化输出。

程序为：

Private Sub Form_Click()

　　Print Format(36397.8,"000,000.00")　　'结果为036,397.60。

　　Print Format(36397.8,"###,###.##")　　'结果为36,397.6。

　　Print Format(36397.8,"###,##0.00")　　'结果为36,397.60。

　　Print Format(36397.8," $ ###,##0.00")　　'结果为 $ 36,397.60。

　　Print Format(]36397.8," - ###,##0.00")　　'结果为 - 36,397.60。

　　Print Format(0.369,"0.00%")　　'结果为36.90%。

　　Print Format(36397.8,"0.00E +00")　　'结果为3.64E +4。

　　Print Format(0.363978,"0.00E -00")　　'结果为3.64E -01。

End Sub

程序运行时，在窗体上显示的输出结果如图4.37所示。

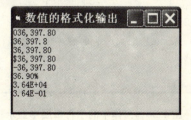

图4.37　数值的格式化输出

4. 其他方法

（1）Cls 方法。

Cls 方法用于清除由 Print 方法显示在对象上的文本或图形，并把光标移到对象的左上角（0，0），其格式为：

[对象.] **Cls**

例如：Picture1. Cls   '清除图片框 Picture1 中的文本或图形。

   Form1. Cls   '清除窗体 Form1 中的内容。

（2）TextHeight 和 TextWidth 方法。

其格式为：[对象.] **TextHeight**（字符串）

     [对象.] **TextWidth**（字符串）

格式中的对象是指窗体和图片框，缺省时指当前的窗体。TextHeight 方法返回一个文本字符串的高度值。TextWidth 方法返回一个文本字符串的宽度值。

例 4.22 编写程序，使窗体中的字符串居中显示。

程序代码为：

```
Private Sub Form_Click( )
    Dim x As Integer, y As Integer, Sample As String
    FontName = "楷体_GB2312"
    FontSize = 16
    FontBold = True
    Sample = "Visual Basic 6.0 程序设计教程"
    x = (ScaleWidth - TextWidth(Sample))／2      'ScaleWidth 为对象的宽度。
    y = (ScaleHeight - TextHeight(Sample))／2    'ScaleHeight 为对象的高度。
    CurrentX = x       'CurrentX 属性用于设置当前水坐标。
    CurrentY = y       'CurrentY 属性用于设置当前垂直坐标。即从（x，y）位置开始
                        输出。
    Print Sample
End Sub
```

程序运行时，窗体中的字符串居中显示。如图 4.38 所示。

图 4.38　窗体中的字符串居中显示

4.6.2 InputBox 函数

为了输入数据，Visual Basic 6.0 提供了 InputBox 函数（输入框）。该函数可以产生一个对话框，作为输入数据的界面，等待用户输入数据，并返回所输入的内容，其格式为：

InputBox(prompt[,title][,default][,xpos,ypos][,helpfile,context])

其中：

prompt：是一个字符串，最大长度为 1024 个字符，用于提示用户输入。可以自动换行，也可以用回车和换行符：chr\$(13) + chr\$(10) 或 vbCrLf 来实现按一定的要求换行。

title：是一个字符串，是对话框的标题，缺省时，对话框的标题为应用程序名。

default：是文本框中的字符串，用于显示输入区中的信息，缺省时对话框的输入区为空白，等待用户键入信息。

xpos，ypos：是两个整数值，分别用来确定对话框到屏幕左边的距离（xpos）和上边的距离（ypos），单位为：twip 。

helpfile：是字符串或字符串表达式，用来表示帮助文件的名字。

context：是一个数值变量，用来表示相关帮助主题的帮助目录号。

InputBox 函数产生的输入对话框如图 4.39 所示。

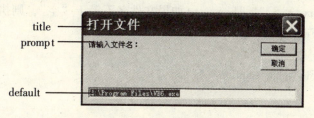

图 4.39 输入对话框

例 4.23 演示输入对话框，要求用户输入文件名，输入完单击"确定"按钮。

①创建应用程序界面。在窗体 Form1 中，设置 2 个标签，1 个命令按钮，如图 4.40 所示。

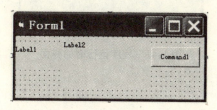

图 4.40 创建程序界面

②设置窗体属性，如表 4.29 所示。

表 4.29 属性设置

控件名称	属性名	属性值
Form1	（名称）	frmFileName
	Caption	输入对话框
Label1	（名称）	LabFile
	Caption	文件名:
Label2	（名称）	LabFileName
	Caption	空
Command1	（名称）	cmdStart
	Caption	输入文件名

③编写应用程序代码。

```
Private Sub cmdStart_Click( )
    Dim FileName As String
FileName = InputBox( "请输入文件名: " , "打开文件" , "d:\Program Files\VB6. exe" )
    If FileName < > " " Then        '如果文件名不等于"空"，则执行下面的语句。
        LabFileName. Caption = FileName
    Else
        LabFileName. Caption = " "
    End If
End Sub
```

④调试应用程序，程序运行时的界面如图4.41所示。

图4.41　程序运行时的界面

⑤保存窗体和工程。

例4.24　演示 Chr (13) + Chr (10) 回车换行功能。
在例4.23中，将应用程序代码改为:

```
Private Sub cmdStart_Click( )
    Dim FileName As String
    Dim a As String, a1 As String
    Dim a2 As String, a3 As String, c As String
        c = Chr(13) + Chr(10)                         '回车换行。
```

```
                a1 = "请输入文件名"
                a2 = "输入后按回车键"
                a3 = "或单击"确定"按钮"
                a = a1 + c + a2 + c + a3
        FileName = InputBox(a,"打开文件","d:\Program Files \ VB6. exe")
        If FileName  <>  " " Then
                LabFileName. Caption = FileName
        Else
                LabFileName. Caption = " "
        End If
End Sub
```

程序运行时，出现输入框如图 4.42 所示。单击"确定"按钮，显示程序界面如图 4.41 所示。

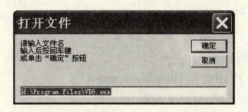

图 4.42　输入框

例 4.25　用 InputBox 函数输入数据。

①创建应用程序界面。调整窗体 Form1 的大小。

②设置窗体属性，如表 4.30 所示。

表 4.30　属性设置

控件名称	属性名	属性值
Form1	Caption	用 InputBox 函数输入数据
	Font	宋体，常规，小四

③编写应用程序代码。

```
Private Sub Form_Click( )
        Dim N As String, A As String, S As String, H As String
        FontSize = 16
        N = InputBox("请输入姓名：  ","学生情况登记","李福生")
        A = InputBox("请输入年龄：  ","学生情况登记","28")
        S = InputBox("请输入性别：  ","学生情况登记","男")
        H = InputBox("请输入籍贯：  ","学生情况登记","昆明市")
        Form1. AutoRedraw = True        '自动重画，当窗体被盖住后仍能显示出文本和图形。
        Print N;",";S;",现年";A;"岁";",";H;"人。"
```

End Sub

④调试应用程序，程序运行时的界面如图 4.43 所示。

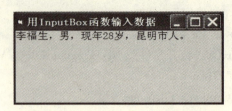

图 4.43　用 InputBox 函数输入数据

⑤保存窗体和工程。

4.6.3　MsgBox 函数和 MsgBox 语句

MsgBox 函数用于向用户发布提示信息，在屏幕上显示一个对话框，要求用户必须做出响应。

1. MsgBox 函数

MsgBox 函数的格式为：

MsgBox(msg [, type] [, title] [, helpfile, context])

其中：

msg：在对话框中作为信息显示的字符串，用于提示信息。其最大长度为 1024 个字符，可以自动换行，也可以用回车和换行符：chr $ (13) + chr $ (10) 来实现按一定的要求换行。

title：对话框的标题，缺省时为空白。

helpfile，context 与 InputBox 函数相同。

type：是一个整数值或符号常量，为 c1 + c2 + c3 + c4 的总和，用于控制在对话框内显示的按钮、图标的种类及数量。c1、c2、c3 和 c4 四类数值或符号常量的作用如表 4.31、表 4.32、表 4.33 和表 4.34 所示。

表 4.31　c1 显示按钮的类型与数目

内置常数名	c1 取值	作　用
vbOKOnly	0	只显示"确定"按钮
vbOKCancel	1	显示"确定"及"取消"按钮
vbAbortRetryIgnore	2	显示"终止"、"重试"及"忽略"按钮
vbYesNoCancel	3	显示"是"、"否"及"取消"按钮
vbYesNo	4	显示"是"及"否"按钮
vbRetryCancel	5	显示"重试"及"取消"按钮

表 4.32　**c2 显示图标的样式**

内置常数名	c2 取值	作　用	图　标
vbCritical	16	显示关键信息图标	
vbQuestion	32	显示疑问图标	
vbExclamation	48	显示警告图标	
vbInformation	64	显示通知图标	

表 4.33　**c3 表示哪一个按钮是缺省按钮**

内置常数名	c3 取值	缺省按钮
vbDefaultButton1	0	第一个按钮
vbDefaultButton2	256	第二个按钮
vbDefaultButton3	512	第三个按钮
vbDefaultButton4	768	第四个按钮

表 4.34　**c4 信息框的强制返回性**

内置常数名	c4 取值	作　用
vbApplicationModal	0	应用程序强制返回，当前应用程序直到用户对信息框作出响应才继续执行。
vbSystemModal	4096	系统强制返回，全部应用程序直到用户对信息框作出响应才继续执行。

例如：

$17 = 1 + 16 + 0 + 0$：显示"确定"及"取消"按钮，"关键信息"图标，默认按钮为"确定"按钮。

$35 = 3 + 32 + 0 + 0$：显示"是"、"否"及"取消"三个按钮，"疑问"图标，默认按钮为"是"按钮。

$306 = 2 + 48 + 256 + 0$：显示"终止"、"重试"及"忽略"三个按钮，"警告"图标，默认按钮为第二个按钮（"重试"按钮）。

例 4.26　演示 c1、c2、c3 和 c4 的作用。

编写如下程序：

```
Private Sub Form_Click( )
    Dim a As String, b As String, c As String, x As String
    Dim r As Integer
    a = "显示　"是"、"否"及"取消"三个按钮，"疑问"图标。"
    b = Chr $(13) + Chr $(10)
```

$$c = "c1 + c2 + c3 + c4 = 3 + 32 + 0 + 0 = 35"$$

$$x = a + b + b + c$$

$$r = MsgBox(x, "35", "MsgBox 函数")$$

Print r

End Sub

程序运行时，显示 MsgBox 函数的对话框（信息框）如图 4.44 所示。在程序中改变 type 的值（c1 + c2 + c3 + c4），则信息框中按钮的类型与数目以及图标会随之发生改变。

图 4.44   c1、c2、c3 和 c4 的作用

MsgBox 函数的返回值是一个整数，这个整数值与所选择的 7 种命令按钮相对应，如表 4.35 所示。

表 4.35   MsgBox 的返回值

按钮名	内置常量	返回值	作　用
OK	VbOK	1	按下"确定"按钮
Cancel	VbCancel	2	按下"取消"按钮
Abort	VbAbort	3	按下"终止"按钮
Retry	VbRetry	4	按下"重试"按钮
Ignore	VbIgnore	5	按下"忽略"按钮
Yes	VbYes	6	按下"是"按钮
No	vbNo	7	按下"否"按钮

如果在 MsgBox 函数信息框中，单击"是"按钮，则 MsgBox 函数的返回值为 6。

例 4.27   演示 MsgBox 函数的功能。

编写如下程序：

Private Sub Form_Click()

　　Dim a As String, b As String, r As Integer

　　FontSize = 18

　　a = "可能会丢失数据,要继续吗?"

　　b = "Mcrosoft Office 2003"

　　r = MsgBox(a, "33", b)　　'type 的值为 33,显示"确定"及"取消"按钮,疑问图标。

　　Print r　　'单击"确定"按钮,r 的值为 1。单击"取消"按钮,r 的值为 2。

End Sub

程序运行时，显示 MsgBox 函数信息框如图 4.45 所示。单击"确定"按钮，MsgBox 函数的返回值 r 为 1，单击"取消"按钮，MsgBox 函数的返回值 r 为 2。应用程序界面如图 4.46 所示。

图 4.45　MsgBox 函数对话框

图 4.46　MsgBox 函数的返回值

例 4.28　在信息框中，单击"确定"按钮，退出系统；单击"取消"按钮，则取消操作。

①创建应用程序界面。在窗体 Form1 中，设置 1 个命令按钮，如图 4.47 所示。

图 4.47　创建应用程序界面

②设置窗体和控件属性，如表 4.36 所示。

表 4.36　属性设置

控件名称	属性名	属性值
Form1	（名称）	frmExit
	Caption	退出
Command1	（名称）	cmdExit
	Caption	退 出

设置窗体和控件属性后，其界面如图 4.48 所示。

图 4.48　设置属性后的界面

③编写应用程序。

```
Private Sub cmdExit_Click( )
```

```
        Dim Response
Response = MsgBox("是否退出系统?",vbOKCancel + vbQuestion,"Microsoft Visual Basic 6.0")
        If Response = 1 Then          '单击确定按钮,MsgBox 函数的返回值为1。
            End
        End If
End Sub
```

程序运行时,显示 MsgBox 函数信息框如图 4.49 所示。

图 4.49　MsgBox 函数信息框

单击"确定"按钮,退出系统;单击"取消"按钮,则取消操作。

例 4.29　演示 InputBox 函数和 MsgBox 函数。

编写应用程序:

```
Private Sub Form_Click()
    Dim yesno As Integer
    Form1. Hide
    yesno = MsgBox("你的姓名是张三吗?",3 + 32 + 256,"姓名确认框")
    If yesno = vbYes Then
        Form1. Show
        Print
        Print Spc(8);"欢迎光临!"
    ElseIf yesno = vbNo Then
    Form1. Show
    Print Spc(8); InputBox ("请输入姓名:","名字输入框","张三")
    Else
        Form1. Show
        Print Spc(4);"你已经取消了输入!"
    End If
End Sub
```

在程序运行过程中,显示出的输入框和信息框如图 4.50 所示。

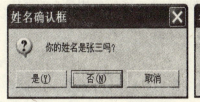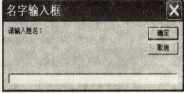

图 4.50 输入框和信息框

2. MsgBox 语句

MsgBox 函数也可以写成语句的形式，其格式为：

MsgBox msg $ [, type％] [, title $] [, helpfile , context]

MsgBox 语句中各参数的含义与 MsgBox 函数相同，它们的一个共同特点是：在出现信息框后必须作出选择，否则，不能执行其他任何操作。在 Visual Basic 6.0 中，这样的窗口（对话框）称为"模态窗口"。由于 MsgBox 语句没有返回值，因而常常用于较简单的信息显示。

例 4.30 信息显示。

编写程序：

Private Sub Form_Click( )

    MsgBox "安装成功,谢谢使用!" , "Visual Basic 6.0"

End Sub

执行上面的语句，显示的信息框如图 4.51 所示。

图 4.51 简单的信息框

4.6.4 字形

1. 字体的类型

字体类型通过 FontName 属性来进行设置，一般格式为：

[对象 .] FontName [= " 字体类型"]

其中：

（1）对象：可以是窗体、控件或打印机，缺省时为当前窗体。

（2）字体类型：可以在 Visual Basic 中使用的英文字体或中文字体。缺省时为当前正在使用的字体类型。

2. 字体的大小

字体大小通过 FontSize 属性来进行设置，一般格式为：

[对象 .] FontSize [= 点数]

其中：

"点数"用来设定字体的大小。在默认的情况下，系统使用最小的字体，"点数"为9，缺省［＝点数］时，则返回当前字体的大小。

例4.31　设定字体的名称和大小。

①创建应用程序界面。在窗体 Form1 中，设置 3 个标签 Label1～Label3，用于显示设定类型字体的大小。3 个命令按钮 Command1～Command3，用于控制显示过程。

②设置窗体和控件属性，如表 4.37 所示。

表4.37　属性设置

控件名称	属性名	属性值
Form1	（名称）	frmFont
	Caption	字体设定
Label1	Caption	空
Label2	Caption	空
Label3	Caption	空
Command1	Caption	宋 体
Command2	Caption	华文新魏
Command3	Caption	仿宋_ GB2312

③编写应用程序代码。

```
Private Sub Command1_Click( )
    Label1. FontName = "宋体"
    Label1. FontSize = 16
    Label1. Caption = "Visual Basic 6. 0 程序设计!"
End Sub
Private Sub Command2_Click( )
    Label2. FontName = "华文新魏"
    Label2. FontSize = 24
    Label2. Caption = "Visual Basic 6. 0 程序设计!"
End Sub
Private Sub Command3_Click( )
    Label3. FontName = "仿宋_GB2312"
    Label3. FontSize = 20
    Label3. Caption = "Visual Basic 6. 0 程序设计!"
End Sub
```

④调试应用程序，程序运行时的界面如图 4.52 所示。

图 4.52　字体设定界面

⑤保存窗体和工程。

3. 粗体字

粗体字由 FontBold 属性设置，一般格式为：

［对象 . ］FontBold［ = Boolean ］

当 FontBold 属性为 True 时，文本以粗体字输出，为 False 时，按正常字体输出，默认为 False。

例如：Text1. FontBold = True 　　　'设置 Text1 中 FontBold 为 True（粗体字）。

　　　Text1. FontBold = False 　　　'设置 Text1 中 FontBold 为 False（正常字体）。

4. 斜体字

斜体字由 FontItalic 属性设置，一般格式为：

［对象 . ］FontItalic［ = Boolean ］

当 FontItalic 属性为 True 时，文本以斜体字输出，为 False 时，按正常字体输出，默认为 False。

例如：Text1. FontItalic = True 　　　'设置 Text1 中 FontItalic 为 True（斜体字）。

　　　Text1. FontItalic = False 　　　'设置 Text1 中 FontItalic 为 False（正常字体）。

5. 加删除线

用 FontStrikethru 属性可给文本加删除线，格式为：

［对象 . ］FontStrikethru［ = Boolean ］

当 FontStrikethru 属性为 True 时，在文本中部画一条直线，直线的长度与文本的长度相同，该属性的默认值为 False。

例如：Text1. FontStrikethru = True 　　'将 Text1 中的文本加删除线。

　　　Text1. FontStrikethru = False 　　'取消 Text1 中文本的删除线（正常字体）。

6. 加下划线

用 FontUnderline 属性可给文本加下划线，格式为：

［对象 . ］FontUnderline［ = Boolean ］

当 FontUnderline 属性为 True 时，在文本底部画一条直线，直线的长度与文本的长度相同，该属性的默认值为 False。

例如：Text1. FontUnderline = True 　　'将 Text1 中的文本加下划线。

　　　Text1. FontUnderline = False 　　'取消 Text1 中文本的下划线（正常字体）。

在上述属性中，若省略［ = Boolean ］，将输出属性的当前值或默认值。

7. 重叠显示

用 FontTransParent 属性可以实现新显示的信息与背景重叠。其格式为：

［对象．］FontTransParent［＝Boolean］

当 FontTransParent 属性设置为 True 时，则前景的图形或文本可以与背景重叠显示，如果设置为 False，则背景将被前景的图形或文本覆盖，该属性只适用于窗体和图片框，而不适用于打印机。

例 4.32　演示文字效果。

①创建应用程序界面。在窗体 Form1 中，设置 1 个标签 Label1，用于标识文本框。1 个文本框 Text1，用于显示字体的效果。9 个命令按钮 Command1 ~ Command9，用于对字体进行操作。

②设置窗体和控件属性，如表 4.38 所示。

表 4.38　属性设置

控件名称	属性名	属性值
Form1	（名称）	frmEffect
	Caption	文字效果
Label1	Caption	文字效果
	Font	宋体，常规，四号
Text1	Font	宋体，常规，小三
	Text	微软卓越 Visual Basic 程序设计 Mcrosoft Office 2000 计算机基础教
Command1	Caption	正常字体
Command2	Caption	粗体字
Command3	Caption	取消粗体字
Command4	Caption	斜体字
Command5	Caption	取消斜体字
Command6	Caption	加删除线
Command7	Caption	取消删除线
Command8	Caption	加下划线
Command9	Caption	取消下划线

③编写应用程序代码。

```
Private Sub Command1_Click()
    Text1. FontBold = False          '设置 Text1 中文字为正常字体。
    Text1. FontItalic = False
```

```
        Text1. FontStrikethru = False
        Text1. FontUnderline = False
End Sub
Private Sub Command2_Click( )
        Text1. FontBold = True              '设置 Text1 中 FontBold 为 True（粗体字）。
End Sub
Private Sub Command3_Click( )
        Text1. FontBold = False             '取消文字的粗体字。
End Sub
Private Sub Command4_Click( )
        Text1. FontItalic = True            '设置文字的斜体字。
End Sub
Private Sub Command5_Click( )
        Text1. FontItalic = False           '取消文字的斜体字。
End Sub
Private Sub Command6_Click( )
        Text1. FontStrikethru = True        '确定文字的删除线。
End Sub
Private Sub Command7_Click( )
        Text1. FontStrikethru = False       '取消文字的删除线。
End Sub
Private Sub Command8_Click( )
        Text1. FontUnderline = True         '确定文字的下划线。
End Sub
Private Sub Command9_Click( )
        Text1. FontUnderline = False        '取消文字的下划线。
End Sub
```

④调试应用程序，程序运行时的界面如图 4.53 所示。

图 4.53　演示文字效果

⑤保存窗体和工程。

4.6.5　打印机输出

1. 直接输出

（1）直接输出格式。

直接输出是指把信息直接送往打印机，所使用的方法仍是 Print 方法，一般格式为：

Printer. Print［表达式表］

执行上述语句后，在打印机上打印出"表达式表"的值。

（2）主要属性和方法。

① Page 属性。

Page 属性用于设置页码。其格式为：

Printer. Page

Printer. Page 在打印时被设置成当前的页码，由 Visual Basic 6.0 解释程序保存。在应用程序中，通常用 Page 属性打印页码。

例如：Printer . Print "Page"；　Printer . Page

② NewPage 方法。

NewPage 方法用于实现换页操作。其格式为：

Printer. NewPage

在一般情况下，打印机打印完一页后换页，如果使用 NewPage 方法，则可强制打印机跳到下一页打印。执行 NewPage 方法后，属性 Page 的值自动增加 1。

③EndDoc 方法。

EndDoc 方法用于结束文件打印。其格式为：

Printer. EndDoc

EndDoc 方法表明应用程序内部文件的结束，并向打印机管理程序（Printer Manager）发送最后一页的退出信号，其 Page 属性重置为 1。在打印机输出中，用 Printer. EndDoc 语句结束打印。

2. 窗体输出

在 Visual Basic 6.0 中，可以用 PrintForm 方法通过窗体来打印信息，其格式为：

［**窗体** .］**PrintForm**

窗体输出先把要输出的信息送到窗体上，然后再用 PrintForm 方法把窗体上的内容（文本、图形及控件）打印出来。在使用窗体输出时，必须在属性窗口中把要输出窗体的"AutoRedraw"属性（默认值为 False）设置为 True，该属性可以用来保存窗体上的信息。

例 4.33　演示窗体输出（PrintForm）方法。

编写程序代码：

Private Sub Form_Click( )

　　' 在属性窗口中把要输出窗体的" AutoRedraw"属性(默认值为 False)设置为 True。

　　FontName = " Courier"

　　FontSize = 20

　　CurrentX = 800

```
CurrentY = 500
Print "Microsoft Visual Basic 6.0"
FontName = "宋体"
CurrentX = 800
CurrentY = 1000
Print "Visual Basic 6.0 程序设计教程"
PrintForm        '把窗体上的内容（文本、图形及控件）打印出来。
End Sub
```

程序运行时，窗体输出界面如图 4.54 所示。安装了打印机后，可将窗体上的内容（文本、图形及控件）打印出来。

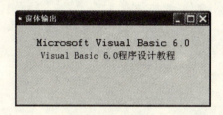

图 4.54　窗体输出界面

习　题

4.1　简述变量的命名规则。下列哪些是正确的变量名？

（1）6abc　　　（2）Image　　　（3）X2　　　（4）Y1_8　　　（5）Caption　　　（6）a123

（7）x * y　　　（8）dzc689　　　（9）ABC9　　（10）Dbc_ 5　　（11）A&B　　　（12）x^2

4.2　在数据类型中，单精度型（Single）和双精度型（Double）数据有什么不同？试举例说明。

4.3　在程序中，定长字符串型变量和变长字符串型变量有何区别？

4.4　符号常量和变量有什么区别？

4.5　把逻辑值 True 赋值给一个整型变量，则整型变量值是什么？把整型数 0 赋值给一个逻辑变量，则逻辑变量的值又是什么？

4.6　将数值 35477.998 赋值给日期型变量 DataTest1，则 DataTest1 的值表示什么日期和时间？

4.7　变量的声明有哪几种方式？在过程级变量中，为了使每次过程调用结束时，系统就会保存该变量的值，应该用什么语句来声明变量？

4.8　Visual Basic 6.0 中变量分为哪几类？试叙述全局变量的声明方法。

4.9　编写一段程序，把一个十进制数转换为八进制数。

4.10　Visual Basic 6.0 中常用的运算符有几类？试排出下列运算符的优先级。

* 　=　 > 　And 　Not 　Mod 　^ 　Like

4.11　简述比较字符串大小的方法。

4.12　试叙述表达式的书写规则，并写出与下列代数式相应的 Visual Basic 6.0 表达式。

$$\frac{1}{2}\sin^2\alpha\cos^2(2\pi-\beta)-\cos2\beta \qquad (x+y)^2-\frac{x-6}{x^2+y^2}$$

4.13 设 $a=1$，$b=2$，$c=3$，$d=4$，试计算下列表达式的值。

（1）Not $a+b+c+1$ and $a+c+d+9\backslash2$ （2）$b/2>-1+d$ Or $c+b^3=6$

4.14 用 Print 方法可以在哪些控件上显示（输出）文本字符串和表达式的值？编写一段程序，输入用户的姓名、性别、年龄、电话号码和 e-mail 地址，并用适当的格式在窗体中显示出来。

4.15 InputBox 函数返回值是什么数据类型？

4.16 MsgBox 函数和 MsgBox 语句有什么不同？在程序中使用有何区别？

第5章 Visual Basic 6.0 控制结构

Visual Basic 6.0 是一种结构化的程序设计语言，其应用程序由若干个基本结构组成，程序结构清晰、易读易懂。共有三种基本程序结构：顺序结构、选择结构和循环结构，其程序流程图如图 5.1 所示。这三种基本程序结构具有单入口、单出口的特点。

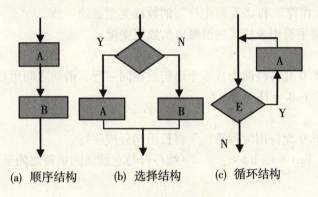

(a) 顺序结构　　　(b) 选择结构　　　(c) 循环结构

图5.1　三种基本程序结构

本章主要讨论顺序结构、选择结构、多分支结构以及循环结构语句，为进一步学习程序设计打下基础。

5.1　顺序结构

顺序结构是指程序按代码的顺序依次执行。Visual Basic 6.0 中的赋值语句、注释语句、暂停语句和结束语句等都是顺序结构。

5.1.1　赋值语句

1. 赋值语句的一般格式

赋值语句的一般格式为：

[Let] 目标操作符 = 源操作符

功能是将源操作符的值赋值给目标操作符。

其中：

（1）Let：是关键字，可以省略。

（2）目标操作符：变量或带有属性的对象。

（3）=：称为赋值号。

（4）源操作符：可以是简单变量或下标变量；也可以是常量及带有属性的对象；还

可以是数值表达式、字符串表达式或逻辑表达式。

例如：x = 67　　　　　　　　'将 67 赋值给变量 x。

A $ = " Visual Basic 6.0 "　'将 Visual Basic 6.0 赋值给字符串型变量 A。

Text1. Text = " 你好！"　　'将"你好！"赋值给文本框 Text1 的 Text 属性。

Text1. Text = Text2. Text　'将 Text2 的 Text 属性值赋值给文本框 Text1 的 Text 属性。

S = Val（Text1. Text）　　'将 Text1 的 Text 属性值（字符串）转换为数值赋值给数
　　　　　　　　　　　　　　值变量 S。

2. 说明

（1）赋值语句具有计算和赋值双重功能。

（2）赋值语句左边不能是数值，也不能是表达式。

（3）"目标操作符"和"源操作符"的数据类型必须一致。

例如：不能将字符串表达式的值赋值给数值变量。

3. 一行多句

Visual Basic 6.0 允许将两个或多个语句放在同一行，语句之间用冒号"："隔开。

例如：A = 12：B = 18：X = 6

4. 一句多行

Visual Basic 6.0 允许用续行符"_"将长语句分成多行。

例如：Text1. Text = a + b > c_　　　'续行符与它前面的字符之间至少要有一个
　　　　　　　　　　　　　　　　　　空格。

　　　　　　　　　And b = c_

　　　　　　　　　Or b + c < > a

5.1.2　注释语句

注释语句用于在程序代码中加入注释，便于阅读和理解，但不被运行，其格式为：

Rem 注释文本或：　'注释文本

例如：Rem 将 68 赋值给变量 x

　　　x = 68

　或：x = 68　　　　　　　　　　'将 68 赋值给变量 x。

说明：

注释语句是非执行语句，仅起注释作用。

任何字符都可以作为注释内容。

注释语句不能放在续行符的后面。

当注释语句在程序行的后面时，只能用撇号"'"，不能用 Rem。

例如：x = 68　　Rem 将 68 赋值给变量 x。

　　　是错误的，必须改为：

　　　x = 68　　　　　　　　　　'将 68 赋值给变量 x。

5.1.3　暂停和结束语句

暂停语句可以暂停程序的执行，主要用于程序的调试。其格式为：

Stop

按 F5 键可使程序继续运行下去。

结束语句用于结束程序的执行。其格式为：

End

例如：Private Sub Command1_Click( )　　　'程序运行时，单击命令按钮

　　　　　　　　　　　　　　　　　　（Command1）结束程序的运行。

　　　　　　　　End

　　　　End Sub

End 语句在不同的环境下还有其他一些用途，例如：

End Sub　　　　　　　　　　　　　　　'结束一个 Sub 过程。

End If　　　　　　　　　　　　　　　　'结束一个 If 语句块。

5.2　选择控制结构

选择结构又称条件结构或分支结构，需要对于给定的条件进行分析、判断，决定要执行的语句，即根据外部条件的不同而采取相应的操作。在 Visual Basic 6.0 中，提供了三种选择结构。

5.2.1　If... Then 结构

If…Then 结构分为行 If 语句和块 If 语句。

1. 行 If 语句

格式：If 条件 Then 语句（只有一条语句）

如果条件为真（True）时，执行 Then 后面的语句；条件为假（False）时，不执行 Then 后面的语句，而是直接执行下一条语句。

例如：If a > = b Then Print "a > = b"

2. 块 If 语句

格式：If 条件 Then

　　　　语句块（有多条语句）

　　　　End If

当条件为真（True）时，执行 Then 后面的语句块（多条），条件为假（False）时，不执行 Then 后面的语句块（多条），而是跳到 End If 之后继续执行。若条件的值为数值，则当值为零是假（False），而任何非零的数值都是真（True）。

例 5.1　演示块 If 语句。

（1）创建应用程序界面。在窗体 Form1 中，设置 1 个文本框 Text1，用于显示文字，2 个命令按钮 Command1 和 Command2，用于对块 If 语句进行演示操作以及清除窗体和文本框上的文字。

（2）设置窗体和控件属性，如表 5.1 所示。

表 5.1　属性设置

控件名称	属性名	属性值
Form1	（名称）	frmCondition
	Caption	块 If 语句
Text1	Font	宋体，常规，四号
	Text	空
Command1	Caption	演示
Command2	Caption	清除

（3）编写应用程序代码。

```
Private Sub Command1_Click( )
    Dim c As Single
    c = InputBox("请输入一个大于 0 的数")
    If c > = 0 Then    '如果 c≥0,则执行 Then 后面的语句,否则执行 End If 后面的语句。
        Text1. Text = "Visual Basic 6.0!"
        Print "Thank you!"
    End If
End Sub
Private Sub Command2_Click( )
    Text1. Text = ""
    frmCondition. Cls
End Sub
```

程序运行时，应用程序界面如图5.2所示。

图 5.2　演示块 If 语句

注意：If...Then 的单行格式（Then 后只有一条语句）不用 End If 结尾；如果 Then 后有多条语句（语句块），则必须用 If...Then...End If 语句。

例如：If c = 0 Then x = x + 1　　　　　　　　'Then 后只有一条语句。

又如：　　If c = 0 Then　　　　　　　　　　'Then 后有二条语句。

　　　　　　x = x + 1

　　　　　　s = s + 1

End If

5.2.2　If...Then...Else 结构

If...Then...Else 结构意思为："如果…就…否则"。

1. 行 If 语句（只有一条语句）

格式：If 条件 Then 语句 [Else 语句]

如果条件为真（True）时，执行 Then 后面的语句；条件为假（False）时，不执行 Then 后面的语句，而是执行 Else 后面的语句，当省略 [Else 语句] 时，直接执行 End If 后面的语句。

例如：If a > = b Then Print "a > = b" Else Print "a < b"

2. 块 If 语句

格式：If 条件 Then
　　　　语句块 1
　　　　Else
　　　　语句块 2
　　　　End If

当条件为"真"时，执行"语句块 1"，当条件为"假"时，执行"语句块 2"。

3. 嵌套

嵌套是指一个条件语句中包含另一个条件语句。

例如：If...Then...Else 语句中包含另一 If...Then...Else 语句，也可以是其他条件语句。

格式：If 条件 1 Then
　　　　语句块 1
　　　　[ElseIf 条件 2 Then
　　　　语句块 2]
　　　　…
　　　　[ElseIf 条件 n Then
　　　　语句块 n]
　　　　End If

首先测试条件 1，为"真"，执行"语句块 1"后，执行 End If 后面的语句；为"假"，测试条件 2，若条件 2 为"真"，执行"语句块 2"后，执行 End If 后面的语句；为"假"，测试条件 3，若条件 3 为"真"，执行"语句块 3"后，执行 End If 后面的语句……依此类推。

例 5.2　用单行 If 语句嵌套演示符号函数。

将窗体 Form1 的 Caption 属性设置为"单行 If 语句嵌套"，并编写如下程序：

```
Private Sub Form_Click()
    Dim x As Single, y As Single
    FontSize = 16
```

```
        FontBold = True
        x = InputBox("请输入 x 的值:")
        If x > 0 Then y = 1 Else If x = 0 Then y = 0 Else y = -1
        Print Spc(3); "x = "; x, "y = "; y
End Sub
```

应用程序运行时的界面如图 5.3 所示。

图 5.3　用行 If 语句嵌套演示符号函数

例 5.3　用块 If 语句嵌套演示符号函数。

将窗体 Form1 的 Name 属性设置为 "frmNesting"，Caption 属性设置为 "块 If 语句嵌套"，并编写如下程序：

```
Private Sub Form_Click()
        Dim x As Single, y As Single
        FontSize = 16
        FontBold = True
        x = InputBox("请输入 x 的值:")
        If x > 0 Then
            y = 1
        ElseIf x = 0 Then
            y = 0
        Else
            y = -1
        End If
        Print Spc(3); "x = "; x, "y = "; y
End Sub
```

应用程序运行时的界面如图 5.4 所示。

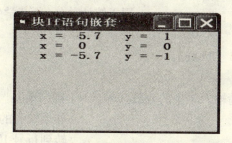

图 5.4　用块 If 语句嵌套演示符号函数

例 5.4　从键盘上输入学生的分数，统计及格、不及格人数及总平均分。

（1）创建应用程序界面。在窗体 Form1 中，设置 3 个文本框 Text1～Text3，用于显示学生的及格、不及格和总分。3 个标签 Label1～Label3，用于标识 3 个文本框。2 个命令按钮 Command1 和 Command2，用于输入并计算以及显示结果操作。

（2）设置窗体和控件属性，如表 5.2 所示。

表 5.2　属性设置

控件名称	属性名	属性值
Form1	（名称）	frmStuP
	Caption	学生分数统计
Label1	Caption	及　格
Label2	Caption	不及格
Label3	Caption	总平均分
Text1	Text	空
Text2	Text	空
Text3	Text	空
Command1	Caption	输入并计算
Command2	Caption	显示结果

（3）编写应用程序代码。

在对象列表框中选择"通用"，过程列表框中选择"声明"，声明窗体模块变量：

```
Option Explicit
Rem 窗体模块变量。
Dim n As Single            'n 用于统计学生的总人数
Dim n1 As Single           'n1 用于统计不及格学生的人数
Dim n2 As Single           'n2 用于统计及格学生的人数
Dim p As Single            'p 用于输入学生的分数
```

```
Dim s As Single                          's 用于统计总分(所有学生的分数之和)
```
编写如下程序代码:
```
Private Sub Command1_Click( )
10
    p = InputBox("请输入学生的分数 (输入 −1 则结束):","输入分数")
    If p = −1 Then                       '如果输入的分数为 −1。
        GoTo 100                         '转到行号 100 处,执行 100 后面的语
                                          句 End Sub。

    ElseIf p < 0 Or p > 100 Then         '如果分数小于 0 或大于 100 则,
        MsgBox "您输入的分数有误,请重新输入!"    '显示错误的信息。
        GoTo 10                          '转到行号 10 处,重新输入分数。
    Else
        s = s + p                        '分数在 0 ~ 100 之间,计入总分。
        n = n + 1                        '记录总人数。
        If p < 60 Then                   '如果分数低于 60 则,
        n1 = n1 + 1                      '记录不及格的人数。
    Else
        n2 = n2 + 1                      '记录及格的人数。
    End If
    End If
        GoTo 10
100
End Sub
Private Sub Command2_Click( )
    Text1. Text = n2                     '在 Text1 中显示及格的学生人数。
    Text2. Text = n1                     '在 Text2 中显示不及格的学生人数。
    Text3. Text = Int((s/n) * 100)2/100  '在 Text3 中显示学生的平均分,取两
                                          位小数。

End Sub
```
程序运行时的界面如图 5.5 所示。

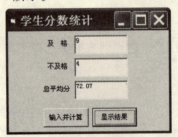

图 5.5 学生分数统计

5.2.3 IIf 函数

IIf 函数是 Immediate If 的缩写,用于执行简单的条件判断操作,它是 If...Then...Else 结构的简写版本。其格式为:

result = IIf(条件,True 部分,False 部分)

其中:

(1) result:是函数的返回值。

(2) 条件:是一个逻辑表达式。当条件为真时,IIf 函数返回 True 部分;当条件为假时,IIf 函数返回 False 部分。

(3) True 部分或 False 部分可以是表达式、变量或其他函数。True 部分或 False 部分及结果变量的类型一致。

例如:r = IIf(a > 8,6,9)

　　　当 a > 8 为真时 r = 6;当 a > 8 为假时 r = 9。

等价于条件语句:

```
If a > 8 Then
   r = 6
Else
   r = 9
End If
```

例 5.5　演示 IIf 函数的功能。

将窗体 Form1 的 Caption 属性设置为"演示 IIf 函数的功能",在窗体中放置 1 个标签 Label1,其 Caption 属性设置为"r = IIf(a > 8,6,9)",Font 属性"宋体,粗体,四号",并编写如下程序代码:

```
Private Sub form_Click()
    Dim a As Single, b As Single
    Dim r As Integer
    FontSize = 15
    FontBold = True
    b = InputBox("请输入一个数 a :")
    a = Val(b)
    r = IIf(a > 8,6,9)                          '当 a > 8 为真时 r = 6,为假时 r = 9。
    Print
    Print
    Print "a = ";a;" , ";"r = ";r;"。"
End Sub
```

程序运行时的界面如图 5.6 所示。

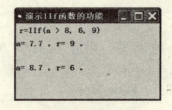

图 5.6　Ⅱf 函数的功能

5.3　多分支控制结构

在程序设计中，常常会遇到不同条件下，需要执行不同的语句，这种多分支结构程序用 Select Case 语句来编写，会使程序更清晰，更简单易读。Select Case 语句是块 If 语句的一种变形，其格式为：

Select Case ＜变量 | 表达式＞
　　Case 值 1
　　　语句块 1
　　[**Case 值 2**
　　　语句块 2]
　　……
　　[**Case Else**
　　　语句块 n]
End Select

其中：值 1、值 2…… 可以是数值、数据范围及表达式的值。如果有多个 Case 值与测试表达式相匹配，则只执行第一个匹配的 Case 语句块，例如：

Select Case x
　　Case 1
　　　Print "x = 1"
　　Case 2
　　　Print "x = 2"
　　Case 2　　　　　　　　'x 的值等于 2 时，只执行第一个匹配的 Case 语句块。
　　　Print "x > 2"　　　　'不执行该 Case 语句块。
　　Case 5
　　　Print "x = 5"
End Select

当 x 的值等于 1 时，输出 x = 1；当 x 的值等于 2 时，输出 x = 2；当 x 的值等于 5 时，输出 x = 5；若 x 的值不等于 1、2、5，则不执行任何操作。

例 5.6　用 Select Case 结构设计中奖查询程序。

（1）创建应用程序界面。在窗体 Form1 中，设置 1 个文本框 Text1，用于输入奖券号码；2 个标签 Label1 ~ Label2，用于标识文本框和输出中奖信息；2 个命令按钮 Command1 和 Command2，用于中奖查询和结束程序操作。

（2）设置窗体和控件属性，如表 5.3 所示。

表 5.3　属性设置

控件名称	属性名	属性值
Form1	（名称）	frmCheck
	Caption	中奖查询
Label1	Caption	请输入奖券号码
Label2	（名称）	LabResult
	Caption	空
Text1	（名称）	txtInput
	Text	空
Command1	（名称）	cmdCheck
	Caption	查 询
Command2	（名称）	cmdEnd
	Caption	结 束

（3）编写应用程序代码。

```
Private Sub cmdCheck_Click( )
    Dim strInput As String
    strInput = txtInput. Text
    Select Case strInput
    Case 123
        LabResult. Caption = "恭喜你,中了一等奖!"
    Case 120 To 129
        LabResult. Caption = "恭喜你,中了二等奖!"
    Case 100 To 199
        LabResult. Caption = "恭喜你,中了三等奖!"
    Case Else
        LabResult. Caption = "谢谢你的参与!"
    End Select
End Sub
Private Sub cmdEnd_Click( )
    End
End Sub
```

程序运行时的界面如图5.7所示。

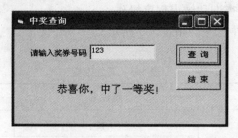

图5.7　中奖查询程序

例5.7　输入一个整数，若是1，2，3，4，5，6，7，则显示为相应星期几，否则，给出数据有误的信息。

将窗体Form1的Caption属性设置为"Select Case结构"，并编写如下程序：

```
Private Sub Form_Click( )
    Dim x As Integer
    FontSize = 16
    FontBold = True
10
    x = InputBox("请输入一个整数:")
    Select Case x
        Case 1
            Print Spc(8);"星期一"
        Case 2
            Print Spc(8);"星期二"
        Case 3
            Print Spc(8);"星期三"
        Case 4
            Print Spc(8);"星期四"
        Case 5
            Print Spc(8);"星期五"
        Case 6
            Print Spc(8);"星期六"
        Case 7
            Print Spc(8);"星期日"
        Case Is < 1, Is > = 8
            MsgBox "您输入了错误的数据，请重新输入数据!"
            GoTo 10
    End Select
End Sub
```

应用程序运行时的界面如图 5.8 所示。

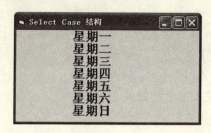

图 5.8　Select Case 结构

5.4　For 循环控制结构

循环结构是用于处理重复执行的结构，循环结构程序指对同一程序段中的一组语句进行若干次的重复执行。被执行的语句组称为循环体。Visual Basic 6.0 提供了三种循环结构：For 循环（For – Next 循环、计数循环）、当循环（While – Wend 循环）和 Do 循环（Do – Loop 循环）。

为了能使程序正常运行，应使用控制条件（条件语句）来控制循环体的重复执行次数，避免出现循环无限次的"死循环"。如果在程序调试中出现"死循环"，可以按"Ctrl + Break"组合键来中断程序执行。

For 循环结构（For – Next 循环、计数循环）是按确定的循环次数进行的循环，其格式为：

For 循环变量 = 初值 To 终值［Step 步长］
　　语句块
　　　［Exit For］　　'退出循环。
　　语句块
Next［循环变量］

其中：

（1）［Step 步长］：步长可正可负，缺省时，步长为 1。当步长为正数时，初值小于终值；当步长为负数时，初值大于终值。

（2）For 循环的执行步骤：

①计算初值、终值及步长表达式的值，并将初值赋值给循环变量。

②判断循环变量的值是否"超过"终值。当步长为正数，循环变量 > 终值时，为"超过"；当步长为负数，循环变量 < 终值时，为"超过"；若"超过"时，退出循环（转到执行 Next 语句的下一条语句）。

③循环变量的值没有"超过"终值时，执行一次循环体中的语句。

④执行 Next 语句，循环变量的值加（或减）一个步长。

⑤重复步骤②～④。

（3）当初值等于终值时，不管步长正负，均执行一次循环体语句。

（4）循环次数 = Int（终值 – 初值）／步长 + 1。

例 5.8 求自然数 n!。

将窗体 Form1 的 Caption 属性设置为 "求 n!"，并编写如下程序：

```
Private Sub Form_Click( )
    Dim n As Integer,i As Integer,j As Double
    n = InputBox("请输入一个整数 n:")
    j = 1
    For i = 1 To n
        j = j * i
    Next i
    Print n;"! = ";j
End Sub
```

程序运行时的界面如图 5.9 所示。

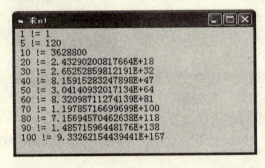

图 5.9 求自然数 n!

例 5.9 输入一个整数 n，用 For 循环结构来计算 1 到 n 的和，步长为 1。

(1) 创建应用程序界面。在窗体 Form1 中，设置 1 个文本框 Text1，用于显示计算结果。1 个标签 Label1，用于标识文本框信息。2 个命令按钮 Command1 和 Command2，用于计算和清除文本框字符等操作。

(2) 设置窗体和控件属性，如表 5.4 所示。

表 5.4 属性设置

控件名称	属性名	属性值
Form1	（名称）	frmCount
	Caption	求和器
Label1	Caption	1 到 n 的和为:
Text1	（名称）	txtResult
	Text	空
	Font	宋体，常规，四号

控件名称	属性名	属性值
Command1	（名称）	cmdCount
	Caption	计 算
Command2	（名称）	cmdClear
	Caption	清 除

（3）编写应用程序代码。

```
Private Sub cmdCount_Click( )
    Dim i As Integer, Sum As Long
    Dim a As String, n As Integer
    a = InputBox("请输入一个整数 n:")
    Label1. Caption = "1 到" + a + "的和为:"
    n = Val(a)
      Sum = 0
    For i = 1 To n                   '步长为1。
    Sum = Sum + i
    Next i
    txtResult. Text = CStr(Sum)      '将数据变量的值转换为字符串赋值给文本框的 Text
                                      属性。
End Sub
Private Sub cmdClear_Click( )
    txtResult. Text = " "
    txtResult. SetFocus
End Sub
```

应用程序运行时的界面如图 5.10 所示。

图 5.10　计算 1 到 n 的和

例 5.10　摇奖器。

（1）创建应用程序界面。在窗体 Form1 中，设置 2 个文本框 Text1 和 Text2，用于显示中奖号码和输入奖券号码；2 个标签 Label1 和 Label2，用于标识文本框信息；2 个命令按钮 Command1 和 Command2，用于摇奖和查询操作。

（2）设置窗体和控件属性，如表5.5所示。

表5.5　属性设置

控件名称	属性名	属性值
Form1	（名称）	frmPrize
	Caption	摇奖器
Label1	Caption	中奖号码：
Label2	Caption	奖券号码：
Text1	Text	空
Text2	Text	空
Command1	（名称）	cmdPrize
	Caption	摇 奖
Command2	（名称）	cmdCheck
	Caption	查 询

（3）编写应用程序代码。

```
Private Sub cmdPrize_Click( )
    Dim i As Integer, j As Integer
    Dim n As Single, b As String
    For i = 1 To 6
      j = Int(10 * Rnd)                        '产生 0 ~ 9 的随机数。
      b = b & CStr(j)
        For n = 1 To 10000 Step 0.001          '延时。
        Next n
        Text1. Text = b
        Text1. Refresh
    Next i
End Sub
Private Sub cmdCheck_Click( )
    Dim x As String, y As String
    x = Text2. Text
    y = Text1. Text
    If x = y Then
      Text2. Text = "恭喜你中奖了!"
    Else
```

　　　　Text2. Text = "谢谢你的参与!"
　　　End If
　End Sub
应用程序运行时的界面如图 5.11 所示。

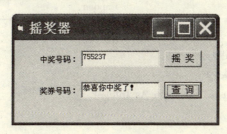

图 5.11　摇奖器

5.5　While...Wend 循环控制结构

一般情况下，For 循环是进行指定次数的重复。如果循环需要指定一个循环终止条件时，也就是由某个条件来控制循环时，就不宜使用 For 循环，而应使用当循环语句来实现。当循环（While...Wend 循环结构）语句格式为：

While 条件
　　［语句块］
Wend

当条件为真时，执行循环（语句块），当执行 Wend 语句时，控制返回到 While 语句并对条件进行测试，如仍为真，则重复上述过程；如果条件为假时，则不执行循环语句，而执行 Wend 后面的语句。例如：

Dim i　　　　　　　　　　　　　　　　'定义 i 为变体型变量。
　i = 0　　　　　　　　　　　　　　　　'设初值为 0。
　While i < 20
　　　i = i + 1
　Wend
Debug. Print i　　　　　　　　　　　　'在立即窗口中显示 i 的值。

例 5.11　输入字符并计数，当输入的字符为"!"时，停止计数，并输出结果。
（1）创建应用程序界面。调整窗体 Form1 的大小。
（2）设置窗体属性，如表 5.6 所示。

表 5.6   属性设置

控件名称	属性名	属性值
Form1	（Name）	frmChar
	Caption	输入字符

（3）编写应用程序代码。

```
Private Sub Form_Click( )
    Dim s As String,a As String,n As Integer
    FontSize = 16
    Const ch = " ! "
    n = 0
    a = InputBox("请输入一个字符:")        '输入第一个字符。
    While a < > ch                        '输入的字符（s 的值）不等于
                                          （ch 的值）! 时，执行循环语句。
        n = n + 1                         '计数。
        s = s & a                         '记录输入的字符。
        a = InputBox("请输入一个字符:")     '从第二个字符开始在循环体中输入字符。
    Wend
    Print Spc(1);"您输入的字符为:";s
    Print Spc(1);"字符数为:";n
End Sub
```

应用程序运行时的界面如图 5.12 所示。

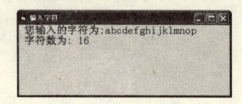

图 5.12   输入字符并计数

例 5.12   判断一个正整数 （≥3）是否为素数。

将窗体 Form1 的 Caption 属性设置为 "判断素数"，并编写如下程序：

```
Private Sub Form_Click( )
    Dim n As Integer,k As Integer
    Dim i As Integer,j As Integer
    n = InputBox("请输入一个正整数(n≥3)：")
    k = Int(Sqr(n))
    i = 2
    j = 0
```

```
    While i < = k And j = 0
       If n Mod i = 0 Then
          j = 1
       Else
          i = i + 1
       End If
    Wend
    If j = 0 Then
       Print Spc(10);n;"是一个素数。"
    Else
       Print Spc(10);n;"不是素数。"
    End If
End Sub
```

程序运行时的界面如图 5.13 所示。

图 5.13 判断素数

5.6　Do 循环控制结构

Do 循环结构不限定循环次数,而是根据循环条件的真或假来决定是否结束循环。

5.6.1　Do...Loop 循环结构

Do...Loop 循环语句的格式为:

Do
　　语句块
[**Exit Do**]　　　　　　　　　　　　'退出循环。
　　语句块
Loop

由 Do 和 Loop 构成的 Do 循环,在执行 Exit Do 语句以前,程序将不停地执行循环体(语句块)。Exit Do 语句提供了一种退出 Do 循环的方法,并且只能在 Do 循环中使用,可以在循环体内任何位置放置多个 Exit Do 语句,以便跳出循环。通常用于条件判断(If...Then)之后,例如:

　　i = 0

```
Do
    i = i + 1
    If i >= 100 Then Exit Do
Loop
```

程序运行时,循环体语句 i = i + 1 和 If i >= 100 Then Exit Do 被重复执行,满足条件 i >= 100 时,退出循环。

5.6.2 Do 循环结构

Do 循环结构分为"当型"循环和"直到型"循环两种形式。

1. "当型"循环

"当型"循环格式为:

条件

　　语句块

[**Exit Do**]　　　　　　　　　　　　　　　　　'退出循环。

　　语句块

Loop

其循环为先测试条件,后考虑循环。

(1)若用 Do While...Loop,则:条件为真时,执行循环;条件为假时,不执行循环。

(2)若用 Do Until...Loop,则:条件为真时,不执行循环;条件为假时,执行循环。

2. "直到型"循环

"直到型"循环格式为:

Do

　　语句块

[**Exit Do**]　　　　　　　　　　　　　　　　　'退出循环。

　　语句块

Loop While|Until 条件

其循环为先执行一次语句,再测试条件,决定是否循环。

(1)若用 Do...Loop While,则条件为真时,执行循环;条件为假时,不执行循环。

(2)若用 Do...Loop Until,则条件为真时,不执行循环;条件为假时,执行循环。

例 5.13　输入一个整数 n,用"当型"循环和"直到型"循环结构计算 1 到 n 的和,步长为 1。

(1)创建应用程序界面。在窗体 Form1 中,设置 1 个文本框 Text1,用于显示计算结果;1 个标签 Label1,用于标识文本框信息;3 个命令按钮 Command1 ~ Command3,用于计算和清除文本框字符等操作。

(2)设置窗体和控件属性,如表 5.7 所示。

表 5.7　属性设置

控件名称	属性名	属性值
Form1	（名称）	frmCount
	Caption	求和器
Label1	Caption	1 到 n 的和为:
Text1	（名称）	txtResult
	Text	空
	Font	宋体,常规,四号
Command1	（名称）	cmdDoWhile
	Caption	当型循环
Command2	（名称）	cmdDo
	Caption	直到型循环
Command3	（名称）	cmdClear
	Caption	清　除

（3）编写应用程序代码。

```
Private Sub cmdDoWhile_Click( )
    Dim i As Integer,Sum As Long
    Dim a As String,n As Integer
    a = InputBox("请输入一个整数 n: ")
    Label1. Caption = "1 到" + a + "的和为: "
    n = Val(a)
    Sum = 0; i = 0
    Do While i < = n                    '条件为真，执行循环。
        Sum = Sum + i
        i = i + 1
    Loop
    txtResult. Text = CStr(Sum)         '将数据变量的值转换为字符串赋值给文本框的
                                         Text 属性。
End Sub
Private Sub cmdDo_Click( )
    Dim i As Integer,Sum As Long
    Dim a As String,n As Integer
    a = InputBox("请输入一个整数 n: ")
    Label1. Caption = "1 到" + a + "的和为: "
```

```
        n = Val(a)
        Sum = 0: i = 0
        Do                              '先执行一次语句,再测试条件。
            Sum = Sum + i
            i = i + 1
        Loop While i <= n               '条件为真,执行循环。
        txtResult. Text = CStr(Sum)     '将数据变量的值转换为字符串赋值给文本框的
                                         Text 属性。
End Sub
Private Sub cmdClear_Click( )
        txtResult. Text = " "
        txtResult. SetFocus
End Sub
```

程序运行时的界面如图 5. 14 所示。

图 5.14 用当型和直到型循环计算 1 到 n 的和

例 5. 14 如果世界人口为 70 亿,以每年 1. 5% 的速度增长,多少年后世界人口达到或超过 80 亿。

(1) 创建应用程序界面。在窗体 Form1 中设置 2 个命令按钮 Command1 和 Command2,用于计算操作。

(2) 设置窗体和控件属性,如表 5. 8 所示。

表 5.8 属性设置

控件名称	属性名	属性值
Form1	(名称)	frmCyc
	Caption	世界人口增长
Command1	(名称)	cmdDoUntil
	Caption	用 "Do Until...Loop" 循环计算
Command2	(名称)	cmdDo
	Caption	用 "Do...Loop Until" 循环计算

（3）编写应用程序代码。

```
Private Sub cmdDoUntil_Click()
    Dim c1 As Double,c2 As Double
    Dim n As Integer,r As Single
    FontSize = 12
    c1 = 7000000000#：c2 = 8000000000#          '双精度浮点型数据。
    r = 0.015
    n = 0
    Do Until c1 >= c2
        c1 = c1 * (1 + r)
        n = n + 1
    Loop
    Print n;" 年后，世界人口达到:"; c1;"。"
End Sub
Private Sub cmdDo_Click()
    Dim c1 As Double, c2 As Double
    Dim n As Integer, r As Single
    FontSize = 12
    c1 = 7000000000#：c2 = 8000000000#          '双精度浮点型数据。
    r = 0.015
    n = 0
    Do
        c1 = c1 * (1 + r)
        n = n + 1
    Loop Until c1 >= c2
    Print Spc(20);n;"年后,世界人口达到:";c1;"。"
End Sub
```

程序运行时的界面如图 5.15 所示。

图 5.15　世界人口增长

5.7 多重循环

在循环体内不含有循环语句的循环叫做单层循环。在一个循环体中含有另一个循环结构，形成了两层的循环嵌套，称此为二重循环。三层以上的循环嵌套，称为多重循环或嵌套循环。使用循环嵌套应注意：

（1）内循环结构语句必须完整地嵌在外循环体中，不可交叉。Do...Loop、For...Next 及 While...Wend 语句必须成对出现。

（2）对 For...Next 的循环嵌套，在每个循环结构中的循环变量要使用不同的变量名。

（3）多重循环执行时，外循环每重复执行一次，内循环则要完整地执行其应重复的次数。

（4）多重循环（嵌套循环）与多个循环（不嵌套循环）是不同的程序结构。

例 5.15 计算 $S = 1! + 2! + 3! + \cdots + n!$

（1）创建应用程序界面。在窗体 Form1 中，设置 1 个命令按钮 Command1，用于计算操作。

（2）设置窗体和控件属性，如表 5.9 所示。

表 5.9 属性设置

控件名称	属性名	属性值
Form1	（名称）	frmSum
	Caption	求 n 个数的阶乘之和
Command1	（名称）	cmdCount
	Caption	计算

（3）编写应用程序代码。

```
Private Sub cmdCount_Click()
    Dim n As Integer,i As Integer,j As Integer
    Dim x As Double,y As Double
    Dim s As String,p As String,m As String
    FontSize = 12
    m = InputBox("请输入项数 n：")
    n = Val(m)
    s = "1!"
    p = "!"
    For i = 2 To n
        x = 1
        For j = 1 To i
```

```
        x = x * j
      Next j
      y = y + x
      s = s + " " + " " + Str( i ) + p
    Next i
      y = y + 1
      Print "S  = " ; s ; " = " ; y
End Sub
```

程序运行时的界面如图 5.16 所示。

图 5.16　求 n 个数的阶乘之和

例 5.16　打印"九九表"（一个 9 行 9 列的二维乘法表）。

将窗体 Form1 的（Name）属性设置为"frmTable"，Caption 属性设置为"九九表"，并编写如下程序：

```
Private Sub Form_Click( )
    Dim i As Integer, j As Integer, k As Integer, s As Integer
    FontSize = 12                                    '将字体的大小设为 12 号字。
    Print Tab(25) ;"9 * 9 Table"
    Print：Print                                     '空两行。
    Print " * ";
    For i = 1 To 9
      Print Tab( i * 6) ; i;
    Next i
    Print
    For j = 1 To 9
      Print j ; " ";
      For k = 1 To j
        s = j * k
        Print Tab( k * 6) ;s;" ";
      Next k
      Print
    Next j
End Sub
```

程序运行时的界面如图5.17所示。

图5.17 打印"九九表"

例5.17 找出100到200之间的素数，按5个一行的格式输出。

素数（质数）指只能被1和本身整除，而不能被其他整数整除的整数。判别一个数是否为素数，最基本的方法就是根据素数的定义来实现，即对整数 m，依次用2、3…m−2、m−1去试除，只要有一个能整除，则判定 m 不是素数，否则 m 是一个素数。

将窗体 Form1 的（Name）属性设置为"frmPrime"，Caption 属性设置为"判别素数"，并编写如下程序：

```
Private Sub Form_Click( )
    Dim i As Integer, j As Integer, n As Integer
    FontSize = 12
    For i = 100 To 200
        For j = 2 To i − 1
            If i Mod j = 0 Then Exit For
        Next j
        If j > = i Then
            Print i,
            n = n + 1                       'n是找到素数的计数器。
            If n Mod 5 = 0 Then Print       '当 n 是5的倍数时换行。
        End If
    Next i
End Sub
```

将 For i = 100 To 200 改为 For i = 100 To 300，即为求100到300之间的素数，按5个一行的格式输出。

程序运行时的界面如图5.18所示。

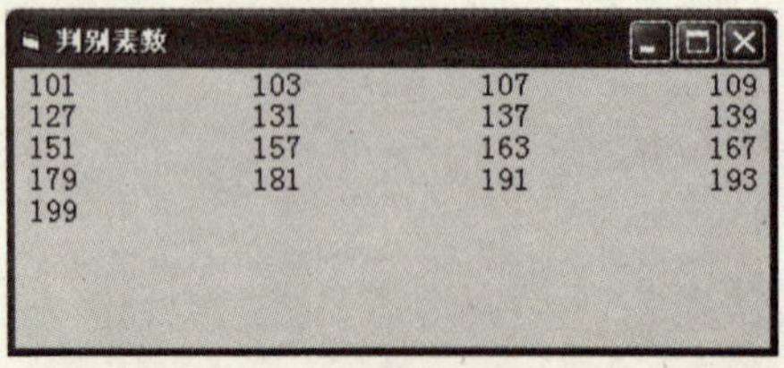

图5.18 显示100到200之间的素数

例 5.18　将一个八进制整数转换成十进制数。

将窗体 Form1 的（Name）属性设置为"frmConversion"，Caption 属性设置为"八进制数转换为十进制数"，并编写如下程序：

```
Private Sub Form_Click( )
    Dim m As Integer, n As Integer, k As Integer
    Dim i As Integer, s As String
    FontSize = 12
    s = InputBox("请输入一个八进制整数：")
    n = Len(s)                          '八进制数的位数。
    For i = 1 To n
        k = Val(Mid(s,i,1))             '从字符串 s 的第 i 位开始取 1 个字
                                         符转换为数值赋值给 k。
        m = m + k * 8 ^ (n - i)         '乘以位权并求和。
    Next i
    Print "八进制数 "; s;" 转换成十进制数是"; m;"。"
End Sub
```

程序运行时的界面如图 5.19 所示。

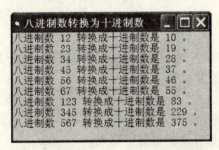

图 5.19　八进制数转换成十进制数

例 5.19　将一个十进制整数转换成相应的二进制数。

将窗体 Form1 的（Name）属性设置为"frmConversion"，Caption 属性设置为"十进制数转换为二进制数"，并编写如下程序：

```
Private Sub Form_Click( )
    Dim s As Integer, r As Integer, k As Integer
    Dim n As String
    FontSize = 12
    s = InputBox("请输入一个十进制正整数：")
    k = s
    Do
        r = k Mod 2
        n = Trim(Str(r)) & n
        k = k \ 2
```

```
        Loop Until k = 0
        Print "十进制数"；s；"转换成二进制数是 "；n
End Sub
```

程序运行时的界面如图 5.20 所示。

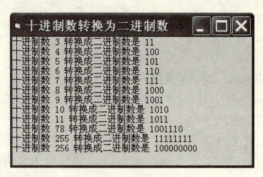

图 5.20　十进制整数转换成相应的二进制数

5.8　GoTo 型控制结构

5.8.1　GoTo 语句

GoTo 语句可以改变程序执行的顺序，跳过程序的某一部分去执行另一部分，或者返回已经执行过的某语句使之重复执行，其格式为：

GoTo ＜标号｜行号＞

其中：

（1）标号必须以英文字母开头，以冒号结束。

例如：Start:、Finish:、amb: 等均为正确的标号。

（2）行号由数字组成，后面不能跟有冒号。

例如：1200、30、50 等均为正确的行号。

（3）GoTo 语句中，标号或行号必须存在且唯一。

（4）GoTo 语句只能在一个过程中使用。

（5）GoTo 语句是无条件语句，但常常与条件语句结合使用。

GoTo 语句改变程序执行的顺序，无条件地把控制转移到"标号"或"行号"所在的程序行，并从该行开始向下执行。

例 5.20　本金为 10000 元，年利率为 0.18 元，每年复利计息一次，求 n 年本利合计是多少？

将窗体 Form1 的（Name）属性设置为"frmMoney"，Caption 属性设置为"计算本利"，并编写如下程序：

```
Private Sub Form_click()
        Dim p As Currency                          'p 为货币型变量。
```

```
        Dim t As Integer, n As Integer
        Dim s As Integer, r As Single
        frmMoney. AutoRedraw = True
        FontSize = 12
        s = InputBox("请输入年数 n：")
        n = Val(s)
        p = 10000：r = 0.18：t = 1          '赋值。
Again：                                     '标号。
        If t > n Then GoTo 100
        i = p * r
        p = p + i
        t = t + 1
        GoTo Again
100                                         '行号。
        Print Spc(3);n;"年本利合计是:"; p
End Sub
```

程序运行时的界面如图5.21所示。

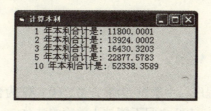

图5.21 计算本利

5.8.2 On – GoTo 语句

On – GoTo 语句用于实现多分支选择控制，其格式为：

On 数值表达式 GoTo 行号列表 | 标号列表〉

根据"数值表达式"的值，把控制转移到几个指定的语句行中的一个语句行。"行号列表或标号列表"可以有多个行号或标号，相互之间用逗号","隔开。

On – GoTo 语句的执行过程是：先计算"数值表达式"的值，将其四舍五入得一整数，根据该整数值决定转移到第几个行号或标号执行。如果其值为1，则转向第一个行号或标号所指出的语句行，如果其值为2，则转向第二个行号或标号所指出的语句行……依此类推。如果"数值表达式"的值等于0或大于"行号列表或标号列表"中的项数，程序找不到适当的语句行，将自动执行 On – GoTo 语句下面的一个可执行的语句。例如：

On x GoTo 10, 100, Line1, Line2, Again

该语句的执行情况是：当 x = 1（x 四舍五入后为1）时，执行行号为10的语句行（不是执行第30行语句）；当 x = 2（四舍五入后为2）时，执行行号为100的语句行；当 x = 4（四舍五入后为4）时，执行标号为 Line2：的语句；当 x = 6（x 四舍五入后为6）

时，"行号列表或标号列表"中没有第六项（只有五项），程序将自动执行 On – GoTo 语句下面的一个可执行的语句。

在 Visual Basic 6.0 中，On – GoTo 语句可以用情况语句（Select Case 语句）来代替。

习　题

5.1　编写程序，求 100 + 101 + 102 + ⋯ + 200。

5.2　如果世界人口为 65 亿，以每年 1.2% 的速度增长，多少年后世界人口达到或超过 75 亿？

5.3　找出 200 到 300 之间的素数，按 5 个一行的格式输出。

5.4　输入任意 6 整数，编写程序，求出最大的数和最小的数的值。

5.5　下列程序执行后，输出的结果是什么？

```
Private Sub Form_ Load ( )
    k = 0
    For i = 0 To 3
        For j = 5 To 1 Step  – 1
            k = k + 1
        Next j
    Next i
    Print i; j; k
End Sub
```

5.6　编写一个考核的程序，小于 60 为不合格，60 ~ 89 为合格，90 以上为优秀。

5.7　编写程序，输出 1 ~ 100 之间不能被 4 整除的整数。

5.8　编写程序，在 1 ~ 100 之间产生 20 个随机整数，将其中的奇数在窗体上显示出来。

第6章 数　　组

在一些实际问题中，经常会遇到要处理大量的数据，例如统计所有学生的各门课程的成绩等。如果仍用单个变量来进行，其操作会相当繁杂。但若用数组来处理，则可以简化程序，提高编程效率。本章主要介绍数组的概念和基本操作、静态数组和动态数组、以及控件数组。

6.1　数组的概念

数组是一组有序的数据的集合。数组中的每一个数据称为一个数组元素。例如：100个学生某一门课程的成绩就是一个数组，每一个学生的成绩就成为数组的一个元素。我们可以用 S_1，S_2，$S_3 \cdots S_{100}$ 分别代表每个学生的分数。这里的 S_1，S_2，$S_3 \cdots S_{100}$ 是带有下标的变量，称为下标变量。其地位和作用与普通变量相当，用来存放一个数据（一个学生的成绩）。它们的名称相同，下标不同（不同的下标代表不同的学生）。在 Visual Basic 6.0 中，把这样一组具有同一名字、不同下标的下标变量称为数组，数组中的变量称为数组元素。同一数组中的元素可以是同一种类型的变量，也可以是不同类型的变量。

数组元素可以表示为：数组名（下标）

例如：S (8)

S 是数组名，8 是数组 S 中的序号，S (8) 为数组 S 中序号为 8 的元素。

6.1.1　数组的定义

具有一个下标的下标变量所组成的数组称为一维数组，具有两个或多个下标的下标变量所组成的数组称为二维数组或多维数组。

1. 一维数组

在使用数组之前，必须声明数组，其声明的语法格式为：

Dim 数组名（[下标下界 To] 下标上界）[As 变量类型]

其中：

（1）数组名的命名规则与变量名的命名规则相同。

（2）下标下界和下标上界分别对应数组元素下标值可取的最小值和最大值。若 [下标下界 To] 省略，数组下标下界的默认值为 0（数组从 0 开始）。

（3）若 [As 变量类型] 省略，则数组的数据类型为变体型变量。

例如：Dim S(14) As Integer

为从 S(0) 到 S(14) 共 15 个元素，下标从 0 到 14。数据类型为整型变量。

Dim S(0 To 14) As Integer 可简化为 Dim S(14) As Integer。

又例如：Dim B(1 To 15)As Integer　　'为从 B(1)到 B(15)共 15 个元素，下标从 1 到 15。

再例如：Dim M(-5To 5)As Integer　　'下标下界为 -5，下标上界为 5，共 11 个元素。

（4）在一般情况下，下标下界默认为 0，如果希望下标下界从 1 开始，可以通过 Option Base 语句来设置，其格式为：

Option Base n

其中：

① n 只能取 0 或 1，若取 0，则下标下界从 0 开始（由于下标下界缺省时取 0，因此，Option Base 0 是没有必要的）；若取 1，则下标下界从 1 开始。

② Option Base 语句只能放在窗体层或模块层，不能放在过程中，并且放在数组定义之前。

③ Option Base 语句对多维数组的每一维都有效。

④ 对于多个数组，Option Base 语句将所有的数组的缺省下界设置为 1。

例如：Option Base 1

Dim A(14)As Integer　　'A 数组的下标下界为 1，从 A(1)到 A(14)共 14 个元素。

2. 多维数组

多维数组格式为：

Dim　数组名([下标下界 To]下标上界,[下标下界 To]下标上界,…)[As 变量类型]

例如：Dim Test(9,9)As Integer　　'声明二维数组。

该数组的名字为 Test，类型为 Integer，有 10(0~9)行 10(0~9)列，有 100(10×10)个元素。

例如：Dim M(5,1 To 10,1 To 15)　　'声明三维数组。有 6×10×15 =900 个元素。

在有些情况下，需要知道数组的下标下界和下标上界，Visual Basic 6.0 提供了用于测试下标下界和下标上界的 Lbound 和 Ubound 两个函数。Lbound 函数用于测试数组某维可用的下标下界。Ubound 函数用于测试数组某维可用的下标上界，其格式为：

Lbound (数组名 [,维])

Ubound (数组名 [,维])

对于一维数组来说，参数"维"可省略，对于多维数组来说，参数"维"不可省略。

例如：声明一个三维数组：

Dim A(1 To 100,0 To 50, -3 To 4)

Print Lbound(A, 1), Ubound(A, 1)

Print Lbound(A, 2), Ubound(A, 2)

Print Lbound(A, 3), Ubound (A, 3)

输出结果为：　　1　　　100

　　　　　　　　0　　　 50

　　　　　　　 -3　　　 4

例 6.1　在窗体中以矩阵的形式显示 15，20，25…85，90 共 16 个整数。

将窗体 Form1 的（Name）属性设置为"frmMatrix"，Caption 属性设置为"矩阵"，并编写如下程序：

```
Option Explicit
Option Base 1
Private Sub Form_Click()
    Dim i As Integer, j As Integer, n As Integer
    Dim s(4, 4) As Integer
    FontSize = 16
    FontBold = True
    frmMatrix. AutoRedraw = True
    Print
    n = 10
    For i = 1 To 4
        For j = 1 To 4
            n = n + 5
            s(i,j) = n
            Print Spc(3); s(i, j);
            If j Mod 4 = 0 Then
                Print：Print：Print
            End If
        Next j
    Next i
End Sub
```

程序运行时的界面如图 6.1 所示。

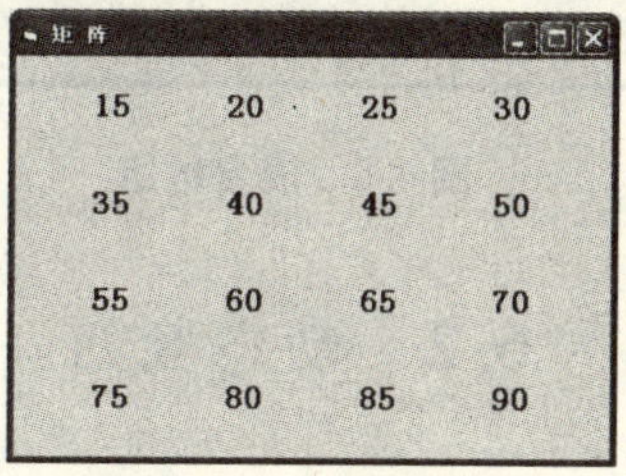

图 6.1　二维数组

6.1.2　默认数组

Visual Basic 6.0 中，允许定义默认数组，就是数据类型为 Variant 的数组。

例如：Dim A(1 To 100)

声明的是一个默认数组，数据类型默认为 Variant。该声明等价于：

Dim A(1 To 100) As Variant

对于默认数组来说，同一数组中可以存放各种不同的数据类型，因此，默认数组可以说是一种"混合数组"。

例 6.2 声明一个默认数组，在数组中存放不同的数据类型。

将窗体 Form1 的（Name）属性设置为"frmMix"，Caption 属性设置为"混合数组"，并编写如下程序：

```
Private Sub Form_Click()
    Dim i As Integer
    Dim A(1 To 5)
    FontSize = 16
    FontBold = True
    A(1) = 3000                          '整型。
    A(2) = 567.56                        '实型。
    A(3) = "Visual Basic 6.0!"           '字符串型。
    A(4) = Now                           '日期和时间型。
    A(5) = &HAAF                         '十六进制整型。
    For i = 1 To 5
        Print Spc(1);"A(";i;") = ";A(i)
    Next i
End Sub
```

程序运行时的界面如图 6.2 所示。

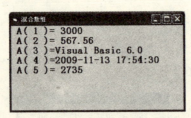

图 6.2　混合数组

6.2　动态数组

静态数组和动态数组要由定义方式来决定，即：用数值常数或符号常量作为下标定维的数组是静态数组；用变量作为下标定维的数组是动态数组。

6.2.1　动态数组的定义

前面介绍的都是静态数组，其维数和大小都不能改变。而动态数组则是一个能够改变大小的数组。其格式为：

ReDim [Preserve] 数组名（数组上下界，…）As 数据类型

其中：

（1）在 ReDim 语句中可以定义多个动态数组：首先在窗体层、标准模块或过程中用

Dim 或 Public（＜Dim ｜ Public＞ 变量名（））声明一个没有下标的数组，然后在过程中用 ReDim 语句重新定义时，再指定数组的上、下界和维数，其维数最多不能超过 8 层。

（2）用 ReDim 语句重新定义数组时，数组中内容将被清除，如果使用 Preserve 关键字，即可以改变数组的大小，又保留了原数组中的数据。

（3）可以用 ReDim 语句直接定义（没有用 Dim 或 Public 语句声明过的）数组，直接用 ReDim 语句定义的数组最多可达 60 维。

（4）在事件过程中，用 ReDim 语句定义过的数组，然后再一次用 ReDim 语句重新定义该数组（与上一次同名）时，只能改变元素的个数（数组的大小），不能改变数组的维数。

（5）ReDim 语句重新定义数组时，不能改变数组的类型。

例如：Dim M（ ）As Integer　　　　'定义 M（ ）为动态数组，数组的类型为整数型。

　　　Dim x，y As Integer

　　　x＝6：y＝9

　　　ReDim M（x,y）　　　　'重新定义二维数组，有 7×10＝70 个元素。

或：ReDim M（9，9）　　　　'或重新定义二维数组，有 10×10＝100 个元素。

　　ReDim M（x）　　　　'错误：改变了维数。

　　ReDim M（6，9，9）　　　　'错误：改变了维数。

　　M（x）＝"Microsoft Office"'错误：改变了数据类型。

6.2.2　数组的清除和重定义

在一个应用程序中定义过的数组，如果要清除数组的内容或对数组重新定义时，可以用 Erase 语句来实现，其格式为：

Erase 数组名 [，数组名] …

在 Erase 语句中，只要给出刷新的数组名，不带括号和下标。对于静态数组，数组结构仍然存在，但内容被清空。而对于动态数组，将被删除整个数组结构，数组不复存在，在下次引用该动态数组之前，必须用 ReDim 语句重新定义该数组变量的维数。

例 6.3　演示 Erase 语句的功能。

编写程序：

```
Option Base 1
Private Sub Form_Click( )
        Dim i As Integer
        Dim S(10)As Integer                    '定义一个静态数组（10 个元素），其数据类
                                               型为整数型。
        Dim M( )As Integer                     '定义一个动态数组，其数据类型为整数型。
        FontSize = 12
        frmErase. AutoRedraw = True
        ReDim M(10)As Integer                  '定义一维动态数组（10 个元素），其数据类
                                               型为整数型。
        Print "静态数组中的 10 个数据为："；
```

```
        For i = 1 To 10
          S(i) = i
          Print S(i);                        '输出静态数组中的数据。
        Next i
        Print
        Print "动态数组中的 10 个数据为: ";
        For i = 1 To 10
          M(i) = Int(10 * Rnd)               '随机读取(0~9)数据。
          Print M(i);
        Next i
        Erase S                              '清除静态数组中的数据。
        Print: Print
        Print "Erase S                        '清除静态数组中的数据。"
        Print "静态数组中的 10 个元素全部清零: ";
        For i = 1 To 10
          Print S(i);                        '输出静态数组中的数据,全部为零。
        Next i
        Print: Print
        Erase M                              '删除动态数组。
        ReDim M(12) As Integer               '重新定义一维动态数组(12 个元素),其数
                                              据类型为整数型。
        Print "Erase M  '删除动态数组。"
        Print "ReDim M(12) As Integer         '重新定义一维动态数组(12 个元素)。"
        Print "动态数组中的 12 个数据为: ";
        For i = 1 To 12
          M(i) = Int(10 * Rnd)               '随机读取(0~9)数据。
          Print M(i);
        Next i
    End Sub
```

程序运行时的界面如图 6.3 所示。

图 6.3 Erase 语句的功能

6.3 数组的基本操作

数组的基本操作包括输入、输出及复制，这些操作都是对数组元素进行的。在 Visual Basic 6.0 中，还提供了 For Each …Next 语句，用于对数组进行操作。

6.3.1 数组元素的输入、输出和复制

1. 数组的引用

通常情况下，数组的引用是指对数组元素的引用，即：在数组后面的括号中指定下标，例如：

A(6)	'一维数组 A 中序号为 6 的元素。
M(2，3)	'二维数组 M 中序号为（2，3）的元素。
X%(3)	'一维数组 X 中序号为 3 的元素（整数类型）。

在实际应用过程中，要注意区分数组定义和数组元素，例如：

Dim A(6)　　　　　　　　　　　　　　　　'声明一维数组 A。

……

Stud = A(6)　　　　　　　　　　　　　　'将一维数组 A 中序号为 6 的元素的值赋值给变量 Stud。

……

在 Visual Basic 6.0 的应用程序中，简单变量出现的地方，一般都可以用数组元素代替。数组元素可以参加表达式的运算，也可以被赋值。例如：

A(8) = A(3) + A(6)　　　　　　　　　　'参加表达式的运算并被赋值。

在数组的引用过程中，应该注意如下几点：

（1）在引用数组元素时，数组名、类型和维数必须与定义数组时一致。例如：

Dim X%(9)　　　　　　　　　　　　　　'声明一维数组 X 为整数类型。

……

Print X $ (3)　　　　　　　　　　　　'X $ (3)是字符串型，不是数组 X（整数类型）的元素。

Print X%(3)　　　　　　　　　　　　'X%(3)或 X(3)都是数组 x 的元素。

（2）对于二维或多维数组，引用时必须给出两个或多个下标。

（3）引用数组时，其下标的值应在建立数组时所指定的范围。例如：

Dim X % (9)

……

Print X%(10)　　　　　　　　　　　　'错误：下标越界，超过定义数组时的下标范围。

2. 数组元素的输入

数组元素一般通过 InputBox 函数或 For 循环语句来输入。

（1）当数组较小（指元素的个数较少）时，可以用赋值语句来实现元素的输入，例如：

Temp(1) = 10
Temp(2) = 20
Temp(3) = 30
Temp(4) = 60

（2）多维数组元素的输入通过多重循环来实现。把控制数组第一维的循环变量放在最外层循环中。

例6.4 二维数组元素的输入。

编写程序：

```
Option Base 1
Private Sub Form_Click()
    Dim i As Integer, j As Integer
    Dim A(3, 5)                          '二维数组，有15个元素。
    For i = 1 To 3
        For j = 1 To 5
            A(i,j) = CStr(i) + CStr(j)
            Print "A(";i;",";j;") = ";CStr(i) + CStr(j)
        Next j
    Next i
End Sub
```

程序运行时的界面如图6.4所示。

图6.4　二维数组元素的输入

3. 数组元素的输出

数组元素的输出可以用 Print 方法来实现。

例6.5 在窗体上输出一个二维数组。

编写程序：

```
Option Base 1
Private Sub Form_Click()
    Dim i As Integer, j As Integer
    Dim A(4, 4) As Integer
```

```
        FontSize = 16
        FontBold = True
        For i = 1 To 4
            For j = 1 To 4
                A(i,j) = CStr(i) + CStr(j)
            Next j
        Next i
Rem 将数组中的数据按 4 行 4 列输出。
        Print
        For i = 1 To 4
            For j = 1 To 4
                Print Space(1);A(i,j);" ";
            Next j
            Print：Print：Print
        Next i
End Sub
```
程序运行时的界面如图 6.5 所示。

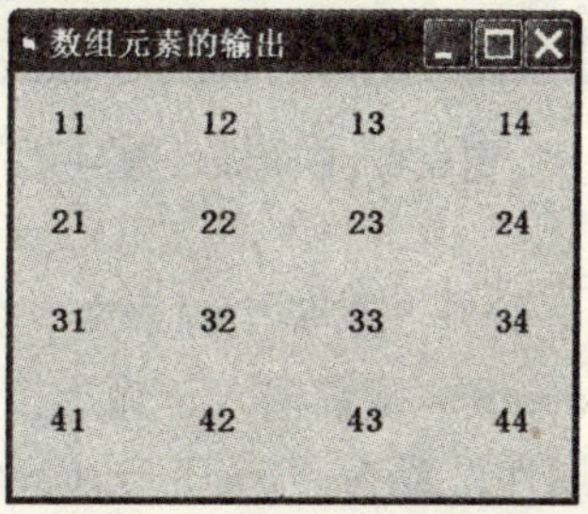

图 6.5　数组元素的输出

例 6.6　求 Fibonacci 数列：1，1，2，3，5，8……

Fibonacci 数列满足：$F_1 = 1$，$F_2 = 1$，$F_3 = F_1 + F_2 \cdots F_n = F_{n-1} + F_{n-2}$

将窗体 Form1 的（Name）属性设置为"frmFibonacci"，Caption 属性设置为"Fibonacci 数列"，并编写如下程序：

```
Option Base 1
Private Sub Form_Click()
    Dim i As Integer,f() As Double
    Dim n As Integer
    FontSize = 12
    n = Val(InputBox("请输入数组元素个数","输入", 1000, 1000))
    If n <> 0 Then
        ReDim f(n)
        f(1) = 1：f(2) = 1
```

```
    For i = 3 To n
        f(i) = f(i-2) + f(i-1)
    Next i
    For i = 1 To n                          '按 5 个一行输出。
        Print f(i);"     ";
        If i Mod 5 = 0 And i <> 0 Then
                Print: Print: Print
        End If
    Next i
    End If
End Sub
```

程序运行时，取 $n = 25$，结果如图 6.6 所示。

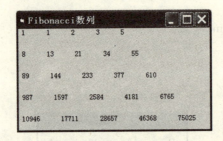

图 6.6　Fibonacci 数列

例 6.7　数组的输入与输出。统计 5 名学生的语文、数学和英语 3 门课程的成绩并计算总分和平均分。要求成绩用 InputBox 函数输入，输出按格式输出。

将窗体 Form1 的（Name）属性设置为"frmCj"，Caption 属性设置为"数组的输入与输出"，并编写如下程序：

```
Option Explicit
Option Base 1
Private Sub Form_Click()
    Dim cj(5,5) As Single
    Dim i As Integer, j As Integer
    Dim sum As Single, ave As Single, s As String
    FontSize = 16
    FontBold = True
    frmCj. AutoRedraw = True
s = "语文" + Space(4) + "数学" + Space(3) + "英语" + Space(4) + "总分" + Space(4) + "平均分"
    Print s
    Print
    Rem 录入 5 名学生的 3 科成绩。
    For i = 1 To 5
```

```
            For j = 1 To 3
                Select Case j
                    Case 1
                    s = "请输入第" & i & "位的语文成绩:"
                    Case 2
                    s = "请输入第" & i & "位的数学成绩:"
                    Case 3
                    s = "请输入第" & i & "位的英语成绩:"
                End Select
                cj(i, j) = InputBox(s)
            Next j
        Next i
Rem 计算总分和平均分。
        For i = 1 To 5
            sum = 0: ave = 0
            For j = 1 To 3
                sum = sum + cj(i, j)
        Next j
        ave = (Int((sum / 3) * 100))/ 100
        cj(i, 4) = sum
        cj(i, 5) = ave
        Next i
Rem 打印输出成绩数组。
        For i = 1 To 5
            For j = 1 To 5
                Print cj(i, j); Space(3);
            Next j
            Print
            Print
        Next i
End Sub
```

程序运行时的界面如图6.7所示。

4. 数组元素的复制

（1）单个数组元素可以像简单变量一样从一个数组复制到另一个数组。例如：

Dim X(3, 6), Y(9, 9)

……

X(2, 5) = Y(5, 2)

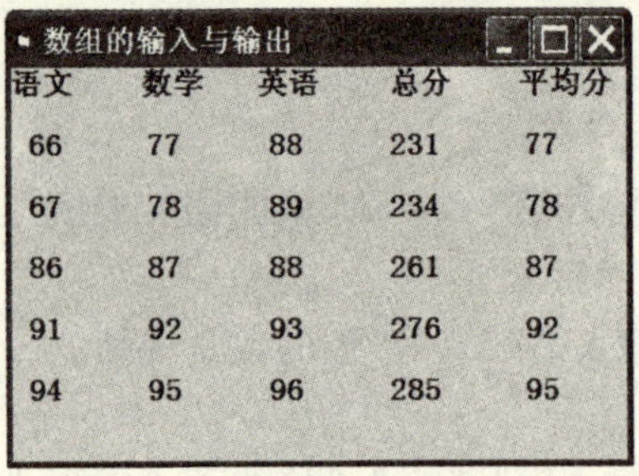

图6.7 数组的输入与输出

（2）一维数组、二维数组中的元素可以相互及交叉复制，例如：

Dim X(10)，Y(9,9)

……

X(5) = Y(3,3)

Y(7,6) = X(6)

（3）对于整个数组的复制，用 For 循环语句。

例6.8 整个数组的复制。

将窗体 Form1 的（Name）属性设置为"frmCopy"，Caption 属性设置为"数组的复制"，并编写如下程序：

```
Option Base 1
Dim Stud1( ), Stud2( )
Private Sub Form_Click( )
    Dim i As Integer, j As Integer
    ReDim Stud1(16), Stud2(16)
    FontSize = 16
    FontBold = True
Rem 给数组 name1 中的元素赋值。
    Stud1(1) = 89：Stud1(2) = 87：Stud1(3) = 82：Stud1(4) = 83
    Stud1(5) = 98：Stud1(6) = 88：Stud1(7) = 92：Stud1(8) = 81
    Stud1(9) = 75：Stud1(10) = 95：Stud1(11) = 96：Stud1(12) = 87
    Stud1(13) = 97：Stud1(14) = 86：Stud1(15) = 85：Stud1(16) = 92
Rem 把数组 name1 中的数据复制到 name2 中，并按4行4列输出。
    For i = 1 To 16
        Stud2(i) = Stud1(i)
        Print Stud2(i);" ";
        If i Mod 4 = 0 Then
            Print：Print：Print
        End If
```

            Next i
    End Sub
程序运行时的界面如图 6.8 所示。

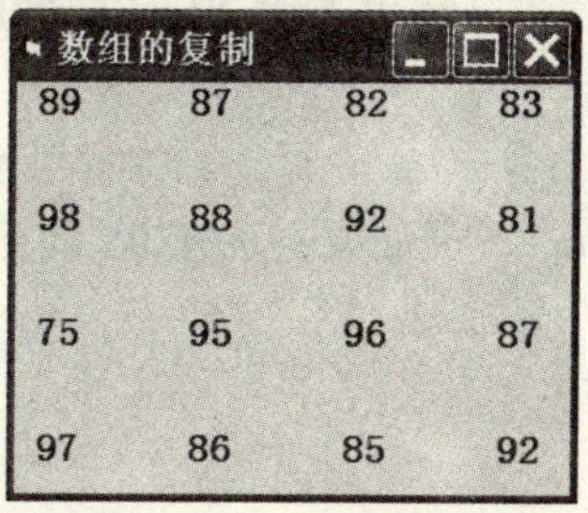

89	87	82	83
98	88	92	81
75	95	96	87
97	86	85	92

图 6.8　整个数组的复制

6.3.2　For Each... Next 语句

For Each... Next 语句类似 For... Next 语句，都可用于循环操作。但 For Each... Next 语句专门用于数组或对象"集合"。一般格式为：

For Each 成员 In 数组名
        循环体
          [**Exit For**]
        循环体
Next [**成员**]

其中：

（1）成员：是一个变体变量，代表的是数组中的每一个元素。

（2）数组：是一个数组名，没有括号和上下界。

（3）数组中有多少个元素，就自动执行循环体语句多少次。不需要提供初值和终值。

（4）不能在 For Each ... Next 语句中使用用户自定义类型数组，因为 Variant 不能包含用户自定义类型。

例 6.9　建立一个一维数组，有 20 个元素，元素的值为 1～100 之间随机抽取的整数，用 For Each... Next 语句输出大于 50 的元素，并求这些元素和，若遇到值大于 95 的元素，则退出循环。

将窗体 Form1 的（Name）属性设置为"frmFor"，Caption 属性设置为"For Each... Next 语句"，并编写如下程序：

```
Option Base 1
Dim A(20)                     '声明一维数组 A，从 1～20 有 20 个元素。
Private Sub Form_Click( )
    frmFor. AutoRedraw = True
    Dim i As Integer, x As Variant, sum As Integer
    For i = 1 To 20 '随机抽取 20 个 1～100 之间的整数赋值给数组 A 中的 20 个元素。
        A(i) = Int( Rnd * 100)
```

```
      Next i
      For Each x In A      'x 为语句中的成员，必须是变体变量。
         If x >50 Then
             Print x;" ";        '输出大于 50 的元素的值。
             sum = sum + x
         End If
         If x >95 Then Exit For      '如果有大于 95 的元素的值，则退出循环。
      Next x
      Print sum       '输出结果。
End Sub
```

程序运行时的界面如图 6.9 所示。

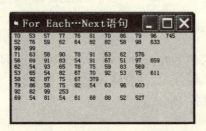

图6.9 输出符合条件的数据

6.4 数组的初始化

数组初始化就是给数组的各元素赋初值。Visual Basic 6.0 提供了 Array 函数，利用该函数，可以使数组在程序运行之前初始化，获得初值。即用 Array 函数为数组元素赋值。其格式为：

数组变量名＝Array（数组元素值）

其中：

（1）数组变量名：是指预先定义的数组名，在数组变量名之后没有括号。它作为变量定义，但作为数组使用，既没有维数，也没有上下界。

（2）数组元素值：是需要赋给数组各元素的值，各值之间用逗号隔开。

例如：

Static Students As Variant

Students = Array(91，93，95，97，99)

把 91，93，95，97，99 赋值给数组 Students 中的各元素。默认情况下，数组下标从 0 开始。如果执行 Option Base 1 语句，则数组下标从 1 开始，即：

默认情况   Option Base 1

Students(0) = 91   Students(1) = 91

Students(1) = 93   Students(2) = 93

Students(2) = 95   Students(3) = 95

Students(3) = 97   Students(4) = 97

· 140 ·

Students(4) = 99   Students(5) = 99

（3）数组变量只能是变体型变量（Variant），不能是其他类型。

（4）Array 函数只适用于一维数组，不能用于二维或多维数组。

例 6.10　用 Array 函数对字符串进行初始化操作。

将窗体 Form1 的（Name）属性设置为"frmArray"，Caption 属性设置为"Array 函数"，并编写如下程序：

```
Option Base 1
Private Sub Form_Click()
    Dim i As Integer
    FontSize = 16
    FontBold = True
    Static Test
    Test = Array("One","Two","Three","Four","Five","Six","Bye - Bye!")
    For i = 1 To 7
        Print "Test(";i;") = ";Test(i)
    Next i
End Sub
```

程序运行时的界面如图 6.10 所示。

图 6.10　数组初始化

例 6.11　测试 Array 函数的操作。

将窗体 Form1 的（Name）属性设置为"frmCheck"，Caption 属性设置为"Array 函数测试"，并编写如下程序：

```
Option Base 1
Private Sub Form_Click()
    Dim i As Integer,MyDate As Variant,MyWeek As Variant
    FontSize = 16
    FontBold = True
    MyWeek = Array("Mon","Tue","Wed","Thu","Fri","Sat","Sun")
    Print Spc(1); MyWeek(2), MyWeek(5)
    MyDate = Array(1, 2, 3, 4, 5, 6)
    For i = 1 To 6
```

```
        Print MyDate(i);
    Next i
End Sub
```
程序运行时的界面如图6.11所示。

图6.11　Array 函数测试

6.5　控件数组

控件数组是一组具有相同名称、类型和事件过程的控件。数组中的每一个控件都有唯一的索引号（Index Number），即下标。同一控件数组中的元素可以设置不同的属性，但它们的 Name 属性必须相同，也就是说，控件数组的名字由 Name 属性指定，而数组中的每一个元素则由 Index 属性指定。

例如：控件 TextBox　　'文本框控件。

其控件数组 Text1 中的 n 个元素可表示为：

Text1(0)，Text1(1)，Text1(2)……Text1(n−1)。

第一个文本框 Text1(0)的 Index(索引)属性值为 0；

第二个文本框 Text1(1)的 Index(索引)属性值为 1；

……

第 n 个文本框 Text1(n−1)的 Index（索引）属性值为 n−1。

并且，Text1(0)，Text1(1)，Text1(2)……Text1(n−1)的属性可以设置成不同的值。

使用控件数组 Text1(0)，Text1(1)，Text1(2)…… Text1(n−1)比直接向窗体添加多个相同类型的控件 Text1，Text2，Text3……Textn 占用的资源少。

6.5.1　在设计时创建控件数组

在设计时有三种方法可以创建控件数组：

（1）将相同的名字赋予数组控件。

例如：在窗体上先建第一个文本框 Text1，然后创建第二个文本框 Text2，在属性窗口中将其名称 Text2 改为 Text1，出现对话框如图6.12所示。

图6.12　创建控件数组

单击"是"按钮,系统自动将第一个文本框的 Index 属性值设为 0,第二个文本框的 Index 属性值设为 1。

(2)复制现有的控件,将其粘贴到窗体上,如图 6.13 所示。

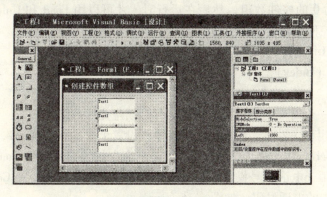

图 6.13 用复制现有控件的方法创建控件数组

(3)将控件的 Index 属性值设置为非 Null 数值(例如设为 1)即可。

例 6.12 一个简单的电话拨号程序。

将窗体 Form1 的 (Name) 属性设置为 "frmTelephone",Caption 属性设置为 "电话拨号程序";在窗体上放置 1 个标签 Label1,其 Caption 属性设置为 "电话号码:";1 个文本框 Text1,其 Text 属性设置为 "空";1 个命令按钮控件数组 Command1 (0) ~ Command1 (9),其相应的 Caption 属性分别设置为 "0 ~ 9";另设 2 个命令按钮 Command2 和 Command3,其 Caption 属性分别设置为 "拨号" 和 "取消"。并编写如下程序:

```
Private Sub Command1_Click(Index As Integer)
    Text1. Text = Text1. Text & Command1 (Index). Caption
End Sub
Private Sub Command2_Click(Index As Integer)
    MsgBox "未连线"
End Sub
Private Sub Command3_Click(Index As Integer)
    Text1. Text = " "
End Sub
```

程序运行时的界面如图 6.14 所示。

图 6.14 电话拨号程序界面

6.5.2 在运行时创建控件数组

在运行时，要创建一个新控件必须是已有控件数组的元素，因此，在设计时，先创建一个 Index 属性为 0 的控件数组，然后在运行时，才可以用 Load 和 Unload 语句添加和删除控件数组中的控件。其格式为：

Load 对象（Index）

Unload 对象（Index）

例 6.13　在一个简单的电话拨号程序运行时创建控件数组。

（1）创建应用程序界面。在窗体 Form1 中，设置 1 个文本框 Text1，用于显示电话号码；1 个标签 Label1，用于标识文本框信息；1 个命令按钮控件数组 Command1（0），只有一个数组元素，用于电话拨号操作。另设 2 个命令按钮 Command2 和 Command3，用于拨号和清除文本框中的电话号码。如图 6.15 所示。

图 6.15　电话拨号界面

（2）设置窗体和控件属性，如表 6.1 所示。

表 6.1 属性设置

控件名称	属性名	属性值
Form1	（名称）	frmTelephone
	Caption	求和器
Label1	Caption	电话拨号程序
Text1	MaxLength	11
	Text	空
Command1	Caption	0
	Index	0
Command2	Caption	拨 号
Command3	Caption	取 消

（3）编写应用程序代码。

Private Sub Command1_Click(Index As Integer)

```
        Text1. Text = Text1. Text & Command1(Index). Caption
End Sub
Private Sub Command2_Click(Index As Integer)
        MsgBox "未连线"
End Sub
Private Sub Command3_Click(Index As Integer)
        Text1. Text = " "
End Sub
Private Sub Form_Load( )
        Dim i As Integer
        For i = 1 To 9
            Load Command1(i)
            Command1(i). Left = Command1(0). Left + 800 * i        '设置第一排(0~4)按
                                                                     钮的水平间距。

            If i > 4 Then
                Command1(i). Top = Command1(0) + 1600               '设置第二排按钮与第一
                                                                     排按钮垂直距离。
                Command1(i). Left = Command1(0). Left + 800 * (i - 5)   '设置第二排
                                                                     按钮的水平
                                                                     间距。

            End If
        Next i
End Sub
Private Sub Form_Activate( )
        Dim i As Integer
        For i = 1 To 9
            Command1(i). Visible = True        '使按钮可见。
            Command1(i). Caption = i           '给按钮的 Caption 编上 0~9 号。
        Next i
End Sub
```

程序运行时的界面如图 6.16 所示。

图 6.16　运行时创建控件数组

例6.14 设计一个算术计算器。

在 Form1 中，设置 1 个文本框 Text1，用于显示数据和计算结果；1 个标签 Label1 用于标识文本框。定义 2 个控件数组 Cmd_Num 和 Cmd_Chr。Cmd_Num(0) ~ Cmd_Num(9) 对应数字 0 ~ 9，Cmd_Num(10) 对应小数点。Cmd_Chr(0) ~ Cmd_Chr(4) 对应加，减，乘，除，取余。另设置 3 个按钮，用于清除文本框中的字符和退出等操作。编写如下程序代码：

```
Option Explicit
Dim Start As Boolean, n As Integer
Dim x As Single, y As Single, s As Single
Private Sub Cmd_Num_Click(Index As Integer)    'Index 参数为控件数组元素的下标。
    If Start Then                              'Start 为真表示新运算开始。
        Text1. Text = " "
        Start = False
    End If
    If Index = 10 Then
        Text1. Text = Text1 & " . "
    Else
        Text1. Text = Text1 & Index
    End If
End Sub
Private Sub Cmd_Chr_Click(Index As Integer)
    x = Val(Text1. Text)
    n = Index
    Text1. Text = " "
End Sub
Private Sub Cmd_Result_Click()
    y = Val(Text1. Text)
    Select Case n
        Case 0
            Text1. Text = CStr(x + y)
        Case 1
            Text1. Text = CStr(x - y)
        Case 2
            Text1. Text = CStr(x * y)
        Case 3
            Text1. Text = CStr(x / y)
        Case 4
            Text1. Text = CStr(x Mod y)
    End Select
```

```
            Start = True
    End Sub
    Private Sub Cmd_cls_Click( )
            Text1. Text = " "
            Text1. SetFocus
    End Sub
    Private Sub cmd_Mr_Click( )
            Text1. Text = CStr( s)
        End Sub
    Private Sub cmd_Plus_Click( )
            s = s + Val( Text1. Text)
    End Sub
    Private Sub cmd_On_Click( )                      '设置计算器开关。
            Text1. Text = " "
            Text1. BackColor = &HFFFFFF
            Text1. SetFocus
    End Sub
    Private Sub Form_Activate( )
            cmd_On. SetFocus
    End Sub
```

程序运行时的界面如图 6.17 所示。

图 6.17　计算器

习　题

6.1　在 Visual Basic 6.0 中，数组的定义是什么？其数组与其他语言中的数组主要区别是什么？

6.2　静态数组与动态数组之间的区别是什么？

6.3　Erase 语句的功能是什么？在静态数组与动态数组中使用 Erase 语句，结果有什么不同？

6.4 从 0 ~ 99 之间随机产生 20 个整数，求出其中的最大数和最小数。

6.5 从 0 ~ 99 之间随机产生 25 个整数，并在窗体上按矩阵的形式输出。

6.6 For Each … Next 语句与 For … Next 语句的异同点是什么？

6.7 Array 函数的功能是什么？使用时有什么限制条件？

6.8 什么是控件数组？创建控件数组的方式有哪几种？

6.9 在窗体上建立一个命令按钮数组，包含有 5 个元素，单击不同的命令按钮，执行不同的操作。

6.10 在窗体上建立一个命令按钮，每单击该命令按钮一次，增加一个新的命令按钮，当按钮总数为 12 个时，结束程序运行。

6.11 编写程序，在窗体上输出一个 6×6 的矩阵，该矩阵对角线元素为 6，其余均为 9。

6.12 从 0 ~ 99 之间随机产生 36 个整数，在窗体上输出一个 6×6 的矩阵，找出最小的元素所在的行和列，输出元素的值、行号和列号。

第 7 章 过 程

Visual Basic 6.0 应用程序是由过程组成的。一个较大的程序一般应分为若干个程序模块，每一个模块用来实现一个特定的功能，这些模块就叫做过程。过程可分为事件过程和通用过程。通用过程又可以分为子程序过程（Sub 过程）和函数过程（Function 过程）。本章主要介绍 Sub 过程、Function 过程、参数传递、对象参数、Sub Main 过程与快速提示窗体以及 Shell 函数等。

7.1 Sub 过程

在 Visual Basic 6.0 中，当某个事件（如：Activate，Change，Click，Load 事件）发生时，对该事件做出响应的程序段就称为事件过程。这种事件过程构成了 Visual Basic 6.0 应用程序的主体。在某些情况下，多个不同的事件都要使用一段相同的程序代码，把这一段程序代码独立出来，作为一个过程，这种过程称为通用过程。通用过程一旦编好并调试成功，就可以供其他事件过程或通用过程多次调用。

7.1.1 Sub 过程的定义

Sub 过程（子程序过程）结构的一般格式为：

[Public | Private] [Static] Sub 子程序名[(参数列表)]
  语句块
  [Exit Sub]
  [语句块]
End Sub

其中：

（1）Sub 和 End Sub：是子程序开始与结束的标志。

（2）Public：表示 Sub 过程是公有的，可以在整个应用程序中的任何地方调用它。

（3）Private：表示 Sub 过程是私有的，只能被本窗体或模块中的其他过程调用。

（4）Static：表示子程序中的局部变量为静态变量，调用结束后保留原值。

（5）子程序名：是一个合法的变量名，不超过 255 个字符。

（6）参数列表：含有在调用时传递给该过程的变量名或数组名，各名字之间用逗号隔开。一般指明参数的类型和个数。其参数的格式为：

[ByVal] 变量名[( )] [As 类型名]

其中：

①变量名：是一个合法的 Visual Basic 6.0 变量名或数组名。对于数组，则要在数组

名后加上一对括号。

②As 类型名：是指变量的类型，如果省略，则默认为 Variant 型。

③ByVal（Passed by Value）表明该参数是按值传递，省略或写成 ByRef（Passed by Reference）时的参数称为"引用"。

（7）Sub 过程不能嵌套，不能用 GoTo 语句进入或转出一个 Sub 过程，只能调用，而且可以嵌套调用。

例如：

```
Sub dzc( x As Integer,ByVal y As Integer)
    x = x + 300
    y = y * 9
    Print x, y
End Sub
```

上面的过程有两个形式参数 x 和 y，第二个参数 y 按值传递。

对于无参数过程，例如：

```
Sub wky( )
    Print "Visual Basic 6.0 程序设计！"
    Print "Hello ！"
End Sub
```

调用时，只写过程名即可。

例 7.1 Sub 过程的定义。

在窗体 Form1 中添加 2 个命令按钮 Command1 和 Command2。将窗体 Form1 的 Caption 属性设置为 "Sub 过程的定义"。Command1 和 Command2 的 Caption 属性分别设置为"Private Static Sub Command1_Click( )"和"Private Sub Command2_Click( )"。编写如下程序代码：

```
Private Static Sub Command1_Click( )        '定义一个 Command1_Click 过程。
    Dim x As Integer
    x = x + 1
    Print Space(10);x;"秒"                   '过程结束后 x 的值保留。
End Sub
Private Sub Command2_Click( )                '定义一个 Command2_Click 过程。
    Dim x As Integer
    x = x + 1
    Print Space(45);x;"秒"                   '过程结束后 x 的值不保留。
End Sub
Private Sub Form_Load( )                     '将窗体设置在屏幕中间。
    Form1. Top = (Screen. Height – Form1. Height)/ 2
    Form1. Left = (Screen. Width – Form1. Width)/ 2
End Sub
```

程序运行时，分别单击 Command1 和 Command2 所得结果如图 7.1 所示。

图 7.1　Sub 过程的定义

结果表明，有 Static 选项，过程结束后 x 的值保留，每单击一次 Command1 按钮 x 的值增加 1(x = x + 1)。无 Static 选项，过程结束后 x 的值为 0，因此每单击一次 Command2 按钮，x 的值始终都为 1(x = x + 1)。

7.1.2　Sub 过程的建立

可以用下列两种方法来建立 Sub 过程：

（1）在代码窗口中，选择"通用和声明"，然后输入 Sub 及子程序名，按回车键，Visual Basic 6.0 自动加上子程序名后的括号（　）和 End Sub，此时即可输入子程序代码，如图 7.2 所示。

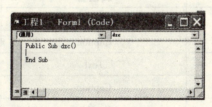

图 7.2　模块代码窗口

（2）进入代码窗口，选择"工具 \ 添加过程"命令，显示"添加过程"对话框，如图 7.3 所示，输入子程序名称，并在"类型"选项中选定"子程序"，在"范围"选项中选定"公有的（Public)"或"私有的（Private)"，单击"确定"按钮，即可输入程序代码。

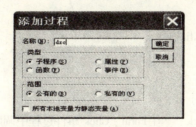

图 7.3　"添加过程"对话框

7.1.3　Sub 过程的调用

Sub 过程（子程序）的调用有两种方法：

1. 使用 Call 语句

其格式为：**Call 子程序名[(参数表列)]**

2. 直接调用

其格式为：**子程序名[参数表列]**

其中：

（1）在调用语句中的参数称为实际参数（简称实参），它可以是变量、常数、数组和表达式。

（2）用 Call 调用时，参数必须在括号内，如果过程本身没有参数时，则实际参数和括号也可省略。

（3）直接调用时，则必须省略实际参数两边的括号。

例如：dzc a, b   '省略实际参数 a, b 两边的括号。

例 7.2　子程序的调用。

（1）创建应用程序界面。在窗体 Form1 中设置 1 个文本框 Text1，2 个命令按钮 Command1 和 Command2。

（2）设置窗体和控件属性，如表 7.1 所示。

表 7.1　属性设置

控件名称	属性名	属性值
Form1	（名称）	frmHello
	Caption	你好！
Text1	Text	空
Command1	Caption	运 行
Command2	Caption	清 除

（3）编写应用程序代码。

```
Private Sub Command1_Click( )
    Text1. Text = "你好!"
End Sub
Private Sub Command2_Click( )
    Text1. Text = " "
End Sub
Private Sub Form_Click( )
    Call Command1_Click    '在 Form_ Click 事件过程中调用 Command1_ Click 事件过程。
End Sub
```

程序运行时，单击窗体所得结果如图 7.4 所示。

图 7.4　子程序的调用

也可以直接调用子程序，如在 Form_Click( ) 事件中，编写如下代码：

```
Private Sub Form_Click( )
        Command1_Click        '在事件过程中直接调用子程序（事件过程）。
End Sub
```

例 7.3　Sub 过程的定义和调用。定义一个计算矩形面积的 Sub 过程，然后调用该过程计算矩形的面积。

将窗体 Form1 的（Name）属性设置为"frmRectangle"，Caption 属性设置为"计算矩形面积"，并编写如下程序：

```
Option Explicit
Dim x As Single，y As Single，s As Single
Sub dzc(x,y)                              '定义子程序 dzc，其中 x，y 为形参。
    s = x * y
    Print
    Print "矩形面积:S = " & CStr(x)& " ×" & CStr(y)& " =" & s & "平方米。"
End Sub
Private Sub Form_Click( )
    Dim A,B
    FontSize = 16
    A = InputBox("长度为(米)：")
    A = Val(A)
    B = InputBox("宽度为(米)：")
    B = Val(B)
    dzc A，B                              '直接调用子程序 dzc。
End Sub
```

程序运行时的界面如图 7.5 所示。

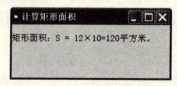

图 7.5　计算矩形面积

7.1.4 通用过程和事件过程

实际上，事件过程也是 Sub 过程，是一种特殊的 Sub 过程。事件过程由控件名、下划线和事件名组成，它由系统指定，用户不能够任意定义。

例如：在例 7.3 中，窗体的单击事件过程为：

Private Sub Form_Click( )　　　　　'在名为 Form_Click 的事件过程中调用通用过程。

　　……

　　dzc A，B　　　　　　　　　'直接调用子程序 dzc。

End Sub

一般来说，事件过程和通用过程可以相互调用，但在大多数情况下，通常是在事件过程中调用通用过程。

7.2　Function 过程

在 Visual Basic 6.0 中，函数分为系统的内部函数和用户自定义的函数两种形式。内部函数是由 Visual Basic 6.0 系统预置的，用户不可以修改，只能调用。在一些问题的处理中，当内部函数不能满足需要时，用户可以考虑自定义函数。

7.2.1 Function 过程的定义

Function 过程定义的格式为：

[**Public|Private**] [**Static**] **Function** 函数名[（参数列表）] [**As** 数据类型]

　　　[语句块]

　　　[函数名 = 表达式]

　　　[**Exit Function**]

　　　[语句块]

End Function

其中：

（1）Function 过程以 Function 开头，以 End Function 结束。

（2）参数：就是函数的自变量（变量或数组），参数通过调用而传递给函数自变量的值，其意义与 Sub 过程相同。

（3）数据类型：是指函数返回值的数据类型（函数的类型就是函数返回值的类型）。缺省时的数据类型为 Variant（变体型数据）。

（4）Function 过程的返回值在格式中的"表达式"中，并通过语句"函数名 = 表达式"把它的值赋给"函数名"。如果省略该语句，则该过程返回一个默认值：数值函数过程返回 0，字符串函数过程返回空字符串。所以，通常"函数名 = 表达式"语句在 Function 过程中是必须的。

（5）Exit Function：用于提前从 Function 过程中退出。

（6）与子程序（Sub）过程一样，Function 过程不能嵌套定义，但可以嵌套调用。

注意：Function 过程与子程序（Sub）过程不同的是：Function 过程产生一个返回值。

子程序（Sub）过程不产生一个返回值。

例7.4 定义一个计算算术平方根的函数。

编写程序代码：

```
Rem 定义一个计算平方根的函数 y。
Public Function y(ByVal x As Double) As Double        'ByVal 表示该参数按值传递。
    If x < 0 Then                                     '判断参数。
      Exit Function                                   '退出调用函数。
    Else
      y = Sqr(x)                                      '返回平方根（函数名 = 表达式）。
    End If
End Function
Rem 在事件过程中调用函数过程。
Private Sub Command1_Click()
    I = InputBox("请输入 X 的值：","输入变量值")
    If I >= 0 Then
      Print I;" 的算术平方根是";y(I);"。"            '调用函数 y。
    Else
      Print I;" 没有算术平方根。"
    End If
End Sub
```

程序运行时的界面如图7.6所示。

图7.6　求算术平方根

例7.5 计算平方根的函数。

编写程序代码：

```
Public Function SquareRoot(ByVal x As Double) As Double    'ByVal 表示该参数按值传递。
    Select Case Sgn(x)                                     'sgn(x)为符号函数。
        Case 1
                SquareRoot = Sqr(x)                        '返回平方根。
        Case 0
                SquareRoot = 0
        Case -1
```

```
            SquareRoot = -1
        End Select
    End Function
    Private Sub Command1_Click( )
        Dim n As Single,s As String
        Dim a As Double,b As Double
        n = InputBox("请输入 n 的值: ","输入变量值")
        s = n & " 的平方根是"
        a = SquareRoot(n)                              '调用 SquareRoot 函数。
        Select Case a
            Case -1
                b = Abs (n)                            '取 n 的绝对值。
                s = s & "一个虚数:" & Sqr(b) & "i"
            Case 0
                s = s & ":" & " 0"
            Case Else
                s = s & ":" & a
        End Select
        MsgBox s                                       '用 MsgBox 语句输出。
    End Sub
```

程序运行时的结果如图 7.7 所示。

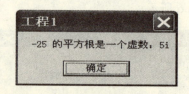

图 7.7 求平方根

7.2.2 Function 过程的调用

函数的调用可以像使用 Visual Basic 6.0 的内部函数一样来调用函数过程。

函数的调用格式为:

函数名([参数列表])

在程序中调用函数,只需给出函数名和相应的参数即可。无参数时,括号不能省略。

例 7.6 定义一个比较大小的函数。

(1) 创建应用程序界面。在窗体 Form1 中设置 1 个文本框 Text1,用于显示运算结果; 1 个标签 Label1,用于标识文本框;1 个命令按钮 Command1,用于控制计算操作。

(2) 设置窗体和控件属性,如表 7.2 所示。

表 7.2 属性设置

控件名称	属性名	属性值
Form1	（名称）	frmCompare
	Caption	比较数的大小
Label1	Caption	结果：
Text1	Text	空
Command1	Caption	开 始

（3）编写应用程序代码。

```
Private Sub Command1_Click( )
    Dim a As Double， b As Double， c As Double
    a = InputBox("输入第一个数值","a 的值")
    b = InputBox("输入第二个数值","b 的值")
    c = FindMax(a,b)
    Text1. Text = Str(a) +" 与" + Str(b) +" 的最大数是" + Str(c) +"。"
End Sub
Public Function FindMax(ByVal x As Double,ByVal y As Double) As Double
    If x >=  y Then
        FindMax = x
    Else
        FindMax = y
    End If
End Function
```

程序运行时的结果如图 7.8 所示。

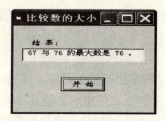

图 7.8 比较数的大小

例 7.7 求两个自然数的最大公约数。

将窗体 Form1 的（Name）属性设置为"frmDivisor"，Caption 属性设置为"最大公约数"，并编写如下程序：

```
Private Function Divisor(ByVal x As Integer， ByVal y As Integer)
    Dim k As Integer
    k = x Mod y
```

```
        Do While k <> 0
            x = y
            y = k
            k = x Mod y
        Loop
        Divisor = y
End Function
Private Sub Form_Click( )
        Dim M As Integer, N As Integer, D As Integer
        N = InputBox("请输入 N")
        M = InputBox("请输入 M")
        D = Divisor(N,M)
        Print N; "和";M;"的最大公约数是";D
End Sub
```

程序运行时的结果如图 7.9 所示。

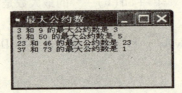

图 7.9　求最大公约数

7.3　参数传递

　　参数传递是过程调用的一个重要环节，在调用一个过程时，把实际参数传递给形式参数，完成形式参数与实际参数的结合，用实际参数执行调用的过程。

7.3.1　形参和实参

　　形参是定义 Sub、Function 过程中出现的变量名。实参则是在调用 Sub 或 Function 过程时传送给 Sub 或 Function 过程的常数、变量、表达式或数组。在 Visual Basic 6.0 中，过程的调用必须实现形参与实参的结合，可以分为按位置结合和指名结合两种方式：

　　1. 按位置结合

　　按位置结合要求实参的次序必须与形参的次序相匹配。其参数传递关系如图 7.10 所示：

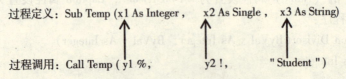

图 7.10　实际参数与形式参数的次序相匹配

在参数传递时，形参和实参表中对应的变量名字可以不同，但它们所包含的参数个数必须相同，实参与相应的形参的类型必须相同。在形参中只能使用变长字符串，不能使用定长字符串，但定长字符串可以作为实参传递给形参。形参表中的变量可以是除定长字符串之外的合法变量名，对于数组名，其后面必须跟括号。实参可以是常数、表达式、合法的变量名或数组名（）。

2. 指名结合

指名结合是指参数传递时指定与形参结合的实参，把形参与要指定实参用"：="连接起来。在这种情况下，参数传递方式与位置次序无关。

例7.8　演示实参与形参按位置结合和按指名结合的两种方式。

（1）创建应用程序界面。在窗体 Form1 中设置2个命令按钮 Command1 和 Command2。

（2）设置窗体和控件属性，如表7.3 所示。

表7.3　属性设置

控件名称	属性名	属性值
Form1	（名称）	frmTransfer
	Caption	实参与形参的结合方式
Command1	Caption	按位置结合
Command2	Caption	按指名结合

（3）编写应用程序代码。

```
Option Explicit
Dim c As Integer
Sub Temp( x As Integer , y As Integer , z As Integer)
    c = (x + y) * z
End Sub
    Private Sub Command1_Click( )
    FontSize = 16
    FontBold = True
    Temp 3 , 6 , 9                          '按位置结合方式。
    Print "按位置结合方式得：" ; c
End Sub
Private Sub Command2_Click( )
    FontSize = 16
    FontBold = True
    Temp x：=6,y：=9,z：=3                    '按指名结合方式。
    Print "按指名结合方式得：" ; c
End Sub
```

程序运行时的结果如图 7.11 所示。

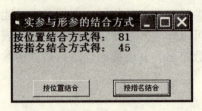

图 7.11　实参与形参的结合方式

7.3.2　参数按值传递

参数按值传递（Passed By Value）时在形参前使用 ByVal 关键字，Visual Basic 6.0 给传递的形参分配一个临时的内存单元，将实参的值复制到这个临时的内存单元去。这样一来，形参和实参不公用同一个内存单元地址，因此，在通用过程的调用中，如果通用过程的操作修改了（形参）参数的值，不会修改实参的值。也就是说，在调用通用过程中，以参数按值传递的方式，只会改变（形参）临时的内存单元的值，而不会改变实参的值。

例 7.9　参数按值传递。在通用过程 Test 中，使用 ByVal 关键字实现参数按值传递，然后在窗体事件过程中调用该通用过程，并将结果输出在窗体上。

将窗体 Form1 的（Name）属性设置为 "frmTest"，Caption 属性设置为 "参数按值传递"，并编写如下程序：

```
Sub Test(ByVal x As Integer, ByVal y As Integer)      '参数按值传递。
    x = x + 300
    y = y * 30
    Print "x = "; x, "y = "; y
End Sub
Private Sub Form_Click()
    Dim a As Integer, b As Integer
    FontSize = 16
    a = 6: b = 9                                       'a, b 为实参。
    Test a, b                                          '调用通用过程 Test。
    Print "a = "; a, "b = "; b                         '调用通用过程后，实参的值不改变。
End Sub
```

程序运行时的结果如图 7.12 所示。

图 7.12　参数按值传递

例 7. 10   以参数按值传递，用函数过程编程求 a，b 两数中较大的数。

将窗体 Form1 的（Name）属性设置为"frmMax"，Caption 属性设置为"求较大数"，并编写如下程序：

```
Private Function FindMax( ByVal x As Integer, ByVal y As Integer) '参数按值传递。
    Dim z As Integer
    If x < y Then
        z = x: x = y: y = z
    End If
    FindMax = x
    Print "形参："; "x = "; x, "y = "; y
End Function
Private Sub Form_Click( )
    Dim a As Integer, b As Integer, M As Integer
    FontSize = 16
    FontBold = True
    a = InputBox("请输入数 a 的值：")
    b = InputBox("请输入数 b 的值：")
    M = FindMax( a, b)
    Print "实参："; "a = "; a, "b = "; b
    Print a; "与"; b; "较大的数是："; M
End Sub
```

程序运行时的结果如图 7. 13 所示。

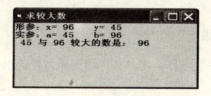

图 7. 13   求 a，b 两数中较大的数

可见，当参数按值传递时，只会改变（形参）临时的内存单元的值，而不会改变实参的值。

7. 3. 3   参数按地址传递

参数按地址传递习惯上又称为"引用"。即在定义过程时，没有 ByVal 关键字，默认的是按地址传递参数。当参数按地址传递时，在通用过程的调用中，是把实参的内存地址传送给形参，因此，实参的地址与形参的地址是相同的，即实参和形参公用同一个内存单元。如果通用过程的操作修改了形参的值，同时也会修改实参的值，形参和实参的值相同。

例7.11 将例7.10改为参数按地址传递，用函数过程编程求 a, b 两数中较大的数。

应用程序改为：

```
Private Function FindMax( x As Integer , y As Integer )        '参数按地址传递。
    ……
End Function
Private Sub Form_Click( )
    Dim a As Integer, b As Integer, M As Integer
    FontSize = 16
    FontBold = True
    a = InputBox( "请输入数 a 的值：" )
    b = InputBox( "请输入数 b 的值：" )
    M = FindMax ( a, b )
    Print "实参:";"a = "; a,"b = "; b
    Print a;"与"; b;"较大的数是："; M
End Sub
```

程序运行时的结果如图 7.14 所示，形参和实参的值相同。

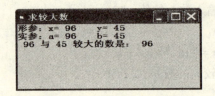

图 7.14 参数按地址传递

7.3.4 数组参数的传递

Visual Basic 6.0 允许把数组作为实参传递给通用过程的形参。

例如：定义如下过程：

```
Sub Temp( x( ),y( ) )        '通用过程名为 Temp，两个形参为数组 x( ) 和 y( )。
    ……
End Sub
```

可以用下面的语句调用该通用过程：

```
Call Temp( a( ), b( ) )
```

把实参数组 a( ) 和 b( ) 传递给通用过程中的形参数组 x( ) 和 y( )。

当用数组作为过程的参数时，在调用过程中，与形参数组对应的实参也必须是数组，并且其数据类型也一致，它们是按地址传递的，因此，形参数组和实参数组共用同一段内存单元。

例7.12 将整个数组传递给通用过程。

将窗体 Form1 的（Name）属性设置为"frmArray"，Caption 属性设置为"数组传递"，并编写如下程序：

```
Option Explicit
Dim a( )As Integer,i As Integer
Sub ArrayVal( Min As Integer, Max As Integer,x( )As Integer)    '参数按地址传递。
    For i = Min To Max                                       '为数组的元素赋值。
        x(i) = i ^ 3                                        'x(i)为 i 的三次方。
    Next i
End Sub
Sub ArrayPrt( Min As Integer,Max As Integer, x( )As Integer)     '参数按地址传递。
    For i = Min To Max                          '每行输出数组的一个元素值。
        Print i;"三次方为：";x(i)
    Next i
End Sub
Private Sub Form_Click( )
    FontSize = 16                              '设置字体为 16 号。
    ReDim a(1 To 9)As Integer                 '重新定义数组 a，有 9（i = 1～9）个元素。
    ArrayVal 1, 9, a( )                        '调用 ArrayVal 过程，完成数组的传递。
    ArrayPrt 1, 9, a( )                        '调用 ArrayPrt 过程后，输出数组的元素。
End Sub
```

程序运行时的结果如图 7.15 所示。

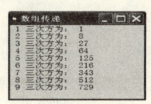

图 7.15　数组传递

7.4　可选参数和可变参数

在 Visual Basic 6.0 中，调用通用过程时，可以向过程传递可选的参数和可变的参数。

7.4.1　可选参数

在 Visual Basic 6.0 的应用程序中，如果一个通用过程有 3 个形参，可以指定 1 个或多个参数作为可选参数，调用时，可以给它传递 2 个参数，也可以给它传递 3 个参数。定义时，在可选参数前使用 Optional 关键字，并且可以在通用过程中，用 IsMissing 函数来检测调用时是否传递可选参数。

IsMissing 函数有一个参数（可选形参名字），调用过程时，如果没有向可选参数传递的实参，则 IsMissing 函数返回值为 True，否则返回值为 False。

例 7.13 演示可选参数。

（1）创建应用程序界面。在窗体 Form1 中设置 2 个文本框 Text1，用于显示运算结果；1 个标签 Label1，用于标识文本框；2 个命令按钮 Command1 和 Command1，用于控制计算操作。

（2）设置窗体和控件属性，如表 7.4 所示。

表 7.4 属性设置

控件名称	属性名	属性值
Form1	（名称）	frmOptional
	Caption	可选参数
Label1	Caption	输出结果：
Text1	Text	空
Text2	Text	空
Command1	Caption	传递 2 个参数
Command2	Caption	传递 3 个参数

（3）编写应用程序代码。

```
Sub Test(x As Integer, y As Integer, Optional z)
    Dim n As Integer
    n = x ^ 2 + y ^ 2
    If Not IsMissing(z) Then          '如果有向可选参数传递的实参，则
        n = n + z ^ 2                 '再加第三个参数的平方。
        Text2. Text = CStr(n)         '在 Text2 中显示结果。
    Else
        Text1. Text = CStr(n)         '在 Text1 中显示结果。
    End If
End Sub
Private Sub Command1_Click()
    Test 3, 6                         '只有 2 个实际参数。
End Sub
Private Sub Command2_Click()
    Test 3, 6, 9                      '有 3 个实际参数。
End Sub
```

程序运行时的结果如图 7.16 所示。

图 7.16　可选参数

7.4.2　可变参数

可变参数过程通过 ParamArray 命令来定义，一般格式为：

Sub 过程名（ParamArray 数组名）

其中：数组名是一个形参，只有名字，没有上下界，其类型默认为 Variant。

例 7.14　调用可变参数过程，计算 1 到 9 的平方和。

在窗体 Form1 中设置 1 个命令按钮 Command1。将窗体 Form1 的（Name）属性设置为"frmChange"，Caption 属性设置为"可变参数"。命令按钮 Command1 的（Name）属性设置为"cmdOption"，Caption 属性设置为"传递多个参数"。并编写如下程序：

```
Sub ChangeNum(ParamArray Numbers())
    Dim s, x
    FontSize = 20
    FontBold = True
    s = 0
    For Each x In Numbers
        s = s + x ^ 2
    Next x
    Print Spc(5); s
End Sub
Private Sub cmdOption_Click()
    ChangeNum 1, 2, 3, 4, 5, 6, 7, 8, 9
End Sub
```

程序运行时的结果如图 7.17 所示。

图 7.17　计算 1 到 9 的平方和

7.5 对象参数

在 Visual Basic 6.0 中，对象也可以作为参数，即将窗体和控件作为通用过程的形式参数。用对象作为参数的格式为：

Sub 过程名（形参表）

    语句块

    [**Exit Sub**]

    ……

End Sub

"形参表"中形参的类型通常为 Control（控件）或 Form（窗体）。

对象的传递只能是按地址传递。因此，在定义通用过程时，不能在对象参数前加关键字 ByVal。

例 7.15 建立 4 个窗体，通过通用过程把这 4 个窗体的位置、大小都调整为相同。首先显示 Form1，单击 Form1，Form1 隐藏，Form2 显示，单击 Form2，Form2 隐藏，Form3 显示…

创建 4 个窗体 Form1～Form4，其 Caption 属性均设置为"窗体参数"，在每一个窗体上均设置 1 个标签 Label1，它们的 Caption 属性分别设置为"这是第一个窗体"、"这是第二个窗体"、"这是第三个窗体"和"这是第四个窗体"。

双击 Form1 窗体，编写如下程序：

```
Sub FormSet(FormNum As Form)          '定义一个通用过程。
    FormNum. Left = 3000              '设置窗体的位置和大小。
    FormNum. Top = 3000
    FormNum. Width = 6000
    FormNum. Height = 4500
End Sub
Private Sub Form_Load( )             '调用通用过程。
    FormSet Form1                     '将对象参数（实参）传递给形参。
    FormSet Form2
    FormSet Form3
    FormSet Form4
End Sub
Private Sub Form_Click( )
    Form1. Hide
    Form2. Show
End Sub
```

双击 Form2 窗体，编写如下程序：

```
Private Sub Form_Click( )
```

```
        Form2. Hide
        Form3. Show
End Sub
```

双击 Form3 窗体，编写如下程序：

```
Private Sub Form_Click( )
        Form3. Hide
        Form4. Show
End Sub
```

双击 Form4 窗体，编写如下程序：

```
Private Sub Form_Click( )
        Form4. Hide
        Form1. Show
End Sub
```

程序运行时，单击 Form1，Form1 隐藏，Form2 显示，单击 Form2，Form2 隐藏，Form3 显示…并且所显示的 4 个窗体出现的位置和大小均相同。

例7.16 在通用过程中设置字体属性，并调用该过程的显示指定的信息。

（1）创建应用程序界面。在窗体 Form1 中设置 2 个文本框 Text1，用于演示程序运行结果。

（2）设置窗体和控件属性，如表7.5 所示。

表7.5 属性设置

控件名称	属性名	属性值
Form1	（名称）	frmControl
	Caption	控件参数
Text1	Text	空
Text2	Text	空

（3）编写应用程序代码。

```
Sub Test （Ctrl1 As Control，Ctrl2 As Control）
        Ctrl1. FontName = "楷体_GB2312"
        Ctrl1. FontSize = 16
        Ctrl1. FontItalic = True
        Ctrl1. FontBold = True
        Ctrl1. FontUnderline = True

        Ctrl2. FontName = "仿宋_GB2312"
```

```
    Ctrl2. FontSize = 16
    Ctrl2. FontBold = True
End Sub
Private Sub Form_Load( )
    Text1. Text = "欢迎使用"
    Text2. Text = "Visual Basic 6.0 程序设计!"
End Sub
Private Sub Form_Click( )
    Test Text1 , Text2
End Sub
```
程序运行时，单击窗体所显示的结果如图 7.18 所示。

图 7.18 控件参数

例 7.17 创建一个学生管理系统。

建 2 个窗体 frmFirst 和 frmSecond。在 frmFirst 窗体中，添加包含 3 个元素的按钮数组 cmdStudent 和 3 个元素的标签数组 labStudent。在 frmSecond 窗体中，添加 1 个标签 label1 和 1 个按钮 Command1，用于显示信息和返回到 frmFirst 窗体。单击 frmFirst 中的不同按钮，进入 frmSecond 窗体，显示不同的标题和内容。FrmSecond 窗体的标题和标签内容是通过通用过程参数传递的。

双击窗体 frmFirst，编写如下程序：

```
Rem 传递窗体参数。
Private Sub frmSet( F As Form, cmdCap As String)
    F. Caption = cmdCap & "信息管理库"
End Sub
Rem 传递标签参数。
Private Sub labSet( L As Label, cmdCap As String)
    L. Caption = "欢迎进入" & Chr(13) & cmdCap & "管理信息库!"
    L. FontSize = 16
    L. FontBold = True
    L. Visible = True
    frmSecond. Show
    frmFirst. Hide
End Sub
```

· 168 ·

Rem 调用通用过程。
```
Private Sub cmdStudent_Click(Index As Integer)
    frmSet frmSecond,cmdStudent(Index).Caption
    labSet frmSecond.Label1,cmdStudent(Index).Caption
End Sub
```
双击窗体 frmSecond，编写如下程序：
```
Private Sub Command1_Click()
    frmSecond.Hide
    frmFirst.Show
End Sub
```
程序运行时的界面如图 7.19 所示，单击"正式学生"按钮显示的界面如图 7.20 所示。

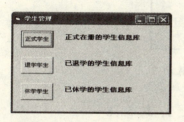

图 7.19　学生管理系统界面

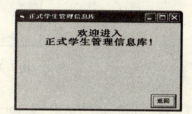

图 7.20　正式学生管理信息库

7.6　递　归

递归过程是指在过程中直接或间接地调用过程本身，用于阶乘、级数、幂指数运算等方面特别有效。在递归过程中，必须用 If 语句来控制终止的条件（称为边界条件），若无边界条件，则是一个无穷递归过程。

例 7.18　用递归的方法计算 $n!$，即 $6! = 5! * 6, 5! = 4! * 5, 4! = 3! * 4 \cdots\cdots$

将窗体 Form1 的（Name）属性设置为"frmFactorial"，Caption 属性设置为"用递归的方法计算 $n!$"，并编写如下程序：
```
Private Function Factorial(i As Integer) As Long
    If i =0 Or i =1 Then
        Factorial =1
    Else
        Factorial = Factorial(i –1) * i
    End If
End Function
Private Sub Form_Click()
```

```
    Dim n As Long, a As Integer
    FontSize = 16
    FontBold = True
    a = InputBox("请输入一个正整数 a:")
    a = Val(a)
    n = Factorial((a))
    Print Spc(8); a; "! = "; n
End Sub
```

程序运行时的界面如图7.21所示。

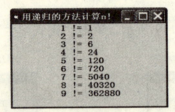

图7.21　用递归法计算 n!

例7.19　用递归的方法求 Fibonacci 数列：1，1，2，3，5，8……

Fibonacci 数列满足：$F_1 = 1$，$F_2 = 1$，$F_3 = F_1 + F_2 \cdots F = F_{n-1} + F_{n-2}$。

显然有：$F(n) = F(n-1) + F(n-2)$，$F(n-1) = F(n-2) + F(n-3) \cdots F(2) = 1$，$F(1) = 1$。

将窗体 Form1 的（Name）属性设置为"frmFibonacci"，Caption 属性设置为"用递归法求 Fibonacci 数列"。编写如下程序：

```
Private Function F(i As Integer) As Double
    If i = 1 Or i = 2 Then
        F = 1
    Else
        F = F(i-1) + F(i-2)
    End If
End Function
Private Sub Form_Click()
    Dim n As Integer, m As Double, j As Integer
    FontSize = 12
    FontBold = True
    n = InputBox("请输入数列的项数:")
    n = Val(n)
    For j = 1 To n
        m = F((j))
        Print m; "      ";
```

```
      If j Mod 5 = 0 And j <> 0 Then
            Print：Print：Print
         End If
      Next j
End Sub
```

程序运行时的结果如图 7.22 所示。

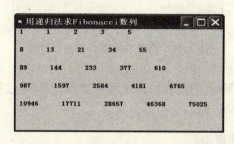

图 7.22　用递归法求 Fibonacci 数列

7.7　Sub Main 过程与快速提示窗体

7.7.1　通过 Sub Main 过程启动应用程序

当一个应用程序中含有多个窗体，要求在显示多个窗体之前对一些条件进行初始化，这时就需要在启动程序时执行一个特定的过程。在 Visual Basic 6.0 中称此为启动过程，并命名为 Sub Main 过程。

Sub Main 过程必须在标准模块窗口中建立。其方法为：执行"工程 \ 添加模块"命令，打开标准模块窗口，并键入 Sub Main，按回车，将显示 Sub Main 过程的开头和结束语句。可在其中输入程序代码，如图 7.23 所示。

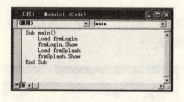

图 7.23　设置 Sub Main 过程

Sub Main 过程不能自动被识别为启动过程，必须通过设置指定它为启动过程，其设置方法为：选择"工程 \ 工程属性"命令，选中"通用"选项卡，在"启动对象"框中选定 Sub Main，如图 7.24 所示。

图 7.24 设置 Sub Main 为启动过程

每个工程只能有一个 Sub Main 的过程，当工程中含 Sub Main 过程时，应用程序装载窗体之前，总是先执行 Sub Main 过程。

7.7.2 启动时的快速显示

通常应用程序在启动时有一个较长的过程，可以在这段时间内给出一个快速显示窗体，在该窗体上显示出应用程序名、版权信息和简单的位图等内容。

创建快速显示窗体的方法为：

（1）选择"工程\添加窗体"命令，出现如图 7.25 所示的对话框。

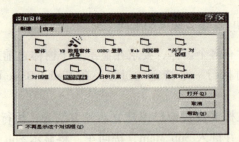

图 7.25 "添加窗体"对话框

（2）选择"展示屏幕"图标，单击"打开"按钮，显示"快速显示窗体"的框架：frmSplash 窗体如图 7.26 所示。

图 7.26 frmSplash 窗体

在此窗体上可以添加公司名称、版本号以及产品名字等，如图 7.27 所示。

图 7.27　快速显示窗体

7.7.3　在程序中添加密码对话框

添加密码对话框的方法为：

（1）选择"工程 \ 添加窗体"命令，出现如图 7.28 所示的对话框。

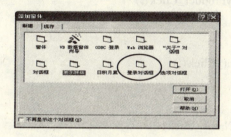

图 7.28　添加密码对话框的方法

（2）选择"登录对话框"图标，单击"打开"按钮，即可显示登录对话框：frmLogin 窗体，如图 7.29 所示。

图 7.29　frmLogin 窗体

重新设置属性值并编写代码后，即可以使用该对话框。

例 7.20　演示 Sub Main 过程、快速提示窗体（也称封面）和密码对话框的应用。

（1）在标准模块窗口中，建立 Sub Main 过程，设置它为启动过程，并编写程序：

Sub main( )
　　Load frmLogin
　　frmLogin. Show
　　Load frmSplash

```
    frmSplash. Show
End Sub
```

(2) 创建快速显示窗体 frmSplash，编写程序：

```
Private Sub Form_KeyPress(KeyAscii As Integer)
    Unload Me
End Sub
Private Sub Frame1_Click( )
    Unload Me
End Sub
Private Sub imgLogo_Click( )
    Unload Me
End Sub
Private Sub lblCompanyProduct_Click( )
    Unload Me
End Sub
Private Sub lblCopyright_Click( )
    Unload Me
End Sub
Private Sub lblProductName_Click( )
    Unload Me
End Sub
Private Sub lblVersion_Click( )
    Unload Me
End Sub
```

(3) 创建登录对话框 frmLogin 窗体，编写程序：

```
Option Explicit
Public LoginSucceeded As Boolean
Rem 设置全局变量为 False，不提示失败的登录。
Private Sub cmdCancel_Click( )
    LoginSucceeded = False
    Me. Hide
End Sub
Rem 检查正确的用户名和密码。
Private Sub cmdOK_Click( )
    If txtUserName = "DZC" Then
        If txtPassword = "123456" Then
            Me. Hide
            Load Form1
            Form1. Show
```

```
        Else
            MsgBox "无效的密码,请重试!",,"登录"
            txtPassword. Text = " "
            txtPassword. SetFocus
        End If
    Else
        MsgBox "无效用户名,请重试!",,"登录"
            txtUserName. Text = " "
            txtUserName. SetFocus
        End If
    End Sub
```

7.8　Shell 函数

在 Visual Basic 6.0 中，不仅可以调用过程，而且可以调用各种应用程序。凡是能在 Windows 下运行的应用程序，基本上都可以在 Visual Basic 6.0 中调用。这一功能可以通过 Shell 函数来实现，其格式为：

Shell (命令字符串[,窗口类型])

其中：

（1）命令字符串：是要调用的应用程序的路径和文件名，它必须是可执行文件，其扩展名为 .COM、.EXE、.BAT 和 .PIF，其他的文件不能用 Shell 函数来调用。

（2）窗口类型：是指调用应用程序时，该应用程序显示出的窗口的大小。共有 6 种选择，如表 7.6 所示。

表 7.6　"窗口类型"及取值

值	窗 口 类 型
0	窗口被隐藏，焦点移到隐式窗口。
1	窗口具有焦点，并还原到原来的大小和位置。
2	窗口会以一个具有焦点的图标来显示。
3	窗口是一个具有焦点的最大化窗口。
4	窗口被还原到最近使用的大小和位置，而当前活动的窗口仍然保持活动。
6	窗口以一个图标来显示，而当前活动的窗口仍然保持活动。

Shell 函数调用某个应用程序并成功执行后，返回一个任务标识（Task ID），它是执行程序的唯一标识。例如：

x = Shell("c:\Program Files \ Microsoft Office \ Office \ Winword. exe", 1)

该语句调用"Word for Windows"，并把 ID 返回给 x。

注意：如果写成：

Shell("d:\Program Files\Microsoft Office\Office\Winword. exe"，1)

则是非法的，必须加上"x ="（也可以用其他变量名代替 x）。

又例如：用下列语句可以调用 Excel 电子表格：

x = Shell("c:\Program Files\Microsoft Office\Office\Excel. exe",1)

例 7.21 用 Shell 函数调用应用程序。

（1）创建应用程序界面。在窗体 Form1 中设置 1 个列表框 List1，用于选择调用的项目；1 个标签 Label1；用于标识列表框；1 个命令按钮 Command1，用于执行调用程序操作。

（2）设置窗体和控件属性，如表 7.7 所示。

表 7.7 属性设置

控件名称	属性名	属性值
Form1	（名称）	frmShell
	Caption	Shell 函数
Label1	Caption	应用程序列表：
	BackColor	&H00C0C0C0&
List1	List	画图 计算器 写字板 Word Excel PowerPoint
Command1	（名称）	cmdGo
	Caption	运 行
	Style	1 – Graphical

（3）编写应用程序代码。

```
Private Sub cmdGo_Click()                'Command1 的名称已改为 cmdGo。
    Select Case List1. Text    'List1. Text 作为变量，即把列表框中的列表项作为变量。
    Case "画图"                              '当 List1. Text 为"画图"时。
        x = Shell("mspaint. exe"，1)        '打开 mspaint. exe 应用程序并调入窗口。
    Case "写字板"                            '当 List1. Text 为"写字板"时。
        x = Shell("Write. exe"，1)          '打开 Write. exe，调入窗口。
    Case "计算器"                            '当 List1. Text 为"计算器"时。
        x = Shell("Calc. exe"，1)           '打开 Calc. exe，调入窗口。
```

```
        Case "Word"
          x = Shell("c:\Program Files\Microsoft Office\Office11\Winword. exe", 1)    '调 Word。
        Case "Excel"
          x = Shell("c:\Program Files\Microsoft Office\Office11\Excel. exe", 1)       '调 Excel。
        Case "PowerPoint"
          x = Shell("c:\Program Files\Microsoft Office\Office11\Powerpnt. exe", 1)
     End Select
End Sub
```
程序运行时的界面如图 7.30 所示。

图 7.30   Shell 函数

习　题

7.1　Visual Basic 6.0 中的过程分为哪几种类型？什么是通用过程？

7.2　Sub 过程的建立有哪几种方法？如何调用 Sub 过程？

7.3　怎样定义 Function 过程？如何调用 Function 过程

7.4　Sub 过程和 Function 过程的主要区别是什么？其调用方式有何不同？

7.5　形参和实参有哪几种结合方式？有什么不同？

7.6　参数按值传递与按地址传递的区别是什么？

7.7　用数组作为过程的参数时，在调用过程中，是按什么方式传递？

7.8　用什么函数可以检测调用时是否传递可选参数？

7.9　如何定义可变参数过程？

7.10　递归过程的含义是什么？主要用在哪些方面？

7.11　用递归的方法求 Fibonacci 数列前 n 项的和。

7.12　编写一个求最大数和最小数的过程，求 7 个随机数中最大数和最小数的值。

7.13　如何建立 Sub Main 过程？怎样将其设为启动过程？

7.14　创建快速显示窗体的方法是什么？

7.15　怎样在程序中添加密码对话框？

7.16　Shell 函数可以调用的应用程序有哪些类型？

第8章 常用标准控件

Visual Basic 6.0 中控件分为：内部控件、Active X 控件和可插入对象三类。内部控件又称为常用标准控件，显示在工具箱中，不能删除。Active X 控件和可插入对象在使用前必须添加到工具箱中，才能够放置在窗体上。

启动 Visual Basic 6.0 后，在工具箱中显示 20 个常用的标准控件。它们是构成用户界面的基本元素。在本章中，我们仅介绍这些控件的常用属性和方法，更多的内容和信息，请查阅 Visual Basic 6.0 的帮助系统和有关的手册。

8.1 标 签

1. 标签（Label）的功能 **A**

标签通常用于在窗体上进行文字说明，标识其他控件。即常用来标注本身不具有Caption 属性的控件，例如：用标签为文本框、列表框、组合框等控件附加描述性信息。

2. 常用属性

标签的常用属性如表 8.1 所示。

表 8.1 标签的常用属性

属 性	属性值及说明
Caption	在标签中显示的内容，不超过 1024 个字符。
Alignment	标签中文本的对齐方式： 0——Left Justify 左对齐（默认）。 1——Right Justify 右对齐。 2——Center 居中。
AutoSize	True：根据文本自动调整标签的大小。 False：标签大小不能改变，超长的文本被截去（默认）。
BorderStyle	用于设置边界样式： 0——None 为无边界（默认）。 1——Fixed Single 有宽度为 1 的单线边框。
BackStyle	如果设置为：0 则标签为"透明"的。 1 则标签覆盖背景（默认）。

3. 方法

标签的常用方法有：Refresh 方法：刷新标签的内容；Move 方法：移动标签。

例 8.1 演示标签的 Alignment、BorderStyle 和 AutoSize 属性。

如图 8.1 所示，窗体上前 3 个标签 Alignment 属性分别设置为 0，1，2。所有标签的 BorderStyle 属性设为 1。第 4 个标签的 AutoSize 属性设为 True。

图 8.1　标签的常用属性

8.2　文本框

1. 文本框（TextBox）的功能 [abl]

文本框既可以用来接受用户输入的信息，又可以显示系统提供的文本信息，是一个文本编辑区，在设计阶段和运行期间都可以在这个区域中输入、编辑和显示文本。

2. 文本框的常用属性

文本框的常用属性如表 8.2 所示。

表 8.2　文本框的常用属性

属　　性	属性值及说明
Text	在文本框中显示的内容。
MaxLength	设置允许在文本框中输入的最大字符数，可用于设置口令长度。
PasswordChar	用于口令输入，默认值为空字符。如果将该属性设置为一个字符，例如星号（＊），则在文本框中键入字符时，显示的不是键入的字符，而是被设置的字符（如星号＊），但文本框中的实际内容仍然是键入的文本，只是不被显示出来。
MultiLine	True：可输入多行文本（在 Text 属性中，输入文本，文本长度超过 2048 个字符时自动换行，也可以用 Ctrl＋Enter 键回车换行）。 False：只能输入一行文本，最多为 2048 个字符，不换行（默认）。
Alignment	文本框中文本的对齐方式。
ScrollBars	用于设置是否含有滚动条（只有当 MultiLine 属性为 True 时有效）： 0——None　为不含滚动条（默认）。1——Horizontal　为水平滚动条。 2——Vertical　为垂直滚动条。3——Both　为水平和垂直滚动条。
Locked	False：可以编辑文本（默认）。 True：为锁定，程序运行时，不能编辑文本框中的文本。

续 表

属 性	属性值及说明
SelLength	该属性的值为当前选中的字符数。如果其值为 0，表明未选中任何字符。
SelStart	该属性定义当前选择文本的位置：0 表示选择的开始位置在第一个字符之前；1 表示选择的开始位置在第二个字符之前依此类推。
SelText	该属性含有当前所选择的文本字符串。如果没有选择文本，则该属性含有一个空字符串，如果在程序中设置 SelText 属性，则用该值代替文本框中选中的文本。 例如：设文本框中有下列文本： Microsoft Visual Basic Programming 并选择了"Basic"，则执行语句 Text1. SelText = "C^{++}" 后，文本框中的文本变为： Microsoft Visual C^{++} Programming 此时，SelLength 的值随之改变，SelStartd 的值不变。

说明：SelLength、SelStart 和 SelText 三个属性只能在程序代码中设置。

例 8.2　创建一个登录界面。运行时要求输入姓名和密码，在 2 个文本框中分别输入"Dzcheng"和"6712958"，即可以进入系统。

（1）创建应用程序界面。在窗体 Form1 中设置 2 个文本框 Text1 和 Text2，用于输入姓名和密码；2 个标签 Label1 和 Label2，用于标识文本框；2 个命令按钮 Command1 和 Command2，用于控制操作。

（2）设置窗体和控件属性，如表 8.3 所示。

表 8.3　属性设置

控件名称	属性名	属性值
Form1	（名称）	frmEnter
	Caption	登录
Label1	Caption	用户名：
Label2	Caption	口 令：
Text1	（名称）	txtName
	Text	空
Text2	（名称）	txtPassword
	PasswordChar	*
	Text	空
Command1	（名称）	cmdOk
	Caption	确 定

控件名称	属性名	属性值
Command2	（名称）	cmdExit
	Caption	退 出

（3）编写应用程序代码。

```
Private Sub cmdOk_Click( )
    If txtName = " Dzcheng" And txtPassword = "6712958" Then
        MsgBox " 您好，欢迎进入本系统!", vbOKOnly," 输入"
    Else
        MsgBox " 对不起，您不能进入本系统!", vbOKOnly," 输入"
        txtName = " ": txtPassword = " "
        txtName. SetFocus
    End If
End Sub
Private Sub cmdExit_Click( )
    Unload frmEnter
End Sub
```

运行时其界面如图 8.2 所示。

图 8.2　登录界面

3. 常用方法

Refresh：刷新文本框的内容。

SetFocus：焦点。

例如：Text1. SetFocus　　'使文本框 Text1 获得焦点，即将光标放在 Text1 内。

4. 常用事件

Change 事件：当文本框中内容发生变化时触发。

例 8.3　用 Change 改变文本框的 Text 属性。

在窗体 frmChange 上建 3 个文本框 Text1 ~ Text3，2 个命令按钮 Command1 和 Command2。

编写下列程序代码：

```
Private Sub Command1_Click( )
    Text1. Text = "Visual Basic 6. 0!"
End Sub
Private Sub Text1_Change( )
    Text2. Text = LCase( Text1. Text)
    Text3. Text = UCase( Text1. Text)
End Sub
Private Sub Command2_Click( )
    Text1. Text = " "
    Text2. Text = " "
    Text3. Text = " "
End Sub
```

程序运行时的界面如图 8.3 所示，单击 Command1 按钮，执行 Command1_Click( )事件过程，在 Text1 中显示 Visual Basic 6.0!，执行该事件后，引发了 Text1 的 Change 事件，从而执行 Text1_Change( )事件过程，在 Text2 和 Text3 中分别用小写和大写字母显示 Text1 的内容。

图 8.3　Change 事件

例 8.4　数据过滤。所谓数据过滤是指接收有效数据，滤掉无效数据。在文本框中输入考试分数，若在 0～100 范围内，继续往下执行，否则响铃（Beep），同时清除文本框中的内容，并使控制权回到文本框。这可以通过 LostFocus 事件来实现。LostFocus 事件是失去焦点（光标离开）时触发。

（1）创建应用程序界面。在窗体 Form1 中设置 1 个文本框 Text1，用于输入数据；2 个命令按钮 Command1 和 Command2，用于控制操作。

（2）设置窗体和控件属性，如表 8.4 所示。

表 8.4　属性设置

控件名称	属性名	属性值
Form1	（名称）	frmScore
	Caption	数据过滤
Text1	（名称）	txtScore
	Text	空

控件名称	属性名	属性值
Command1	（名称）	cmdPlay
	Caption	显　示
Command2	（名称）	cmdExit
	Caption	退　出

（3）编写应用程序代码。

```
Option Explicit
Dim s As Single
Private Sub txtScore_LostFocus( )
    Dim x As Single
    x = Val( txtScore. Text )
    If x < 0 Or x > 100 Then
        Beep
        txtScore. Text = " "
        txtScore. SetFocus                    'txtScore 文本框获得焦点。
        MsgBox "数据有误,请重新输入!"
    Else
        s = x
    End If
End Sub
Private Sub cmdPlay_Click( )
    Print s
    txtScore. Text = " "
    txtScore. SetFocus
End Sub
Private Sub cmdExit_Click( )
    End
End Sub
```

程序运行时的界面如图 8.4 所示。

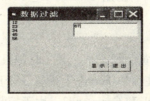

图 8.4　显示输入的分数

8.3 命令按钮

1. 命令按钮（CommandButton）的常用属性

（1）Caption 属性：设置命令按钮上的显示文本。可创建访问键，只需在作为访问键的字母前添加一个连字符 & 即可。

例如：输入"计算（&S）"，命令按钮上显示为：计算(S) 按 Alt + S 键就可访问该按钮。

（2）Cancel 属性：当一个命令按钮的 Cancel 属性被设置为 True 时，按 Esc 键与单击该命令按钮的作用相同。在一个窗体中，只允许有一个命令按钮的 Cancel 属性被设置为 True。

（3）Default 属性：当命令按钮的 Default 属性被设置为 True 时，按回车键和单击该命令按钮的效果相同。在一个窗体中，只能有一个命令按钮的 Default 属性被设置为 True。

（4）Style 属性：设置是标准按钮还是图形按钮。若设置为：

0——Standard 标准按钮（默认）。

1——Graphical 图形按钮。此时用 Picture 属性可以为该命令按钮指定一个图形。

也可以用 DownPicture 属性设置当按钮被单击并处于"按下"状态时，在按钮上显示的图形（同样适用于单选和复选按钮）。

2. 常用方法

命令按钮的常用方法有 SetFocus。

例如：Command1. SetFocus   '执行该语句，Command1 命令按钮获得焦点。

3. 常用事件

命令按钮控件最基本的事件是单击（Click）事件，产生 Click 事件的几种途径：

（1）用鼠标单击命令按钮。

（2）焦点在按钮上，按空格或回车键。

（3）在代码中，将按钮的 Value 属性设置为 True。

例如：Command3. Value = True

执行这条语句后，将在程序中调用 Command3_Click( )事件过程，相当于单击 Command3 命令按钮。

例 8.5　交通信号灯有红、黄、绿三种，某一时刻只能亮一盏灯。

（1）创建应用程序界面。在窗体 Form1 上设置 3 个图像框 Image1 ~ Image3，用于放置图像；2 个命令按钮 Command1 和 Command2，用于控制信号灯切换和退出程序。

（2）设置窗体和控件属性，如表 8.5 所示。在图像框属性窗口中装入图标的路径为：

C：\Program Files\Microsoft Visual Studio\Common\Graphics\Icons\Traffic

表 8.5　属性设置

控件名称	属性名	属性值
Form1	（名称）	frmLamp
	Caption	信号灯
Image1	Stretch	True
	Picture	Trffc10A. Ico（绿）
Image2	Stretch	True
	Picture	Trffc10B. Ico（黄）
Image3	Stretch	True
	Picture	Trffc10C. Ico（红）
Command1	（名称）	cmdSwicth
	Caption	切换信号灯
Command2	（名称）	cmdExit
	Caption	结束程序

（3）编写应用程序代码。

```
Private Sub Form_Load( )
    Image2. Visible = False
    Image3. Visible = False
End Sub
Private Sub cmdSwicth_Click( )
    If Image1. Visible = True Then
        Image1. Visible = False
        Image2. Visible = True
    ElseIf Image2. Visible = True Then
        Image2. Visible = False
        Image3. Visible = True
    Else
        Image3. Visible = False
        Image1. Visible = True
    End If
End Sub
Private Sub cmdExit_Click( )
    Unload Me
End Sub
```

程序运行时的界面如图 8.5 所示。

图 8.5 交通信号灯

8.4 框架控件、单选按钮和复选框

8.4.1 框架控件

框架控件（Frame）是一种容器型的控件，它不仅可以作为其他控件的载体，而且还可以将其他控件分成可标识的控件组。其常常用于将界面上的对象按功能或需要分组，提供视觉上的区分和总体的激活、屏蔽等特性。

1. 框架控件的常用属性

Caption 属性：框架的标题名称，可创建访问键（& 字母）。

Enabled 属性：True 活动状态（默认）。

False 非活动状态，标题为灰色，框架内的控件不可使用。

2. 框架控件的常用方法

Click 和 DblClick 方法。

例 8.6 演示框架控件的 Caption 属性和 Enabled 属性。

如图 8.6 所示，窗体上 4 个框架 Frame1 ~ Frame4 的 Caption 属性分别设置为字体样式 1、字体样式 2、效果 1 和效果 2。Enabled 属性分别设置为 True、False 、True 和 False。显然 Frame2 和 Frame4 中的控件不可使用。

图 8.6 框架控件的常用属性

8.4.2 单选按钮

1. 创建单选按钮（OptionButton）

创建单选按钮时，可能会出现三种情况：

（1）所有建在窗体中而不在其他容器中的单选按钮成为一个单选按钮组。

（2）所有建在同一框架内的单选按钮成为一个单选按钮组。

（3）所有建在同一图片框内的单选按钮成为一个单选按钮组。

在一组单选按钮中，只能选择其中的一个按钮，如图 8.7 所示。

图 8.7　创建单选按钮

2. 单选按钮常用属性

Value 属性：True　被选中，其他按钮的 Value 属性自动为 False。

　　　　　　False　未被选中（默认）。

Enabled 属性：True　不是禁止按钮（默认）。

　　　　　　　False　是禁止按钮，表示单选按钮（呈灰色）无效。

8.4.3　复选框

对于复选框（CheckBox），可以从一组中同时选中多个复选框。

1. 复选框常用属性

Alignment 属性：0 – Left Justify　复选框在标题 Caption 的左边（默认）。

　　　　　　　　1 – Right Justify　复选框在标题 Caption 的右边。

Value 属性：0 – Unchecked　未选中（默认）。

　　　　　　1 – Checked 选中。

　　　　　　2 – Grayed 显示为灰色，禁用复选框。

2. 单选按钮和复选框的常用事件是 Click（单击）事件

例 8.7　创建教工管理界面。

（1）创建应用程序界面。在窗体 Form1 中设置 1 个标签 Label1，2 个文本框 Text1 和 Text2，用于输入和显示。2 个框架 Frame1 和 Frame2 内分别放置 3 个单选按钮 Option1 ～ Option3 和 3 个复选框 Check1 ～ Check3，2 个命令按钮 Command1 和 Command2，用于显示和退出。

（2）设置窗体和控件属性，如表 8.6 所示。

表 8.6　属性设置

控件名称	属性名	属性值	控件名称	属性名	属性值
Form1	Caption	教工管理	Option1	（名称）	OptJ
Label1	Caption	姓　名：		Caption	初职

控件名称	属性名	属性值	控件名称	属性名	属性值
Text1	（名称）	txtName	Option2	（名称）	OptS
	Text	空		Caption	中职
Text2	（名称）	txtDisplay		Value	True
	Multiline	True	Option3	（名称）	OptA
	ScrollBars	2 – Vertical		Caption	高职
	Text	空	Check1	（名称）	ChkMusic
Frame1	Caption	职称		Caption	音乐
Frame2	Caption	爱好		Value	True
Command1	（名称）	cmdDisplay	Check2	（名称）	ChkSport
	Caption	显示		Caption	体育
Command2	（名称）	cmdExit	Check3	（名称）	ChkPaint
	Caption	退 出		Caption	绘画

（3）编写应用程序代码。

```
Private Sub cmdDisplay_Click( )
    Dim Position As String
    txtDisplay. Text = txtName. Text & " : " & Chr(13) + Chr(10)
    If OptA. Value = True Then
        Position = OptA. Caption
    ElseIf OptS. Value = True Then
        Position = OptS. Caption
    Else
        Position = OptJ. Caption
    End If
    txtDisplay. Text = txtDisplay. Text & "职称是" & Position
If ChkMusic. Value = False And ChkSport. Value = False And ChkPaint. Value = False Then
    txtDisplay. Text = txtDisplay. Text & "。"
    Else
    txtDisplay. Text = txtDisplay. Text & " , " & Chr(13) + Chr(10)& "爱好"
    If ChkMusic. Value = 1 Then txtDisplay. Text = txtDisplay. Text & "音乐"
    If ChkSport. Value = 1 Then txtDisplay. Text = txtDisplay. Text & "体育"
    If ChkPaint. Value = 1 Then txtDisplay. Text = txtDisplay. Text & "绘画"
        txtDisplay. Text = txtDisplay. Text & "。"
```

```
        End If
End Sub
Private Sub cmdExit_Click( )
        Unload Me
End Sub
```
程序运行时的界面如图 8.8 所示。

图 8.8　教工管理界面

8.5　列表框

8.5.1　列表框（ListBox）的功能

用于显示项目列表，用户可以从中选择一个或多个项目，如果项目超过列表框可显示的数目，控件上自动出现滚动条。

8.5.2　列表框的常用属性

1. List 属性

以数组的方式存在，可用于访问列表框的全部列表项，如图 8.9 所示。

（1）用来列出表项的内容，表项中每一项都是 List1 属性（数组从 0 开始）的一个元素。

其格式为：**a $ =［列表框名称.］List（下标）**

例如：a $ = List1. List(6)　　'将列表框 List1 第七项的内容赋值给字符串变量 a。

　　　Form1. Print a　　　'将列表框 List1 第七项的内容显示在 Form1 窗体上。

　　　Text1. Text = List1. List(2)　　'在文本框中显示 List1 的第三项。

（2）用于改变列表框中某一项的值。

例如：List1. List(0) = "北京市"　'将列表框 List1 第一项的内容设置为"北京市"。

　　　List1. List(1) = "江苏省"　'将列表框 List1 第二项的内容设置为"江苏省"。

　　　……

　　　List1. List(6) = "河北省"　'将列表框 List1 第七项的内容设置为"河北省"。

图 8.9　列表框

（3）向列表框中添加项目。

在设计阶段，可以在属性窗口中的 List 属性中输入列表项，输入一个列表项后，用 Ctrl + Enter 键换行，继续添加下一项。在默认情况下，列表项直接添加到表项的末尾。

2. ItemData 属性

是一个整型数组，大小与列表项的数目相等，用于为每个列表项设置一个对应的数值，作为列表项索引或标识。

3. Columns 属性

设置列表框中按几列显示，如图 8.10 所示。

Columns 设置为：0　　垂直滚动的单列列表框（默认）。

　　　　　　　　1　　水平滚动的单列列表框。

　　　　　　　　>1　　水平滚动的多列列表框。

图 8.10　Columns 属性

4. Listcount 属性

列出列表框中表项的数量。

列表框中表项的排列从 0 开始，最后一项的序号为 Listcount - 1。

该属性只能在程序运行时使用。

例如执行：X = List1. Listcount 后，X 的值为列表框 List1 中的总项数。在图 8.9 中，X 的值为 8，但最后一项的序号为 7。

5. ListIndex 属性

当前已选中的列表项的位置（索引）。

第一项的索引值为 0；第二项为 1……依此类推。

如果没有选中任何项，ListIndex 的值将设置为 - 1。该属性只能在程序运行时使用。

例如：List1. ListIndex = 0　　　'为 List1 中的第一项的索引。

　　　List1. List(List1. ListIndex) = List1. List(0) = "北京市"

　　　List1. ListIndex = 1　　　'为 List1 中的第二项的索引。

　　　List1. List(List1. ListIndex) = List1. List(1) = "江苏省"

6. Text 属性

为最后一次选中的列表项的文本。

List1. Text 与 List1. List(List1. ListIndex)结果相同。

例如：当前选中的列表项为 List1 中的第一项"北京市"，则有：

List1. Text = "北京市"

与当 List1. ListIndex = 0 时

List1. List(List1. ListIndex) = List1. List(0) = "北京市"

的结果相同。

7. Sorted 属性

为列表项目按字母排列。

Sorted 属性设置为：True：将列表项目按字母排列。

False：不排列。

8. MultiSelect 属性

为设置是否允许同时选择多个列表项。

MultiSelect 属性设置为：

0——None：每次只能够选择一个项目。

1——Simple：可以用鼠标同时选择多个项目或取消选中项。

2——Extended：按住 Shift 键，用鼠标可以连续选择多项。按住 Ctrl 键，用鼠标可单个选中或取消选中项。

8.5.3 列表框的事件和方法

1. 列表框事件

主要事件有 Click 事件和 DblClick 事件。

2. 列表框方法

（1）AddItem 方法。

在设计阶段，利用 List 属性可以向列表框中添加项目（加在末尾）。在程序运行时，可以用 AddItem 方法向列表框中添加项目。其格式为：

列表框名称. AddItem " 列表项"[，索引]

索引（Index）：为 0 表示添加到列表框中第一项的位置。

为 1 表示添加到列表框中第二项的位置。

……

为 n 表示添加到列表框中第 n + 1 项的位置。

缺省时，列表项添加到末尾。

例如：List1. AddItem "辽宁省"，3

执行该语句后，在 List1 的第三个位置后（第四个位置上）插入"辽宁省"。

（2）RemoveItem 方法。

从列表框中删除指定的列表项。其格式为：

ListName . RemoveItem Index

例如：List1. RemoveItem 0   '删除 List1 中的第一个列表项。

（3）Clear 方法。

删除列表框中的所有列表项。

例如：List1. Clear

执行 Clear 方法后，删除 List1 中的所有列表项 ListCount 属性重新被赋值为 0。

例 8.8 交换两个列表框中的项目。在窗体 Form1 中放置 2 个标签 Label1 和 Label2，其 Caption 属性分别设置为 List1 和 List2，2 个列表框 List1 和 List2，其中，List1 的项目按字母升序排列（List1 的 Sorted 属性设置为 True），List2 的项目按加入的先后顺序排列（List2 的 Sorted 属性设置为 False）。双击某个项目时，该项目从本列表框中消失，并出现在另一个列表框中。

编写下列程序：

Rem 将 List1 中选定的项目添加到 List2 中，并删除 List1 中的该项目。

Private Sub List1_DblClick( )

    List2. AddItem List1. Text

    List1. RemoveItem List1. ListIndex

End Sub

Rem 将 List2 中选定的项目添加到 List1 中，并删除 List2 中的该项目。

Private Sub List2_DblClick( )

    List1. AddItem List2. Text

    List2. RemoveItem List2. ListIndex

End Sub

程序运行时的界面如图 8.11 所示。

图 8.11　交换列表框中的项目

例 8.9 列表事件举例。

（1）创建应用程序界面。在窗体 Form1 中设置 1 个列表框 List1，用于选择调用的项目；1 个标签 Label1，用于标识列表框；1 个命令按钮 Command1，用于执行调用程序操作。

（2）设置窗体和控件属性，如表 8.7 所示。

表8.7　属性设置

控件名称	属性名	属性值
Form1	（名称）	frmList
	Caption	列表事件举例
Label1	Caption	应用程序列表：
List1	List	画图，写字板，计算器，Word，Excel，Powerpoint，Windows Help，我的文档
Command1	（名称）	cmdGo
	BackColor	&H00FFC0C0&
	Caption	调　用
	Style	1 – Graphical

（3）编写应用程序代码。

Private Sub CmdGo_Click( )　　　　　　　'Command1 的名称已改为 CmdGo。

Select Case List1. ListIndex　'List1. ListIndex 作为变量,即把列表项的位置(索引)作为变量。

　　　Case 0　　　　　　　　　　　　　'当 List1. ListIndex 为 0 时。

　　　　　x = Shell("Mspaint. exe" ,1)　　'打开 Mspaint. exe 应用程序并调入窗口。

　　　Case 1　　　　　　　　　　　　　'当 List1. ListIndex 为 1 时。

　　　　　x = Shell("Write. exe" ,1)　　'打开 Write. exe,调入窗口。

　　　Case 2　　　　　　　　　　　　　'当 List1. ListIndex 为 2 时。

　　　　　x = Shell("Calc. exe" ,1)　　'打开 Calc. exe,调入窗口。

　　　Case 3　　　　　　　　　　　　　'当 List1. ListIndex 为 3 时。

　　　x = Shell("c:\Program Files\Microsoft Office\Office11\Winword. exe" ,1)　　'调 Word。

　　　Case 4

　　　　　x = Shell("c:\Program Files\Microsoft Office\Office11\Excel. exe" ,1)

　　　Case 5

　　　　　x = Shell("c:\Program Files\Microsoft Office\Office11\Powerpnt. exe" ,1)

　　　Case 6

　　　　　x = Shell("Winhelp. exe" , 1)　　'打开 Winhelp. exe, 调入窗口。

　　　Case 7

　　　　　x = Shell("Explorer. exe" , 1)

　　End Select

End Sub

程序运行时的界面如图 8.12 所示。

图 8.12　列表事件举例

8.6　组合框

组合框（ComboBox）在工具箱中的图标为：

组合框是一种独立的控件，兼有列表框和文本框的功能，用户既可以从其文本框中输入文本来选择列表项，也可以从其列表框中选择列表项。

8.6.1　组合框的常用属性

列表框的属性基本上都可以用于组合框，此外，它还有自己的一些属性。

1. Style 属性

组合框的 Style 属性如表 8.8 所示。

表 8.8　**Style 属性及样式**

常　　数	值	样　　式
vbComboDropDown	0	设定为下拉式组合框（默认）。由一个文本框和一个下拉列表框组成。可直接输入文本，也可单击组合框右侧的附带箭头打开下拉列表框，从中选择列表项，被选定的列表项会出现在顶部的文本框中。
vbComboSimple	1	设定为简单组合框。由一个文本框和一个标准列表框组成。一直都显示列表，可以有垂直滚动条，用户可直接输入文本，也可从列表框中选择列表项，并允许用户输入那些不在列表中的项目（设计时，适当调整组合框的大小才能显示出来）。
vbComboDropDownList	2	设定为下拉列表框。不允许用户输入文本，只能从下拉列表框中选择列表项。

　　例 8.10　演示组合框的 Style 属性。

　　如图 8.13 所示，窗体上 Form1 的 3 个框架 Frame1 ~ Frame3 的 Caption 属性分别设置为：Style 设为 0、Style 设为 1 和 Style 设为 2，3 个组合框 cmbDepartment1 ~ cmbDepartment3 的 Style 属性分别设置为：0、1 和 2。

图 8.13　Style 属性设置

2. Text 属性

该属性值是用户所选定的列表项的文本或是直接从编辑区输入的文本。

8.6.2　组合框的事件和方法

组合框的事件和代码与列表框基本相似，其方法也与列表框中的相同。

1. 在组合框中添加列表项（与列表框相同）

（1）在设计阶段，利用 List 属性可以向组合框中添加项目（加在末尾）。

（2）在程序运行时，可以用 AddItem 方法向组合框中添加项目，其格式为：

组合框名称.AddItem "列表项"[**,索引**]

Index：为 0　表示添加到组合框中第一项的位置。

　　　　为 1　表示添加到组合框中第二项的位置。

　　　　……

　　　　为 n　表示添加到组合框中第 n+1 项的位置。

　　　　缺省时，列表项添加到末尾。

例如：Combo1. AddItem "China"　　　　'将 China 添加到组合框 Combo1 的末尾。

　　　Combo1. AddItem "财务部",0　　　'将财务部添加到组合框 Combo1 的第一

　　　　　　　　　　　　　　　　　　　项，其他列表项向下调整。

2. 删除列表项的 RemoveItem 方法和 Clear 方法与列表框相同

例 8.11　在例 8.7 创建教工管理窗体中，添加 2 个框架 Frame3 和 Frame4，其 Caption 属性分别设置为：籍贯和部门。1 个列表框 lstProvince，BackColor 属性设置为：&H00E0E0E0&，Columns 属性设置为：0，List 属性设置为：部分省份名。1 个组合框 cmbDepartment，Text 属性设置为：空。1 个命令按钮 cmdExit，其 Caption 属性分别设置为：退出。

编写如下程序：

```
Private Sub cmdDisplay_Click( )
    Dim Position As String
    txtDisplay. Text = txtName. Text & "：" & Chr(13) + Chr(10)
    If OptA. Value = True Then
        Position = OptA. Caption
    ElseIf OptS. Value = True Then
```

```vb
            Position = OptS. Caption
        Else
            Position = OptJ. Caption
        End If
        txtDisplay. Text = txtDisplay. Text & "职称是" & Position
        If ChkMusic. Value = False And ChkSport. Value = False And ChkPaint. Value = False Then
        Else
            txtDisplay. Text = txtDisplay. Text & " ," & Chr(13) + Chr(10) & "爱好"
            If ChkMusic. Value = 1 Then txtDisplay. Text = txtDisplay. Text & "音乐"
            If ChkSport. Value = 1 Then txtDisplay. Text = txtDisplay. Text & "体育"
            If ChkPaint. Value = 1 Then txtDisplay. Text = txtDisplay. Text & "绘画"
        End If
        If lstProvince. Text <> "" Then txtDisplay. Text = txtDisplay. Text & " , "_
        & Chr(13) + Chr(10) & "籍贯是" & lstProvince. Text    '选择籍贯(一句多行)。
        If cmbDepartment. Text <> "" Then
            txtDisplay. Text = txtDisplay. Text & " , " & Chr(13) + Chr(10)
            txtDisplay. Text = txtDisplay. Text & "部门是" & cmbDepartment. Text & "。"  '选择部门。
        Else
            txtDisplay. Text = txtDisplay. Text & "。" & Chr(13) + Chr(10)
        End If
End Sub
Private Sub Form_Load( )
        With cmbDepartment
            . AddItem "物理系"
            . AddItem "数学系"
            . AddItem "化学系"
            . AddItem "生物系"
            . AddItem "体育系"
            . AddItem "外语系"
            . AddItem "中文系"
            . AddItem "教务处"
            . AddItem "学生处"
        End With
End Sub
Private Sub cmdExit_Click( )
        End
End Sub
```

程序运行时的界面如图 8.14 所示。

图 8.14 创建教工管理界面

8.7 图片框和图像框

8.7.1 图片框

1. 图片框(PictureBox)的功能

图片框主要有三个方面的功能：

(1)显示图片，具有多种格式：位图(.BMP,.DIB)、图标(.ICO)、图形文件(.EMF)、JPEG 文件(.JPG——压缩位图)、GIF 文件(.GIF——较早出现的压缩文件)。

(2)可作为其他控件的容器。

(3)显示用图形方法(Circle、Line 和 Pest 等)输出的图形和用 Print 方法输出的文本。

2. 图片框的常用属性

(1)Picture 属性。

在属性窗口,通过对 Picture 属性的设置,可将图片加载到图片框中(要求用户输入图片的路径和名称),也可以在运行时用 LoadPicture 方法加载图片,例如：

Picture1. Picture = LoadPicture(" C : \Program Files \Microsoft Office \Office \Bitmaps \Styles \Stone. bmp")

当不指定文件名时，LoadPicture 方法可以清除图片框中的图片，例如：

Picture1. Picture = LoadPicture   '清除 Picture1 中的图片。

执行下列语句可以将 Picture1 中的图形复制到 Picture2 中。

Picture2. Picture = Picture1. Picture

(2) Align 属性。

设置为： 0   无特殊显示（默认）。

        1   与窗体一样宽，位于窗体顶端。

        2   与窗体一样宽，位于窗体底端。

        3   与窗体一样高，位于窗体左端。

        4   与窗体一样高，位于窗体右端。

(3) CurrentX 和 CurrentY 属性。

该属性用来设置下一个水平（CurrentX）和垂直（CurrentY）坐标，只能在代码中设置，其格式为：

［对象．］**CurrentX**［＝**X**］

［对象．］**CurrentY**［＝**Y**］

其中：

对象：可以是窗体、图片框或打印机，省略时为当前窗体。

X、Y：为横坐标和纵坐标的值，即为下一个输出对象的坐标起点，单位为 Twip。省略时，则指当前坐标值。

例如：Picture1. CurrentX ＝1600

　　　Picture1. CurrentY ＝900

　　　Picture1. Print "欢迎使用 Visual Basic 6. 0!"

（4）AutoSize 属性。

设置为：True　图片框自动调整大小，以适应加载的图形大小。

　　　　　　False　图片框保持原始尺寸，图形比图片框大时，超出的部分被截去。

（5）BorderStyle 属性。

BorderStyle 属性为：0——None　无边框。

　　　　　　　　　　1——Fixed Single　固定单边框（默认）。

8.7.2　图像框

1. 图像框（Image）的功能

与图片框相似，图像框可以用来显示图形。

2. 图像框的常用属性

Stretch 属性：设置为：True　图形将调整大小，以适应图像框的大小。

　　　　　　　　　　　　False　图像框将调整大小，以适应图形的大小。

图像框的其他属性与图片框基本相同。

8.7.3　图像框与图片框的异同点

相同点：图像框与图片框都可以用来显示图形。

不同点：（1）图片框可以作为其他控件的容器，而图像框则不可以。

　　　　（2）图片框可以用 Print 方法输出文本，而图像框则不可以。

　　　　（3）图像框使用的系统资源比图片框少（占用内存少），且重新绘图速度快。

　　　　（4）图像框中的图片可以伸展大小以适应图像框的大小，而图片框则不能。

例 8.12　演示图片框的 AutoSize 属性和图像框的 Stretch 属性。

在窗体 Form1 中放置大小相同的 2 个图片框 Picture1 和 Picture2 和 2 个图像框 Image1 和 Image2，图片框的 AutoSize 属性分别设置为 True 和 False，图像框的 Stretch 属性分别设置为 True 和 False。在图像框与图片框中加载同一图像，其效果如图 8.15 所示。

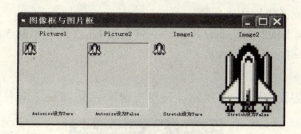

图 8.15 图像框与图片框

8.8 直线和形状

8.8.1 直线控件

1. 直线控件的功能

直线（Line）控件用于在窗体、框架或图片框中创建简单的线段。

2. 直线控件的常用属性

（1）直线控件的主要属性是 BorderStyle 属性，该属性用来设置直线的线型（线条样式），其取值为 0 ~ 6，意义如表 8.9 所示。

表 8.9 直线控件的 BorderStyle 属性

样 式	BorderStyle 属性值	
透明	0——Transparent	
实线	1——Solid（缺省值）	
虚线	2——Dash	
点线	3——Dot	
点划线	4——Dash – Dot	
双点划线	5——Dash – Dot – Dot	
内收实线	6——Inside Solid	

BorderStyle 提供了七种不同的线型。不能用 Move 方法来改变直线的位置，但可以通过改变 x1，y1，x2，y2 属性重新定义直线的位置和长度，位置属性 x1、y1 和 x2、y2 分别表示直线两个端点的坐标，即（x1，y1）和（x2，y2）。例如：

Line1. X1 = Line1. X1 + 100   '将直线 Line1 向右平移 100 Twip。
Line1. X2 = Line1. X2 + 100

例 8.13 演示直线控件的 BorderStyle 属性和直线的平移。

在窗体 Form1 上放置 7 个直线控件 Line1 ~ Line7，将其 BorderStyle 属性分别设置为：0、1、2、3、4、5、6。Form1 的 Caption 属性设置为：BorderStyle 属性。

编写下列程序：

```
Private Sub Form_Click( )
    Line2. X1 = Line2. X1 + 500              '将直线 Line2 向右平移 500 Twip。
    Line2. X2 = Line2. X2 + 500
End Sub
```
程序运行时的界面如图 8.16 所示，每单击窗体一次，Line2 向右平移 500 Twip。

图 8.16　直线的平移

（2）BorderColor：用于设置直线的颜色。

（3）BorderWidth：用于设置直线的宽度。

8.8.2　形状控件

1. 形状（Shape）控件的功能

用于在窗体、框架或图片中绘制预定义的几何形状。

例如：矩形、正方形、圆、椭圆等形状。

2. 常用的属性

（1）Shape 属性。

形状控件的 Shape 属性如表 8.10 所示。

表 8.10　**Shape 属性设置值**

形　状	Shape 属性值
矩　形	0——Rectangle（缺省值）
正方形	1——Square
椭圆形	2——Oval
圆　形	3——Circle
圆角矩形	4——Rounded Rectangle
圆角正方形	5——Rounded Square

（2）其他属性。

BackColor 属性	背景颜色。
BackStyle 属性	背景样式。
BorderColor 属性	边框颜色。
BorderStyle 属性	边框样式。

FillColor 属性   填充颜色。

FillStyle 属性   填充样式。

当 FillStyle 属性设为 1 – Transparent 时，则忽略 FillColor 属性。

当 BackStyle 属性设为 0 – Transparent 时，则忽略 BackColor 属性。

例 8.14 在窗体上建形状控件数组，画出 6 个形状。

在窗体 Form1 中放置一个形状控件数组和 1 个命令按钮 Command1。形状控件数组有 6 个形状大小相同的元素。单击窗体，显示 6 种不同的形状，单击命令按钮 Command1，还原形状控件。

编写下列程序：

```
Private Sub Form_Click( )
        FontSize = 12                              '设置字号。
        CurrentX = 600                             '设置当前 X 的坐标为 600。
        Print "0";                                 '在当前 X 的坐标处打印出 0。
        For i = 1 To 5
            Shape1(i). Left = Shape1(i-1). Left + 900   '设置图形的间隔为 900。
            Shape1(i). Shape = i                        '分别画出 i = 1，2，3，4，5 时，
                                                        Shape 属性所对应的图形。
            Shape1(i). Visible = True                   '让这些图形可见。
            CurrentX = CurrentX + 550                   '设置图上面数字的间隔为 550。
            Print i;                                    '打印出 1，2，3，4，5。
        Next i      '上面数字为 0 的第一个图并未指定其 Shape 属性，即取缺省值应为矩形。
End Sub
Private Sub Command1_Click( )
        For i = 1 To 5
            Shape1(i). Shape = 0
        Next i
End Sub
```

程序运行时，单击窗体显示的界面如图 8.17 所示。

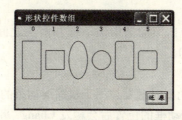

图 8.17 形状控件数组

3. 常用方法

用 Move 方法可以改变形状和位置。其格式为：

Object. Move Left，Top，Width，Height

其中：

Left：Object 左边的水平坐标（X 轴）。

Top：Object 上边的垂直坐标（Y 轴）。

Width：Object 新的宽度。

Height：Object 新的高度。

例如：Shape1. Move 1000，500，2000，2000

将形状控件 Shape1 移到新的位置（1000，500），宽度和高度分别该为 2000 和 2000。

8.9　滚动条控件

滚动条分为：（1）水平滚动条（HscrollBar）

　　　　　　　（2）垂直滚动条（VscrollBar）

1. 滚动条的功能

滚动条不仅可以用于附在窗口上帮助观察数据或确定位置，而且也可用于作为数据输入的工具。水平滚动条的结构如图 8.18 所示。

滚动箭头 ———— 水平滚动条 ———— 滚动框(滑块)

图 8.18　水平滚动条

2. 滚动条的常用属性

（1）Value 属性：滚动框在滚动条中的位置所对应的值。

（2）Max 属性：滚动条所能表示的最大值，取值范围为 −32768~32767。当滚动框位于最右端或最下端时，Value 属性取该值。

（3）Min 属性：滚动条所能表示的最小值，取值范围为 −32768~32767。当滚动框位于最左端或最上端时，Value 属性取该值。

（4）SmallChange 属性：单击滚动条两端的箭头时，Value 属性增加或减小的增量值（较小的增量）。

（5）LargeChange 属性：单击滚动条中滚动框和箭头之间的区域时，Value 属性增加或减小的增量值（较大的增量）。

3. 滚动条事件

（1）Scroll 事件：拖动滚动框时触发，用于跟踪滚动条的动态变化。

（2）Change 事件：改变滚动框的位置后会触发 Change 事件。用来得到滚动条的最终位置。

例 8.15　用滚动条进行月份和日期控制。

（1）创建应用程序界面。在窗体 Form1 上设置 8 个标签，用于显示年月日和标识滚动条；2 个水平滚动条，用于控制月份和日期。

（2）设置窗体和控件属性，如表 8.11 所示。

表 8.11 属性设置

控件名称	属性名	属性值
Form1	Caption	月份和日期控制
Label1	Caption	年
Label2	Caption	月
Label3	Caption	日
Label4	Caption	月份控制
Label5	Caption	日期控制
Label6	（名称）	labYear
	Caption	空
Label7	（名称）	labMonth
	Caption	空
Label8	（名称）	labDay
	Caption	空
HScroll1	Min	1
	Max	12
	LargeChange	3
	SmallChange	1
HScroll2	Min	1
	Max	31
	LargeChange	3
	SmallChange	1

（3）编写应用程序代码。

Private Sub Form_Load( )

  HScroll1. Value = Month(Now)   '把当前月份传递给滚动条 HScroll1。

  HScroll2. Value = Day(Now)   '把当前的日期传递给滚动条 HScroll2。

  labYear. Caption = Year(Now)   '将当前的年份赋值给 labYear. Caption 显示在
                   窗体上。

End Sub

Rem 将滚动框 HScroll1. Value 的值赋值给 labMonth. Caption 显示在窗体上。

Private Sub HScroll1_Change( )

  labMonth. Caption = HScroll1. Value

End Sub

Rem 将滚动框 HScroll2. Value 的值赋值给 labDay. Caption 显示在窗体上。

```
Private Sub HScroll2_Change( )
    labDay. Caption = HScroll2. Value
End Sub
```
程序运行时显示的界面如图 8.19 所示。

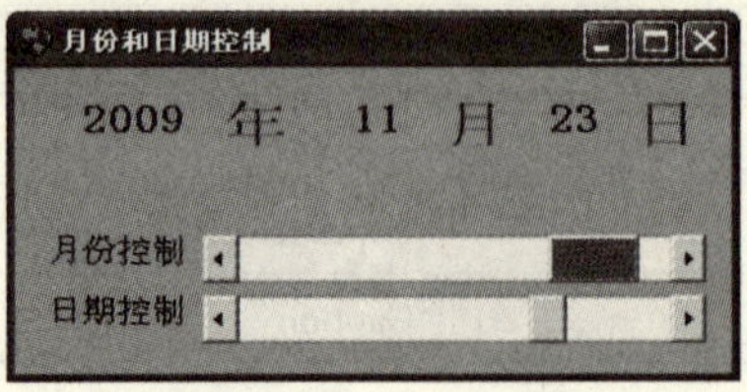

图 8.19　月份和日期控制

例 8.16　用水平滚动条控制调色。

（1）创建应用程序界面。在窗体 Form1 上设置 1 个文本框，用于显示颜色。设置 3 个标签，用于标识滚动条。设置 3 个水平滚动条，用于控制调节三基色。

（2）设置窗体和控件属性，如表 8.12 所示。

表 8.12　属性设置

控件名称	属性名	属性值
Form1	Caption	调色
Label1	Caption	红色：
Label2	Caption	绿色：
Label3	Caption	兰色：
Text1	Text	空
HScroll1	Min	0
	Max	255
	LargeChange	3
	SmallChange	1
HScroll2	Min	0
	Max	255
	LargeChange	3
	SmallChange	1
HScroll3	Min	0
	Max	255
	LargeChange	3
	SmallChange	1

（3）编写应用程序代码。

```
Private Sub HScroll1_Change( )
    NewColor
End Sub
Private Sub HScroll2_Change( )
    NewColor
End Sub
Private Sub HScroll3_Change( )
    NewColor
End Sub
Private Sub NewColor( )
    Text1. BackColor = RGB( HScroll1. Value, HScroll2. Value, HScroll3. Value)
End Sub        'RGB(红色,绿色,兰色)。
```

程序运行时,调节水平滚动条显示的颜色如图 8.20 所示。

图 8.20　用滚动条控制调色

8.10　定时器

1. 定时器(Timer)的功能

定时器用于有规律地隔一段时间执行一次操作(执行代码)。

2. 定时器的常用属性

(1) Interval 属性。

指定定时器事件发生的时间间隔(单位:ms)。取值范围为 0~65767。Interval 属性值越小,事件发生的时间间隔越短,如果设置为 0,则表示定时器无效。

(2) Enabled 属性。

Enabled 属性设置为:True　定时器开启,系统响应 Timer 事件。

　　　　　　　　　　　False　定时器关闭,系统不响应 Timer 事件。

例 8.17　制作简易动画——飞机碰撞。

(1) 创建应用程序界面。在窗体 Form1 上设置 1 个文本框 Text1,用于显示时间。设置 2 个图像框 Image1 和 Image2,用于加载两架飞机,1 个时钟 Timer1,用于控制动画。设置 1 个命令按钮 Command1,用于控制动画开始。

(2) 设置窗体和控件属性,如表 8.13 所示。

表 8.13 属性设置

控件名称	属性名	属性值
Form1	Caption	飞机碰撞
Text1	Text	空
Image1	Picture	C：\Program Files\Microsoft Visual Studio\Common\Graphics\Icons\Industry\PLANE. ICO
	Stretch	Ture
Image2	Picture	C：\Program Files\Microsoft Visual Studio\Common\Graphics\Icons\Industry\ROCKET. ICO
	Stretch	Ture
Timer1	Interval	80
Command1	Caption	开始

（3）编写应用程序代码。

```
Private Sub Command1_Click( )
    Image1. Left = 0
    Image1. Top = 0
    Image2. Left = 5640
    Image2. Top = 3600
    Image1. Visible = True
    Image2. Visible = True
    Timer1. Enabled = True
End Sub
Private Sub Timer1_Timer( )
    Text1. Text = Time $                    '在文本框中显示时间。
    Image1. Left = Image1. Left + 45        '画右移 45 Twip。
    Image2. Top = Image2. Top - 30
    If Image2. Top = Image1. Top Then
    Image1. Visible = False
    Image2. Visible = False
    Timer1. Enabled = False
    Else
    End If
End Sub
```

程序运行时显示的界面如图 8.21 所示。

例 8.18 用定时器和图像框设计一个图像放大简易动画。

（1）创建应用程序界面。在窗体 Form1 上设置 2 个标签 Label1 和 Label2，用于标识滚动条。设置 1 个图像框 Image1，用于加载图像，1 个水平

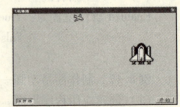

图 8.21 飞机碰撞

滚动条 HScroll1，用于控制动画的快慢；1 个时钟 Timer1，用于控制动画。设置 3 个命令按钮 Command1 ~ Command3，用于控制动画开始、暂停和退出。

（2）设置窗体和控件属性，如表 8.14 所示。

表 8.14　属性设置

控件名称	属性名	属性值
Form1	Caption	定时放大图像框
Label1	Caption	慢
Label2	Caption	快
Image1	Picture	C：\Program Files\Microsoft Visual Studio\Common\Graphics\Metafile\Business\MONEYBAG. WMF
	Stretch	Ture
HScroll1	（名称）	VsbSize
	Min	50
	Max	950
	LargeChange	50
	SmallChange	1
Timer1	Interval	1000
Command1	（名称）	cmdSize
	Caption	放大
Command2	（名称）	cmdStop
	Caption	暂停
Command3	（名称）	cmdEnd
	Caption	退出

（3）编写应用程序代码。

```
Private Sub cmdEnd_Click()
    End
End Sub
Private Sub cmdSize_Click()
    tmrSize. Enabled = True          '开启定时器，系统响应 Timer 事件。
End Sub
Private Sub cmdStop_Click()
    tmrSize. Enabled = False         '关闭定时器，系统不响应 Timer 事件。
End Sub
Private Sub Form_Load()
    tmrSize. Enabled = False         '关闭定时器，系统不响应 Timer 事件。
End Sub
```

```
Private Sub tmrSize_Timer( )
    With imgSize
        . Height = imgSize. Height + 100    '图像的高度和宽度增加 100Twip。
        . Width = imgSize. Width + 100
    End With
    If imgSize. Height > 4500 Then          '如果图像的高度（height）大于 4500 时。
        imgSize. Height = imgSize. Height – 4005
        imgSize. Width = imgSize. Width – 4005
    End If
End Sub
Rem 定时器的时间间隔由滚动条 VsbSize 的 Value 值来控制。
Private Sub VsbSize_Change( )
    tmrSize. Interval = 1000 – VsbSize. Value
End Sub
```

程序运行时显示的界面如图 8.22 所示。

图 8.22　图像放大简易动画

例 8.19　用定时器和图片框制作一个简易的手表。

在窗体 Form1 上设置 12 个标签 Label1 ~ Label12，用于显示 1，2，3…12。设置 2 个图片框 picClock 和 picChange，用于加载图像；1 个时钟 Timer1，用于控制动画。

编写应用程序代码：

```
Dim H As Double, M As Double, S As Integer
Dim Wd As Integer, Ht As Integer, HL As Integer
Dim ML As Integer, SL As Integer
Private Sub Form_Load( )
    Wd = picClock. Width – 45
    Ht = picClock. Height – 20
    HL = Wd * 1 / 5
    ML = Wd * 2 / 7
    SL = Wd * 1 / 3
End Sub
Private Function R( a As Double) As Double
```

$$R = a * 3.14159 / 180$$

```
End Function
Private Sub Timer1_Timer( )
    picClock. Refresh
    S = Second(Time( ))
    M = Minute(Time( )) + S / 60
    H = (Hour(Time( )) Mod 12) + M / 60 + S / 3600
    picClock. DrawWidth = 3
picClock. Line (Wd / 2,Ht / 2) - (Wd / 2 - HL * Sin(R((12 - H) * 30)),Ht / 2 - HL * Cos(R((12 - H) * 30)))
    picClock. DrawWidth = 2
picClock. Line (Wd / 2,Ht / 2) - (Wd / 2 - ML * Sin(R((60 - M) * 6)),Ht / 2 - ML** Cos(R((60 - M) * 6)))
    picClock. DrawWidth = 1
picClock. Line (Wd / 2,Ht / 2) - (Wd / 2 - SL * Sin(R((60 - S) * 6)),Ht / 2 - SL * Cos(R((60 - S) * 6)))
End Sub
```

程序运行时显示的界面如图 8.23 所示。

图 8.23　简易的手表

8.11　文件系统控件

文件系统控件包括：驱动器列表框、目录列表框和文件列表框三种控件。

8.11.1　驱动器列表框

1. 驱动器列表框（DriveListBox）的功能

驱动器列表框为用户提供了选择系统中所有有效的驱动器。它的结构是下拉式列表框，用户可在下拉菜单中单击所选的驱动器。如图 8.24 所示。缺省时，显示系统的当前驱动器，如图中所示的当前驱动器为 c：。

图 8.24　驱动器列表框

2. 驱动器列表框的常用属性

（1）Drive 属性。

用于设置出现在列表框顶端的（当前）驱动器。在程序运行阶段，可以用代码设置当前驱动器。其格式为：

DriveName. Drive = 驱动器名

例如：Drive1. Drive = "C:\"　　'将当前驱动器设为 C：

也可以在列表框中，单击某个驱动器名，即可将它变为当前驱动器。Drive 属性自动被赋值为该驱动器。

（2）List 属性。

用于返回或设置驱动器列表框中的列表项（列表项是一个字符数组，每一项对应一个数组元素）。

例如：a $ = Drive1. List(0)　　'将驱动器列表框的第一个列表项赋值给变量 a $ 。

（3）ListCount 属性。

用于返回驱动器列表框中列表项的数目。

（4）ListIndex 属性。

用于返回或设置驱动器列表框中选定的列表项的索引值。

第一个列表项的索引号为 0。

第二个列表项的索引号为 1。

……

依此类推。

例如：A $ = Drive1. List(Drive1. ListIndex)

Drive1. ListIndex 为在驱动器列表框 Drive1 中选定的列表项的索引号。执行上式即将驱动器列表框中选定的列表项赋值给字符串变量 A。

8.11.2　目录列表框

1. 目录列表框（DirListBox）的功能

目录列表框用于显示系统当前驱动器的目录结构。从根目录开始显示所有子目录，双击某一子目录，可以进入下一级目录。目录随着层次的深入，其位置也逐级缩进。如图 8.25 所示。

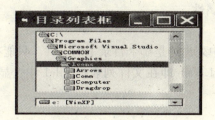

图 8.25　目录列表框

2. 目录列表框的常用属性

（1）Path 属性。

用于返回或设置当前目录路径，只能在程序代码中设置。

例如：Dir1. Path = " c：\Windows "　　　'设置当前目录为 c：\Windows。

又例如：Dir1. Path = Drive1. Drive　即把选定的驱动器作为当前目录，在目录列表框中，将显示该驱动器上所有有效的目录和子目录。

（2）List 属性。

用于返回或设置目录列表框中的列表项。

（3）ListCount 属性。

用于返回目录列表框中列表项的数目。

（4）ListIndex 属性。

用于返回或设置目录列表框中选定的列表项的索引号。

其中，Path 属性（当前目录）所对应的目录列表项的索引号为 -1，向下依次为 0，1 ……而向上依次为 -2，-3……直到第一项（根目录）。

3. 为设置当前工作目录，应使用 Chdir 语句。例如：

Chdir Dir1. Path　　　　　　　　'将当前目录变成目录列表框中突出显示的目录。

Chdrive App. Path　　　　　　　'将当前驱动器设置为应用程序所在的驱动器。

Chdir App. Path　　　　　　　　'将当前目录设置为应用程序所在的目录。

8. 11. 3　文件列表框

1. 文件列表框（FileListBox）的功能

文件列表框用于显示当前目录中的所有文件或指定类型的文件，如图 8.26 所示。

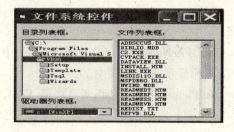

图 8.26　文件列表框

2. 文件列表框的常用属性

（1） Path 属性。

用于决定文件列表框中列出的是哪个目录下的文件。只能在程序代码中设置。

例如：File1. Path = Dir1. Path 即在文件列表框 File1 中，显示当前（选定的）目录下的所有文件。

（2） Pattern 属性。

用来设置在文件列表框中要显示的文件类型。默认时，显示所有文件，属性值为：（＊.＊）。（Visual Basic 6.0 支持通配符 ＊和?）

例如：File1. Pattern = "＊. txt；＊. htm" 即在文件列表框 File1 中，显示当前目录下扩展名为 . txt 和 . htm 的文件。

驱动器列表框、目录列表框的主要事件是 Change 事件。例如：

```
Private Sub Drive1_Change( )
    Dir1. Path = Drive1. Drive    '在目录列表框 Dir1 中显示当前驱动器上所有的目录和子目录。
End Sub
Private Sub Dir1_Change( )
    File1. Path = Dir1. Path    '在文件列表框 File1 中,显示当前(选定的)目录下的所有文件。
    File1. Pattern = " ＊. bmp；＊. wmf；＊. ico "    '设置显示的文件类型。
End Sub
```

例 8.20 文件管理系统。

在窗体中添加 3 个标签 Label1 ～ Label3，1 个驱动器列表框 Drive1，1 个目录列表框 Dir1，1 个文件列表框 File1，1 个框架 Frame1，并在框架 Frame1 内设置 1 个图片框 Picture1，将选定的文件图像显示出来。

应用程序代码：

```
Private Sub Dir1_Change( )
    File1. Path = Dir1. Path    '在文件列表框 File1 中显示当前(选定的)目录下的所有文件。
    File1. Pattern = " ＊. bmp；＊. wmf；＊. ico；＊. htm；＊. ppt "    '设置显示的文件类型。
End Sub
Private Sub Drive1_Change( )
    Dir1. Path = Drive1. Drive    '在目录列表框 Dir1 中显示当前驱动器上所有的目录和子目录。
End Sub
Private Sub File1_Click( )
    Frame1. Caption = File1. FileName    '在框架 Frame1 中显示选定的文件名。
    Rem 将所选文件的图形显示在图片框中。
    Picture1. Picture = LoadPicture(File1. Path & " \" & File1. FileName)
End Sub
```

程序运行时显示的界面如图 8.27 所示。

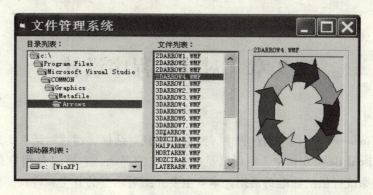

图 8.27　文件管理系统

习　题

8.1　Visual Basic 6.0 中控件分为哪几类？常用的标准控件有几种？

8.2　所有的控件都有 Name 属性，大多数控件有 Caption 属性。对于同一个控件如标签，这两个属性有什么不同？

8.3　设置文本框的滚动条时，应设置什么属性以后才有效？

8.4　标签和文本框在显示文本信息上有何区别？

8.5　怎样在命令按钮上设置访问键？如何设置图形按钮？

8.6　可以有几种方法向列表框中添加项目？

8.7　图像框与图片框的异同点是什么？它们可以显示哪几种格式的图形？怎样加载图形？

8.8　图片框的 AutoSize 属性和图像框的 Stretch 属性有什么不同？

8.9　可以有几种方式设置定时器无效？

8.10　用定时器和图像框设计一个图像缩小简易动画。

8.11　交通信号灯有红、黄、绿三种，某一时刻只能亮一盏灯。用定时器和图像框设计一个交通信号灯。

8.12　建立一个列表框，在列表框 lstStudent 中添加 10 个学生的名字，前 5 名在设计阶段通过 List 属性输入，后 5 名在程序运行时由 AddItem 方法添加。当选中姓名并单击命令按钮 cmdDisplay 后，在标签 lblScore 中显示学生的三好总分。

8.13　在窗体标题栏内显示系统时间。

8.14　编写一段程序，通过单选按钮设置字体的类型及大小。

8.15　设计一个界面，实现字体的放大。

第 9 章　对话框程序设计

在使用 Windows 应用程序的过程中，经常会遇到对话框，通过对话框实现与用户的信息交流。在 Visual Basic 6.0 中，对话框是一种特殊的界面，它可以是用户自定义的对话框，也可以是系统提供的标准对话框。本章主要介绍对话框的分类和特点、用户自定义对话框和通用对话框程序设计。

9.1　对话框概述

9.1.1　对话框的分类

在 Visual Basic 6.0 中，对话框可以分为三类：

1. 预定义对话框

预定义对话框包括有输入框（InputBox 函数）和信息框（MsgBox 函数）。

2. 自定义对话框

是由用户根据需要自己进行定义的对话框。

3. 通用对话框

是系统提供的一种控件，可以用来设计较复杂的对话框。

9.1.2　对话框的特点

对话框与窗体类似，但又与一般的窗体不同。无论是自定义的对话框，还是通用对话框，都主要表现出以下几个方面的特点：

（1）在一般情况下，对话框的边框是固定的。

（2）退出对话框时，必须单击其中的某个按钮，不能通过单击对话框外部的某个地方关闭对话框。

（3）对话框中不能有最大化按钮（Max Botton）和最小化（Min Botton）按钮。

（4）对话框中控件的属性有些可以在设计阶段设置，有些必须在程序代码中设置。

（5）一般情况下，对话框要求用户作出响应后，当前（或者全部）应用程序才能够继续运行。

9.2　自定义对话框

预定义的对话框只能显示一些简单的信息，不能够改变其结构，通常不能满足用户的需要。如果需要比输入框或信息框功能更多的对话框，则只能由用户自己建立对话框，即自定义对话框。下面通过一个例子来介绍如何自定义对话框。

例9.1　自定义对话框。

（1）建立2个窗体，在第一个窗体Form1中，设置2个命令按钮Command1和Command2，1个标签，其属性设置如表9.1所示。

表9.1　属性设置

控件名称	属性名	属性值
Form1	（名称）	frmDialog1
	Caption	自定义对话框
	MaxBotton	False
	MinBotton	False
Label1	Caption	欢迎使用本应用程序！如果您要输入数据，请单击"输入数据"按钮，否则，单击"退出"按钮。
	Font	楷体_GB2312、常规、四号
Command1	Caption	输入数据
	Font	楷体_GB2312、常规、四号
Command2	Caption	退出
	Font	楷体_GB2312、常规、四号

应用程序为：

```
Private Sub Command1_Click( )
    frmDialog2. Show
    frmDialog2. Text1. SetFocus
End Sub
Private Sub Command2_Click( )
    End
End Sub
```

（2）在第二个窗体Form2中，设置1个框架Frame1，并在框架内放置2个单选按钮Option1和Option2；设置1个标签Label1，1个文本框Text1，2个命令按钮Command1和Command2。

其属性设置如表9.2所示。

应用程序为：

```
Private Sub Command1_Click( )
    Dim a
    FontSize = 16
```

表 9.2 属性设置

控件名称	属性名	属性值
Form1	（名称）	frmDialog2
	Caption	对话框
	MaxBotton	False
	MinBotton	False
Label1	Caption	请输入数据：
	Font	楷体_GB2312、常规、四号
Text1	Text	空
	Font	宋体、常规、四号
Frame1	Caption	请选择数据类型：
	Font	楷体_GB2312、常规、四号
Option1	Caption	数 值
	Font	楷体_GB2312、常规、四号
Option2	Caption	字符串
	Font	楷体_GB2312、常规、四号
Command1	Caption	输入数据
	Font	楷体_GB2312、常规、四号
Command2	Caption	退出
	Font	楷体_GB2312、常规、四号

```
        If Option1 Then
            a = Val(Text1. Text)
            Print "您输入的数为："; a
        End If
        If Option2 Then
            a = Text1. Text
            Print "您输入的字符为："; a
        End If
        Text1. Text = ""
        Text1. SetFocus
    End Sub
    Private Sub Command2_Click( )
        frmDialog2. Hide
        frmDialog1. Show
    End Sub
    Private Sub Option2_Click( )
```

```
        Text1. SetFocus
End Sub
Private Sub Option1_Click( )
        Text1. SetFocus
End Sub
```
程序运行时，先显示 frmDialog1 界面如图 9.1 所示。

图 9.1   frmDialog1 对话框

单击"输入数据"按钮，显示 frmDialog2 界面如图 9.2 所示。

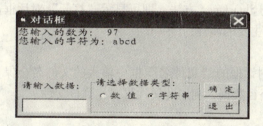

图 9.2   frmDialog1 对话框

9.3   通用对话框

9.3.1   通用对话框控件

通用对话框控件不是 Visual Basic 6.0 的常用内部控件，而是一种 Active X 控件，在使用前，必须把通用对话框控件添加到工具箱中。添加通用对话框控件的步骤：

（1）选择"工程\部件"命令，打开"部件"对话框，单击"控件"选项卡。

（2）选择"Microsoft Common Dialog Control 6.0"，单击"确定"按钮。通用对话框控件即被添加到工具箱中。

通用对话框控件为程序设计人员提供了 6 个标准的对话框，它们是"打开"、"另存为"、"打印"、"颜色"、"字体"和"Windows 联机帮助"。通用对话框控件的作用只是提供标准对话框的接口（如：在"打开"对话框中双击某个文件时，并不能打开该文件），必须通过运行程序代码才能执行所需的功能。

怎样产生这 6 种对话框呢？只要在程序中使用适当的方法即可。如表 9.3 所示。

表 9.3 通用对话框及其方法

对话框	方　法	说　明
Open（打开）	ShowOpen	显示"打开"对话框
SaveAs（另存为）	ShowSave	显示"另存为"对话框
Color（颜色）	ShowColor	显示"颜色"对话框
Font（字体）	ShowFont	显示"字体"对话框
Printer（打印）	ShowPrinter	显示"打印"对话框
Winhelp（帮助）	ShowWinhelp	显示"帮助"对话框

例如：设有一个通用对话框控件名为 CommonDialog1，如果要显示"打开"对话框，其代码为：

CommonDialog1. ShowOpen

9.3.2 "打开"对话框

运用通用对话框的 ShowOpen 方法，即可显示"打开"对话框。

"打开"对话框最主要的属性：

1. Filename 属性

用户在"打开"对话框的"文件名"框中输入的文件名会保存在该属性中。此属性的内容包含了完整的路径数据，利用此属性可以找到该文件。

2. Filter 属性

用来指定在对话框中显示的文件类型。用该属性可以设置多个文件类型，供用户在对话框的"文件类型"的下拉列表框中选择。其格式为：

[窗体 .]　对话框名 . Filter = 描述符 1　|　过滤器 1 | 描述符 2 | 过滤器 2...

其中：

（1）［窗体 .］：缺省时为当前窗体。

（2）描述符 1：用于指定显示在"文件类型"下拉列表框中文件类型的文字说明。

（3）"|"：称为管道符。

（4）过滤器 1：用于指定显示在"文件类型"下拉列表框中的文件类型。

（5）一次可以设定多种文件类型。例如：

CommonDialog1. Filter = "所有文件(*.*)|*.*|文本文件(*. TXT)|*. TXT|Word 文档 (*. DOC)|*. DOC"

执行该语句后，在对话框的"文件类型"下拉列表框中显示出：

　　所有文件（*.*）

　　文本文件（*. TXT）

　　Word 文档（*. DOC）

这三种文件类型。

3. FilterIndex 属性

用来指定默认的过滤器，其值为一整数。每一个过滤器都有一个值，第一个过滤器的值为1，第二个过滤器的值为2……例如：

CommonDialog1. FilterIndex = 2

将把第二个过滤器作为默认的过滤器，打开对话框后，在文件类型栏内显示：文本文件（＊.TXT），其他过滤器必须通过下拉列表框显示。

4. FileTitle 属性

指定对话框中所选择的文件名（不包括路径）。

5. DialogTitle 属性

用来设置对话框的标题。

6. DefaultEXT 属性

设置对话框中默认的文件类型，即扩展名。如果在对话框中没有给出扩展名时，则自动将 DefaultEXT 属性值作为其扩展名。

通用对话框控件 ▭ 在设计时，可以从窗体中看见，但在程序运行时会自动消失，在窗体中看不见。

例9.2 "打开"对话框。

（1）创建应用程序界面。在窗体 Form1 中，放置1个文本框 Text1，1个单选按钮 Option1，1个通用对话框控件 CommonDialog1，2个命令按钮 Command1 和 Command2。

（2）设置窗体和控件的属性，如表9.4所示。

表9.4　属性设置

控件名称	属性名	属性值
Form1	（名称）	frmOpen
	Caption	通用对话框
Text1	MultiLine	True
	ScrollBars	3 – Both
	Text	空
Option1	Caption	打开
Command1	Caption	确　定
Command2	Caption	取　消

设置窗体和控件属性后的界面如图9.3所示。

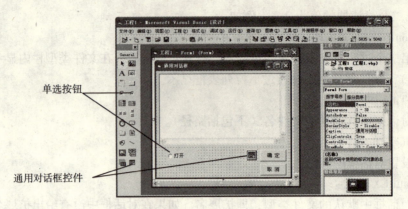

单选按钮

通用对话框控件

图 9.3　设置窗体和控件属性后的界面

（3）编写如下应用程序代码：

```
Private Sub Command1_Click( )
    If Option1. Value = True Then              '如果单选按钮 Option1 被选中，则
    CommonDialog1. FileName = "License. Txt"   '设定对话框的默认名。
    CommonDialog1. Filter = "所有文件(*.*)|*.*|文本文件(*.Txt)|*.Txt|演示文稿(*.ppt)|*.ppt"
    CommonDialog1. ShowOpen        '打开 Open 对话框。
        Text1. Text = CommonDialog1. FileName   '将选取的文件名显示在文本框中。
    End If
End Sub
Private Sub Command2_Click( )
    End
End Sub
```

程序运行时，在显示的界面上，用户选择单选按钮"打开"，单击"确定"按钮，则出现一个"打开"对话框，如图 9.4 所示。

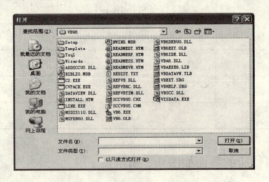

图 9.4　"打开"对话框

当用户从中选择一个文件并单击"确定"按钮，所选择的文件的路径和名称显示在文本框 Text1 中，如图 9.5 所示。

图 9.5 在文本框中显示出选择的文件

9.3.3 "另存为"对话框

"另存为"对话框与"打开"对话框的使用方法类似。其 Filename 属性可读取用户想要保存的文件名和路径。如果要显示"另存为"对话框，其代码为：

CommonDialog1. ShowSave

例 9.3 "另存为"对话框。

在例 9.2 的窗体 Form1 中，添加 1 个单选按钮 Option2，并将其 Caption 属性设为"另存为"，添加的程序代码为：

If Option2. Value = True Then　　　　　　　　'如果单选按钮 Option2 被选中，则
　　CommonDialog1. FileName = " Common. tmp"　'设定对话框默认的文件名。
Rem 设定需要显示的文件类型
CommonDialog1. Filter = "文本文件(*. Txt) |*. Txt|临时文件(*. Tmp) |*. Tmp|演示文稿(*. ppt) |*. ppt"
　　CommonDialog1. ShowSave　　　　　　　　　'打开另存为对话框。
　　Open CommonDialog1. FileName For Output As #1　'打开 1 号 Common. tmp 文件。
　　Print #1，Text1. Text　　　　　　　　　　　'将 Text1 中的文本写入 1 号文件。
　　Close #1　　　　　　　　　　　　　　　　'关闭 1 号文件。
End If

程序运行时的界面如图 9.6 所示。

图 9.6 创建"另存为"对话框程序界面

选择单选按钮"另存为"（Option2），并单击"确定"按钮，打开一个"另存为"对话框，如图9.7所示。

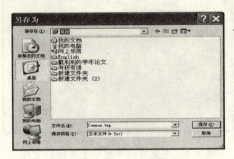

图9.7 "另存为"对话框

选取路径和文件名，并单击"保存"后，则文本框中的文本将被保存在所选取的文件中。

9.3.4 "颜色"对话框

使用通用对话框中的ShowColor方法可以建立"颜色"对话框，用户在对话框中选定的颜色会保存在Color属性中。如果要显示"颜色"对话框，其代码为：

CommonDialog1. ShowColor

例9.4 "颜色"对话框。

在例9.3的窗体Form1中，添加1个单选按钮Option3，将其Caption属性设置为"颜色"，添加的程序代码为：

```
If Option3. Value = True Then                '如果单选按钮Option3被选中，则
    CommonDialog1. ShowColor                 '打开颜色（Color）对话框，设置颜色。
    Text1. BackColor = CommonDialog1. Color  '将文本框的背景颜色设置为Color对话
                                             框所选定的颜色。
End If
```

程序运行时，选择单选按钮"颜色"（Option3），单击"确定"按钮，打开"颜色"对话框，如图9.8所示。

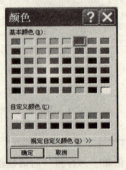

图9.8 "颜色"对话框

选取颜色并单击"确定"按钮后，文本框的背景颜色变为 Color 对话框所选定的颜色，如图9.9所示。

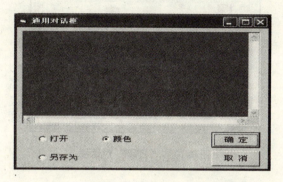

图9.9　显示 Color 对话框所选定的颜色

9.3.5 "打印"对话框

显示"打印"对话框的方法为 ShowPrinter，其主要的属性如下：

（1）Copies：打印的份数。

（2）FromPage：起始页，从哪一页开始打印。

（3）ToPage：终止页，打印到哪一页为止。

如果要显示"打印"对话框，其代码为：

CommonDialog1. ShowPrinter

例9.5　"打印"对话框。

在例9.4的窗体 Form1 中，添加1个单选按钮 Option4，将其 Caption 属性设置为"打印"，添加的程序代码为：

```
If Option4. Value = True Then          '如果单选按钮 Option4 被选中，则
    CommonDialog1. ShowPrinter         '打开"打印"对话框。
    For i = 1 To CommonDialog1. Copies  '设置打印份数。
        Printer. Print Text1. Text      '将文本框中的文本打印出来。
    Next i
        Printer. EndDoc                 '结束打印。
End If
```

程序运行时，选择单选按钮"打印"（Option4），单击"确定"按钮，打开"打印"对话框，如图9.10所示。

图 9.10   "打印"对话框

设定打印选项并单击"打印"按钮后，文本框 Text1 中的文本将通过打印机打印出来。

9.3.6   "字体"对话框

"字体"对话框的主要属性：

（1）Fontname：字体名称。

（2）Fontsize：字体大小。

（3）Fontbold：粗体字。

（4）Fontitalic：斜体字。

（5）Flags：控制所显示的内容，其常用值有：

Cdlcfscreenfonts：对话框只列出系统支持的屏幕画面字体。

Cdlcprinterfonts：对话框只列出由 Hdc 属性指定的打印机所支持的字体。

Cdlcfboth：对话框列出所有可用的打印机和屏幕字体。

显示"字体"对话框的方法为 ShowFont，如果要显示"字体"对话框，其代码为：

CommonDialog1. ShowFont

例 9.6   "字体"对话框。

在例 9.5 的窗体 Form1 中，添加 1 个单选按钮 Option5，将其 Caption 属性设置为"字体"，添加的程序代码为：

```
If Option5. Value = True Then              '如果单选按钮 Option5 被选中，则
    CommonDialog1. Flags = cdlCFBoth       '对话框列出所有可用的打印机和屏幕字体。
    CommonDialog1. ShowFont                '打开"字体"对话框。
    Text1. Font = CommonDialog1. FontName          '字体名称。
    Text1. FontSize = CommonDialog1. FontSize       '字体大小。
    Text1. FontBold = CommonDialog1. FontBold       '粗体字。
    Text1. FontItalic = CommonDialog1. FontItalic    '斜体字。
End If
```

程序运行时，选择单选按钮"字体"（Option5），单击"确定"按钮，打开"字体"

对话框，如图9.11所示。

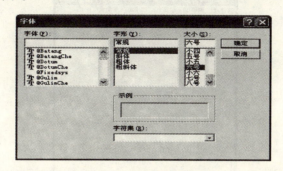

图9.11 "字体"对话框

选择字体选项并单击"确定"按钮后，文本框中的文本将被改变为所选取的字体。

9.3.7 "帮助"对话框

使用通用对话框中的 ShowWinhelp 方法可以建立"帮助"对话框，如果要显示"帮助"对话框，其程序代码为：

CommonDialog1. ShowWinhelp

例9.7 "帮助"对话框。

在例9.6的窗体 Form1 中，添加1个单选按钮 Option6，将其 Caption 属性设置为"帮助"，添加的程序代码为：

```
If Option6. Value = True Then        '如果单选按钮 Option6 被选中。
    CommonDialog1. CancelError = True
    On Error GoTo ErrHandler
    CommonDialog1. HelpCommand = cdlHelpForceFile        '设置好帮助命令。
    CommonDialog1. HelpFile = "c：\Win98\help\notepad. hlp"        '设置好欲调用的帮助文件。
    CommonDialog1. ShowHelp                '打开"帮助"对话框（启动帮助文件）。
        Exit Sub
ErrHandler：
        Exit Sub
    End If
```

程序运行时，选择单选按钮"帮助"（Option6），单击"确定"按钮，打开"帮助"对话框，如图9.12所示。

图 9.12 "帮助"对话框

用户可以从"帮助"对话框中查阅到相关的帮助信息。

习 题

9.1 对话框可以分为哪几类?

9.2 对话框有哪些特点? 对话框与窗口有何不同?

9.3 通用对话框是一种什么控件? 怎样添加通用对话框控件?

9.4 通用对话框控件为用户提供了 6 个标准的对话框, 它们分别是哪 6 种对话框?

9.5 设计一个窗体, 建立颜色对话框, 用标签显示出从颜色对话框中选取的颜色。

9.6 用字体对话框设置标签中显示的文字"欢迎使用 Visual Basic 6.0!"。

9.7 在窗体上放置一个通用对话框控件 CommonDialog1 和一个命令按钮 Command1, 然后在 Command1_ Click 事件中编写一段程序, 建立帮助对话框。

9.8 设计一个窗体, 在窗体上放置一个通用对话框控件 CommonDialog1 和一个命令按钮 Command1, 单击该命令按钮后, 建立一个另存为对话框, 在对话框中设置可以保存的文件类型为所有文件和文本文件。

第10章 用户界面设计

在 Visual Basic 6.0 中，仅仅只用工具箱中的控件来设计用户界面，在一定程度上来说是不够的，其界面十分单调，也不美观。还需要设计出界面的菜单栏、工具栏和状态栏，这样既丰富了界面的内容，增加了功能，又方便了操作，提高了工作效率。另外，一个简单的应用程序只有一个窗体。单一的窗体往往不能够满足实际应用的需要，特别是对于较复杂的应用程序，需要通过多重窗体才能够实现其功能，每一个窗体都有自身的界面和程序，完成不同的功能。本章将介绍菜单栏设计、工具栏设计、状态栏设计以及多文档界面（MDI）设计等相关内容。

10.1 菜单栏设计

菜单为用户提供了命令，一个高质量的菜单程序，不仅可以使界面美观，而且能使操作使用方便。菜单栏一般在窗体的标题栏下面，包含多个菜单标题（主菜单）。单击菜单标题时，出现包含菜单项的列表，菜单项可以是菜单命令、分隔线或子菜单标题。菜单控件是一个对象，在设计或运行时，必须设置它的外观和行为的属性。

菜单可以分为两类：下拉式菜单和弹出式菜单。

1. 下拉式菜单

下拉式菜单是一种典型的窗口式菜单，每一个菜单标题可以"下拉"出菜单项列表，如图 10.1 所示。

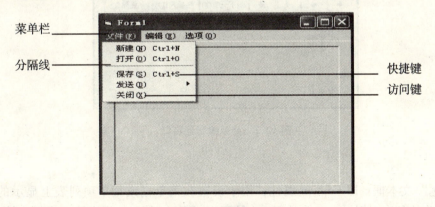

图10.1　下拉式菜单

（1）菜单控件的主要属性。

菜单控件的主要属性如表 10.1 所示。

表 10.1　菜单控件的主要属性

控件名称	属性名	属性值
Name（名称）	字符串	是代码中用来引用菜单控件的名字
Caption（标题）	文本	是出现在控件上的文本（菜单标题）
Index（索引）	整型	在创建菜单控件数组时作为索引
Checked（复选）	True	把一个复选标志放置在菜单上
	False	取消放置在菜单上的复选标志
Enabled(有效)	True	菜单控件有效（默认）
	False	使此菜单控件失效、颜色变灰
Visible（可见）	True	设置菜单可见（默认）
	False	设置菜单不可见（隐藏）

（2）菜单编辑器（Menu Editor）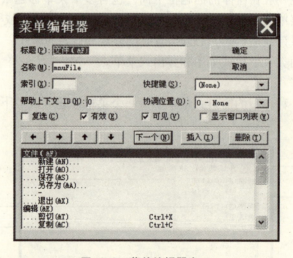

在 Visual Basic 6.0 中，菜单设计通过菜单编辑器来进行，选择"工具\菜单编辑器"命令即可打开菜单编辑器，也可以在"工具栏"上单击"菜单编辑器"按钮。创建新的菜单和菜单栏，修改和删除已有的菜单和菜单栏。

菜单编辑器窗口如图 10.2 所示。

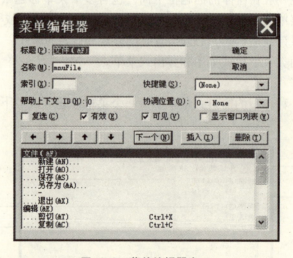

图 10.2　菜单编辑器窗口

其中：

"标题"文本框：即 Caption 属性，用于设置在菜单栏或菜单项列表上显示的文本，也就是菜单的名称。例如：文件（&F）、另存为（&A）等。如果在该文本框中输入一个减号"－"，则在菜单中加入一条分隔线。可以在菜单项中创建访问键，但两个同一级菜单项不能用同一个访问字符。

"名称"文本框：即 Name 属性，设置在代码中引用该菜单项的名称。菜单标题和每一个菜单项都是控件，都必须取控件名。菜单项的名称应当唯一，但不同菜单中的子菜单可以同名。

菜单的名称要有一定的意义，一般应以 mnu 作为菜单的前缀，后面为菜单标题（主菜单）的名称，例如："文件"菜单的名称为 mnuFile，下一级子菜单"新建"的名称为 mnuFileNew。

"索引"文本框：用于为控件数组设置下标。

快捷键组合框：用于设置菜单项的快捷键（热键）。单击右端的箭头，下拉显示可供使用的快捷键。用户进行选择后，快捷键将自动出现在菜单上，要删除快捷键应选取列表顶部的"（none）"。在主菜单上不能设置快捷键。

"帮助上下文"文本框：可以键入一个唯一的数值作为帮助文本的标识符，该值用来在帮助文件（用 HelpFile 属性设置）中查找相应的帮助主题。

"协调位置"组合框：用于设置菜单或菜单项是否出现或在什么位置出现。单击右端的箭头，下拉显示一个列表，如图 10.3 所示。

图 10.3 设置菜单项显示位置

该组合框列表中共有 4 个选项：

0 – None 为菜单项不显示。

1 – Left 为菜单项靠左显示。

2 – Middle 为菜单项居中显示。

3 – Middle 为菜单项靠右显示。

"复选"复选框：如果选中(√)，初次打开菜单项时，菜单左边出现"√"。利用该属性，可以指明某个菜单当前是否处于活动状态。在窗体的主菜单上不能使用该属性。

"有效"复选框：用于设置菜单的操作状态。如果选中(√)，运行时菜单清晰可用，未选中，菜单呈灰色，不可用。

"可见"复选框：用于设置菜单是否可见。如果选中(√)，运行时菜单清晰可见，未选中，菜单不可见。

"显示窗口列表"复选框：如果选中(√)，将显示当前打开的一系列子窗口。用于多文档应用程序。

"←"按钮：单击"←"按钮，则删除缩进级前的四个点（...），选定的菜单成为上一级菜单。

"→"按钮：单击"→"按钮，则在缩进级前加四个点（...），选定的菜单成为下一级子菜单。

"↑"按钮：将选定的菜单向上移动。

"↓"按钮：将选定的菜单向下移动。

"下一个"按钮：建下一个菜单项，即开始一个新的菜单项。

"插入"按钮：用于插入一个新的菜单项。

"删除"按钮：删除选定的菜单项。

在菜单项显示区中，"文件(&F)"、"编辑(&E)"等称为菜单标题（或主菜单）。"新建(&N)""剪切(&T)"等称为一级子菜单，再往后称为二级子菜单、三级子菜单等等。

（3）菜单的事件。

菜单的事件为 Click 事件，除分隔条以外的所有菜单控件都能识别 Click 事件。菜单设计好后，单击菜单栏上的菜单项，即可为该菜单编写代码。

例 10.1 菜单设计。在窗体 Form1 中，设计一组菜单，放置 1 个通用对话框 Common-Dialog1，1 个图片框 Picture1，1 个图像框 Image1，选择"文件 \ 另存为"菜单命令，显示"另存为"对话框；选择"文件 \ 打开"菜单命令，显示"打开"对话框，选定一个图形，显示在图像框 Image1 中；选择"编辑 \ 日期和时间"菜单命令，则在图片框 Picture1 中显示当前的日期和时间。

将 Form1 的 Caption 属性设置为"菜单设计"。Picture1 的 Visible 属性设置为 False。Image1 的 Borderstyle 属性设置为 1，Stretch 属性设置为 True。

各菜单项属性设置如表 10.2 所示。

表 10.2 菜单项属性设置

菜单级别	标 题	名 称	快捷键
菜单标题（主菜单）	文件（&F）	mnuFile	
一级子菜单	新建（&N）	mnuFileNew	Ctrl + N
一级子菜单	打开（&O）	mnuFileOpen	Ctrl + O
一级子菜单	保存（&S）	mnuFileSave	Ctrl + S
一级子菜单	另存为（&A）	mnuFileSaveAs	
一级子菜单	－	mnuFileDiv1	
一级子菜单	退出（&X）	mnuFileExit	
菜单标题（主菜单）	编辑（&E）	mnuEdit	
一级子菜单	剪切（&T）	mnuEditCut	Ctrl + X
一级子菜单	复制（&C）	mnuEditCopy	Ctrl + C
一级子菜单	粘贴（&P）	mnuEditPaste	Ctrl + V
一级子菜单	删除（&D）	mnuEditDel	Del
一级子菜单	－	mnuEditDiv1	
一级子菜单	全选（&A）	mnuEditAll	Ctrl + A

菜单级别	标 题	名 称	快捷键
一级子菜单	日期和时间（&D）	mnuEditDate	Ctrl + D
菜单标题（主菜单）	窗口（&W）	mnuWindows	
一级子菜单	平铺（&T）	mnuWindowsTitie	
一级子菜单	层叠（&C）	mnuWindowsCascade	
菜单标题（主菜单）	选项（&O）	mnuOpt	
一级子菜单	工具栏（&T）	mnuOptTools	
一级子菜单	字体（&F）	mnuOptFont	
二级子菜单	大写（&B）	mnuOptFontBig	
二级子菜单	小写（&S）	mnuOptFontSmall	
一级子菜单	实例（&E）	mnuOptExample	

应用程序为：

```
Private Sub mnuEditDate_Click( )
    Picture1. Visible = True
    Picture1. AutoRedraw = True
    Picture1. Print Now          '在 Picture1 中显示当前的日期和时间。
End Sub
Private Sub mnuFileSaveAs_Click( )
    Rem 使对话框能够避免出错造成的意外情况：
    CommonDialog1. CancelError = True
    On Error GoTo errhandler
    Rem 设定好对话框的文件过滤选项：
  CommonDialog1. Filter = " All Files(* *) |* *| BMP Files(* BMP) |* BMP| JPG Files(* JPG) |* JPG"
    CommonDialog1. FilterIndex = 1
    Rem 打开对话框：
    CommonDialog1. ShowSave
errhandler：
    Exit Sub
End Sub
Private Sub mnuFileExit_Click( )
    Unload Form1
End Sub
Private Sub mnuFileOpen_Click( )
    Rem 使对话框能够避免出错造成的意外情况
    CommonDialog1. CancelError = True
    On Error GoTo errhandler
```

Rem 设定好对话框的文件过滤选项：

CommonDialog1. Filter = "All Files(∗∗)|∗∗|BMP Files(∗.BMP)|∗.BMP|JPG Files(∗.JPG)|∗.JPG"

CommonDialog1. FilterIndex = 1

Rem 打开对话框：

CommonDialog1. ShowOpen

Rem 将选中的图像文件打开：

Image1. Picture = LoadPicture(CommonDialog1. FileName)

errhandler：

Exit Sub

End Sub

程序运行时的界面如图 10.4 所示。

图 10.4　菜单设计界面

2. 弹出式菜单

弹出式菜单是独立于菜单栏而显示在窗体上的浮动菜单，它可以在窗体的某个地方显示出来，对程序事件作出响应。建立弹出式菜单通常分为两步进行：

首先用菜单编辑器建立菜单，然后用 PopupMenu 方法弹出显示菜单。使用 PopupMenu 方法的格式为：

[对象.]PopupMenu 菜单名[.位置常数[,横坐标 X[,纵坐标 Y,菜单项]]]]

其中：

对象：是窗体名。

菜单名：是在菜单编辑器中定义的主菜单项名。

X、Y：是弹出式菜单在窗体上的显示位置。

菜单项：在弹出式菜单中以粗体字出现的菜单项。

位置常数：是一个数值或符号常量，用于设置弹出式菜单的位置和行为，其取值分为两组，一组用于设置菜单位置，另一组用于设置菜单行为。位置常数的设置如表 10.3 所示。

表 10.3　位置常数参数的设置

参　　数	具体参数设置	说　　明
位置参数	vbPopupMenuLeftAlign	弹出式菜单的左边界定位于 X（缺省值）。
	vbPopupMenuCenterAlign	弹出式菜单以 X 位置居中。
	vbPopupMenuRightAlign	弹出式菜单的右边界定位于 X。
位置行为参数	VbPopupMenuLeftButton	通过单击鼠标左键选择菜单命令（缺省值）。
	vbPopupMenuRightButton	通过单击鼠标右键选择菜单命令。

　　为了显示弹出式菜单，通常把 PopupMenu 方法放在 MouseDown 事件中，该事件响应所有的鼠标单击操作。一般通过单击鼠标右键显示弹出式菜单，这可以用 Button 参数来实现。左键的 Button 参数为 1，右键的 Button 参数为 2。

　　例 10.2　弹出式菜单设计。在例 10.1 中，将"编辑"主菜单设为弹出式菜单，其子菜单"复制"设为粗体字，弹出式菜单出现在鼠标所在位置以 X 为左边界处。
　　添加下列程序：
```
Private Sub Form_MouseUp(Button As Integer,Shift As Integer,X As Single,Y As Single)
    If Button = 2 Then                '检测是否单击了鼠标右键。
        Form1. PopupMenu mnuEdit, vbPopupMenuLeftAlign, X, Y, mnuEditCopy
    End If
End Sub
```
程序运行时，在窗体上单击鼠标右键后的界面如图 10.5 所示。

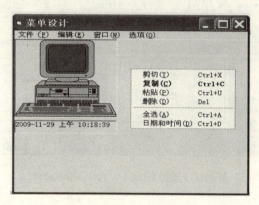

图 10.5　弹出式菜单设计界面

10.2　工具栏设计

　　工具栏是 Windows 应用程序界面重要的组成部分，它为用户提供了最常用的菜单命令的快速访问方式。在 Visual Basic 6.0 中，可以利用 ImageList 控件和 ToolBar 控件来创建工具栏，也可以用 Picture 控件和 Image 控件组合生成工具栏。

我们只介绍用 ImageList 控件和 ToolBar 控件来创建工具栏，其步骤如下：

1. 添加 ImageList 控件  和 ToolBar 控件

ImageList 控件和 ToolBar 控件不是 Visual Basic 6.0 的标准（内部）控件，在使用前，必须先添加这两个控件。

（1）选择"工程\部件"菜单命令，打开"部件"对话框。

（2）选中"Microsoft Windows Common Controls 6.0"复选框，如图 10.6 所示。

图 10.6　部件对话框

（3）单击"确定"按钮，则在控件箱中就出现了 ImageList 控件和 ToolBar 控件，在窗体中添加 ImageList 控件和 ToolBar 控件，如图 10.7 所示。

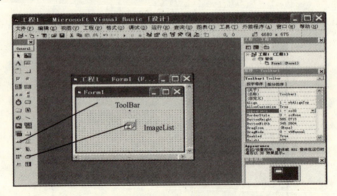

图 10.7　添加 ImageList 和 ToolBar 控件

2. 创建 ImageList 控件

ImageList 控件的作用类似于图像储藏室。将图形添加入 ImageList 控件的 Image 对象中，作为要使用的图形集合。添加图形的方法为：

（1）用鼠标右击 ImageList 控件，选择"属性页"。

（2）在"属性页"中，单击"图像"（Images）标签，如图 10.8 所示。

其中：

"索引"：用于为每个图像编号，在 ToolBar 控件的按钮中引用。

"关键字（Key）"：用于为每个图像设置标识，在 ToolBar 控件的按钮中引用。

"图像数"：表示已插入的图像数目。

"插入图片"按钮：用于插入新图像，图像文件的扩展名为 .ico、.bmp、.gif 和 .jpg 等。

"删除图片"按钮：用于删除选中的图像。

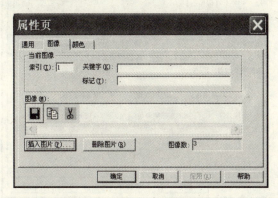

图 10.8 ImageList 控件的属性页

（3）单击"插入图片"按钮，打开"选择图片"对话框。

（4）选择 ImageList 所要包含的图形，单击"打开"按钮，将图形加入 ImageList 的 Image 对象集合。

（5）在关键字（Key）框中输入字符串给每个图形指定键值。

（6）重复（3）～（5）的操作，直到产生控件所需的图形集合。同时，ImageList 控件将给每一个图形分配一个唯一的索引号（从 1 开始），ImageList 控件中的图形即可以按数字索引引用，也可以用指定的键值使用。

3．创建 ToolBar 控件（工具条控件）

（1）用鼠标右击 ToolBar 控件，选择"属性页"。

（2）在"通用"标签中的"图像列表框"中选择 ImageList1，如图 10.9 所示。

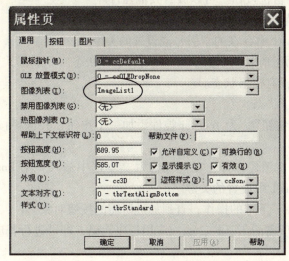

图 10.9 ToolBar 控件的属性页

（3）选择"按钮"标签，显示如图 10.10 所示的"属性页"对话框。

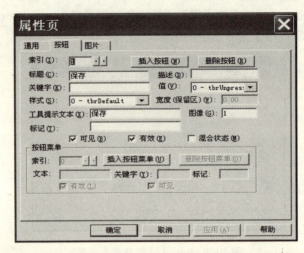

图 10.10 在 ToolBar 属性页中创建工具栏按钮

其中：

"标题"：是指在按钮上显示的文字。

"关键字"：是一个字符串，用来设置按钮对象的键值。

"工具显示文本"：是指鼠标指针移到按钮上时，出现的提示信息。

"样式（Style）"：是指按钮的样式，共有下列 6 种样式：

0 – tbrDefault 普通按钮。按钮按下后恢复原状。

1 – tbrCheck 开关按钮。按钮按下后保持按下状态。

2 – tbrButtonGroup 编组按钮。一组按钮中同时只能有一个按钮有效。

3 – tbrSeparator 分隔按钮。把左右的按钮分隔其他按钮。

4 – tbrPlaceholder 占位按钮。可以放置其他控件。

5 – tbrDropdown 菜单按钮。具有下拉式菜单。

"图像"：ImageList1 中存在的索引号或设置的关键字。

"值（Value）"：用于设置按钮的状态，共有 2 种状态（只对样式 1 和样式 2 有用）：

0 – tbrUnpressed 没有按下状态。

1 – tbrPressed 按下状态。

（4）单击"插入按钮"，为 ToolBar 控件添加一个按钮，并选择按钮的样式（一般情况下，取缺省值）。

（5）为该按钮选定图像，即：在"图像"文本框中输入一个 ImageList1 中存在的索引号，或输入 ImageList1 中设置的关键字。

（6）重复（4）～（5）的操作，直到加进所需的按钮对象。

这样就可以创建所需的工具栏，添加应用程序代码，即可进行相应的操作。

例 10.3 菜单栏和工具栏。

在窗体 Form1 中放置 1 个文本框 Text1，1 个图片框 Picture1。添加 1 个通用对话框

CommonDialog1 控件、1 个 ImageList1 控件和 ToolBar1 控件，并创建菜单栏和工具栏。

将窗体 Form1 的 Caption 属性设置为"菜单栏和工具栏"，文本框 Text1 的 MultiLine 属性设置为 True，ScrollBars 属性设置为 2 – Vertical，Text 属性设置了一些文本。

编写下列程序代码：

```
Private Sub mnuEditCopy_Click( )          '复制。
    Clipboard. Clear                       '清空剪贴板中的内容。
    Clipboard. SetText Screen. ActiveControl. SelText   '将 Text1 中选定的文本复制到剪贴板中。
End Sub
Private Sub mnuEditCut_Click( )                       '剪切。
    Clipboard. Clear                                 '清空剪贴板中的内容。
    Clipboard. SetText Screen. ActiveControl. SelText   '将 Text1 中选定的文本复制到剪贴板中。
    Screen. ActiveControl. SelText = " "             '清除 Text1 中选定的文本。
End Sub
Private Sub mnuEditPaste_Click( )                    '粘贴。
    Screen. ActiveControl. SelText = Clipboard. GetText( )  '将剪贴板中的文本复制到 Text1 中的光标处。
End Sub
Private Sub mnuFileExit_Click( )
    Unload Me
End Sub
Private Sub mnuFileNew_Click( )
    MsgBox "新建文件" , vbOKOnly , "新建"
End Sub
Private Sub mnuFileOpen_Click( )
    CommonDialog1. CancelError = True
    On Error GoTo errHandler
Rem 设定好对话框的文件过滤选项：
    CommonDialog1. Filter = " All Files(*. *) |*. *| BMP Files(*. BMP) |*. BMP| JPG Files(*. JPG) |*. JPG"
    CommonDialog1. FilterIndex = 1
    CommonDialog1. ShowOpen                          '打开对话框。
    Image1. Picture = LoadPicture( CommonDialog1. FileName)   '将选中的图像文件打开。
errHandler：
    Exit Sub
End Sub
Private Sub mnuFileSave_Click( )
    CommonDialog1. CancelError = True
    On Error GoTo errhandler2
    CommonDialog1. ShowSave
errhandler2：
    Exit Sub
```

```
End Sub
Private Sub Toolbar1_ButtonClick(ByVal Button As MSComctlLib. Button)
    Select Case Button. Index
        Case 2
            CommonDialog1. CancelError = True
            On Error GoTo errHandler
CommonDialog1. Filter = "All Files(*. *)|*. *|BMP Files(*. BMP)|*. BMP|JPG Files(*. JPG)|*. JPG"
            CommonDialog1. FilterIndex = 1
            CommonDialog1. ShowOpen
            Image1. Picture = LoadPicture (CommonDialog1. FileName)
errHandler：
        Exit Sub
        Case 3
            CommonDialog1. CancelError = True
            On Error GoTo errhandler2
            CommonDialog1. ShowSave
errhandler2：
        Exit Sub
        Case 4                                  '剪切。
        Clipboard. Clear                        '清空剪贴板中的内容。
        Clipboard. SetText Screen. ActiveControl. SelText    '将Text1中选定的文本复制到剪贴板中。
        Screen. ActiveControl. SelText = ""     '清除Text1中选定的文本。
        Case 5                                  '复制。
        Clipboard. Clear                        '清空剪贴板中的内容。
        Clipboard. SetText Screen. ActiveControl. SelText    '将Text1中选定的文本复制到剪贴板中。
        Case 6                                  '粘贴。
        Screen. ActiveControl. SelText = Clipboard. GetText()  '将剪贴板中的文本复制到Text1中。
        Case 9
            CommonDialog1. CancelError = True
            On Error GoTo errhandler3
            CommonDialog1. ShowPrinter
errhandler3：
        Exit Sub
        Case 10
            CommonDialog1. CancelError = True
            On Error GoTo errHandler4
            CommonDialog1. HelpCommand = cdlHelpForceFile           '设置好帮助命令。
            CommonDialog1. HelpFile = "C:\WINDOWS\Help\tcpmon. hlp"  '设置好欲调用的帮助文件。
            CommonDialog1. ShowHelp            '打开"帮助"对话框（启动帮助文件）。
```

```
                    Exit Sub
errHandler4：
                    Exit Sub
        End Select
End Sub
```

程序运行时，单击"打开"按钮，选择一幅图像装入图片框后的界面如图 10.11
所示。

图 10.11　菜单栏和工具栏

10.3　状态栏设计

状态栏（StatusBar）位于窗口底部，用于显示应用程序的各种状态信息。Status-
Bar 控件是一个 Active X 控件，位于 MSCOMCTL. OCX 文件中，其添加方法与 ImageList
相同。

状态栏（StatusBar）控件由 Panel（窗格）对象组成，每一个 Panel（窗格）对象包
含文本和图片。状态栏（StatusBar）控件最多能分成 16 个 Panel（窗格）对象，缺省时，
状态栏（StatusBar）控件中只有一个 Panel（窗格）对象。

添加状态栏（StatusBar）控件的一般方法：

（1）在窗体上，添加一个状态栏（StatusBar）控件，状态栏控件自动移到窗体底部，
并自动调整宽度与窗体宽度相同，其高度则可由用户自行调整。

（2）右击状态栏（StatusBar）控件，单击"属性"菜单，显示"属性页"对话框。

（3）在"属性页"对话框中，选择"窗格"选项卡（索引栏内的数字为 1），如图
10.12 所示。

图 10.12　StatusBar 控件属性页

其中：

"索引"：为 Panel（窗格）对象的 Index 属性，其值由添加 Panel 对象的次序决定。

"插入窗格"按钮：用于在状态栏上添加窗格。

"删除窗格"按钮：用于删除状态栏上当前索引指定的窗格。

"文本"：用于设置在窗格中显示的文本。

"图片"：对应于 Panel 对象的 Picture 属性，单击"浏览"按钮，可以为窗格添加一幅图片。单击"无图片"按钮，可以清除窗格中的图片。

"关键字"：用于为当前的 Panel 对象设置一个标识符，其值必须唯一。

"对齐"：设置窗格中的文本或图像在窗格中的对齐方式。

"样式"：用于设置 Panel 对象的样式，共有 8 种样式。

"斜面"：用于设置窗格的斜面样式，共有 3 种样式。

"自动调整大小"：用于设置当 StatusBar 控件的大小改变时，Panel 对象的大小将如何改变。共有 3 种形式。

（4）在文本栏内输入文本。

例如：文件管理。单击"图片"框架中的"浏览"（Browse），选择所需要的位图加入状态栏。

（5）单击"插入窗格"，索引栏内的数字变为 1，单击"索引"栏右端的箭头，使栏内的数字变为 2，重复上面的操作，加入第二个 Panel 对象。

（6）加入面板对象后，可以通过索引值访问对象，也可以通过关键字（Key）访问对象。

例 10.4　设置窗格索引为 1 的文本为"文件管理"，窗格索引为 2 的文本在运行时由代码设置，窗格索引为 3 的样式（Style）属性为 5（sbrTime），显示时间。

在窗体 Form1 中添加 1 个 ImageList1 控件和 ToolBar1 控件，1 个状态栏 StatusBar1 控件，2 个标签 Label1 和 Label2，1 个驱动器列表框 Drive1，1 个目录列表框 Dir1 和 1 个文件列表框，1 个框架 Frame1 和 1 个图片框。将窗体 Form1 的 Caption 属性设置为"状态栏"，Label1 和 Label2 的 Caption 属性分别设置为"目录列表："和"文件列表："，Frame1 的 Caption 属性设置为"空"，并创建菜单栏和工具栏。

编写下列应用程序：

Private Sub Dir1_Change()
  File1. Path = Dir1. Path
  File1. Pattern = " *. bmp; *. wmf; *. ico"
End Sub
Private Sub Drive1_Change()
  Dir1. Path = Drive1. Drive
End Sub
Private Sub File1_Click()
  Frame1. Caption = File1. FileName
  Picture1. Picture = LoadPicture(File1. Path & " \" & File1. FileName)
End Sub
Private Sub Form_Load()
  '设置状态条第二个窗格
  StatusBar1. Panels. Item(2) = "运行"
End Sub
Private Sub mnuFileExit_Click()
  Unload Form1
End Sub

程序运行时的界面如图 10.13 所示。

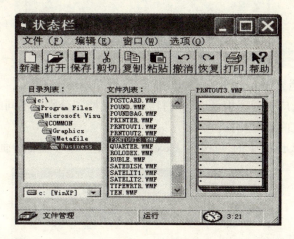

图 10.13 状态栏（StatusBar）设计

10.4 MDI 设计

设计一个应用程序界面，应根据实际需要考虑用多少个窗体，每一个窗体怎样设置，包含哪些菜单命令，是否设置工具栏和状态栏，以及对话框的形式等，既要满足功能需求，又要美观实用。对于多窗体的应用程序，要为每一个窗体编写程序代码，同时还要注意各窗体之间的相互关系。

10.4.1 MDI 窗体与 MDI 子窗体

1. 概述

在基于 Windows 的应用程序中，用户界面主要有三大类型：单文档界面、多文档界面和资源管理器界面。

（1）单文档界面（SDI——Single Document Interface）。

单文档界面是指应用程序中每次只能打开一个文档，如果要想打开另一个文档时，必须先关上已打开的文档。

例如：写字板 wordpad. exe 应用程序界面就是一个单文档界面，如图 10.14 所示。

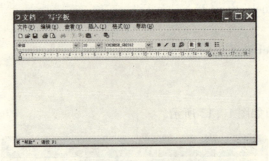

图 10.14 单文档界面

（2）多文档界面（MDI——Multi Document Interface）。

多文档界面是指应用程序中可以同时打开多个文档，分别以不同的窗体显示出来，用户可以在各个文档之间相互切换。

例如：Mcrosoft Office 中的 Word 和 Excel 界面就是一个多文档界面，如图 10.15 所示。

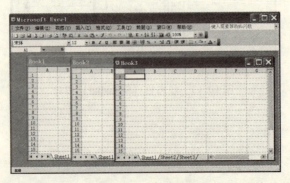

图 10.15 多文档界面

MDI 文档界面由一个（只能有一个）父窗体和多个子窗体组成，文档的子窗口被包含在父窗口中，父窗口为所有的子窗口提供工作空间。父窗体（或称 MDI 窗体）作为容器，管理各个子窗体的操作，子窗体（或称文档窗体）显示各自的文档，所有子窗体具有相同的功能。

2. MDI 窗体的特性

（1）MDI 窗体（父窗体）只能有一个。

（2）子窗体至少有一个。

（3）用户可以移动子窗体并改变子窗体的大小，但被限制在 MDI 窗体中。

（4）子窗体最小化后的图标位于 MDI 窗体的底部（不在任务栏上）。

（5）MDI 窗体最小化时（图标在任务栏上），所有子窗体也同时最小化，并且 MDI 窗体及其所有子窗体将由一个图标来代表。

（6）还原 MDI 窗体时，MDI 窗体和所有子窗体将按最小化之前的状态显示出来。

（7）通过设置子窗体的 AutoShowChildren 属性，可以使子窗体在装入时自动显示（True）或自动隐藏（False）。

（8）MDI 窗体和子窗体都可以有自己的菜单，当子窗体被激活时，子窗体的菜单将显示在 MDI 窗体上，并覆盖 MDI 窗体的菜单。

3. 创建 MDI 窗体和子窗体的步骤

（1）选择"工程 \ 添加 MDI 窗体"命令，单击"打开"命令按钮即出现 MDI 窗体，窗体默认名为 MDIForm1，如图 10.16 所示。

图 10.16　MDI 窗体

（2）将要设置为子窗体的普通窗体的 MDIChild 属性设置为 True，这些普通窗体就成为 MDIForm1 的子窗体。

10.4.2　MDI 窗体和子窗体的交互操作

1. 加载 MDI 窗体和子窗体

程序运行后，系统会自动加载并显示 MDI 窗体，但其子窗体（没有设为启动窗体）不会自动加载，需要在 MDI 窗体的 Load 事件中，编写如下代码：

Private Sub MDIForm_Load( )

　　Form1. Show

```
    Form2. Show
End Sub
```
才能加载并显示子窗体 Form1 和 Form2。

2. 关闭 MDI 窗体

执行代码 UnloadMDI 窗体名或 Unload Me 后，先触发 QueryUnload 事件，然后卸载各子窗体，最后卸载 MDI 窗体。

3. 访问活动的子窗体和控件

在 Visual Basic 6.0 中，可以用 ActiveForm 和 ActiveControl 两个属性来访问 MDI 中的子窗体，ActiveForm 表示具有焦点的或最后被激活的子窗体，ActiveControl 表示活动子窗体上具有焦点的控件。

例如：从子窗体的文本框中把所选的文本复制到剪贴板中。可以选择"编辑 \ 复制"菜单命令，其 Click 事件将会调用 CopyProc 过程，过程程序代码为：

```
Sub CopyProc
    ClipBoard. SetText frmMDI. ActiveForm. ActiveControl. SelText
End Sub
```

4. 设置启动窗体

在 Visual Basic 6.0 中，可以通过设置启动窗体来指定程序运行时首先显示的窗体。对于一个具有 MDI 窗体和子窗体的应用程序，如果将子窗体 Form1 设置为启动窗体，则在程序运行时，子窗体 Form1 和父窗体 MDI 会同时显示出来。

例 10.5 演示加载 MDI 窗体和子窗体、MDI 窗体和子窗体的菜单及关闭 MDI 窗体。

创建 1 个新工程，添加 1 个 MDI 窗体 MDIForm1，其上编辑 1 个"关闭"主菜单。设置 3 个子窗体 Form1 ~ Form3，在 Form1 上编辑"文件"和"编辑" 2 个主菜单，Form3 的 Caption 属性设置为"子窗体"，如图 10.17 所示。

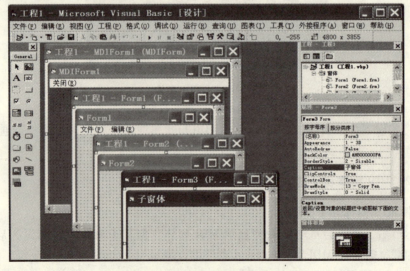

图 10.17 设计 MDI 窗体和子窗体

在 MDI 窗体 MDIForm1 代码窗口中，编写下列程序：

```
Private Sub MDIForm_Load( )
    Form1. Show
    Form2. Show
End Sub
Private Sub Exit_Click( )
    Unload Me
End Sub
```

程序运行时的界面如图 10.18 所示，当子窗体被激活时，子窗体的菜单将显示在 MDI 窗体上。

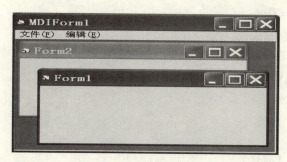

图 10.18　MDI 界面

例 10.6　多文档界面。

创建 1 个新工程，添加 1 个 MDI 窗体 MDIForm1。设置 2 个子窗体 Form1 和 Form2，在 Form1 上放置 1 个文本框 Text1 和 1 个命令按钮 Command1。

将 Form1 的 Name 属性设置为 "frmHello"、Caption 属性设置为 "你好"，Text1 的 Text 属性设置为 "空"，Command1 的 Caption 属性设置为 "运行"。Form2 的 Name 属性设置为 "frmText"、Caption 属性设置为 "显示文本"，属性设置后的窗体如图 10.19 所示。

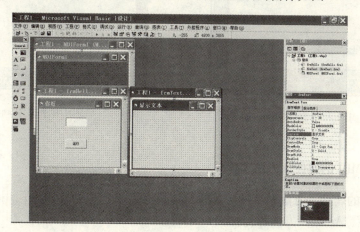

图 10.19　属性设置后的 MDI 窗体和子窗体

在子窗体 Form1 的代码窗口中，编写下列程序：

```
Private Sub Command1_Click( )
    Text1. Text = "你好!"
End Sub
Private Sub Form_Click( )
    Text1. Text = " "
    frmHello. Hide
    frmText. Show
End Sub
Private Sub Form_Load( )
    AutoRedraw = True
End Sub
```

在子窗体 Form2 的代码窗口中，编写下列程序：

```
Private Sub Form_Click( )
    frmHello. Show
    Hide
End Sub
Private Sub Form_Load( )
    AutoRedraw = True
    Print "这是第二个窗体" & Chr(13)& "单击窗体可以回到第一个窗体"
End Sub
```

程序运行时的界面如图 10.20 所示，单击子窗体 Form1 后的界面如图 10.21 所示。

图 10.20　MDI 和子窗体 Form1 的界面

图 10.21　MDI 和子窗体 Form1 的界面

10.4.3　MDI 的属性、方法和事件

MDI 窗体的属性、方法和事件与普通窗体没有区别，但增加了专门用于 MDI 窗体的 MDIChild 属性、Arrange 方法和 QueryUnload 事件等。

1. MDIChild 属性

一个窗体的 MDIChild 属性被设置为 True，则该窗体将成为父窗体的子窗体。该属性只能通过属性窗口设置，不能在代码中设置，在设置该属性前，必须先定义 MDI 窗体。

2. Arrange 方法

Arrange 方法用于以不同的方式排列 MDI 的窗口或图标，其格式为：

MDI 窗体名 . Arrange 方式

其中：

方式：可以取四种值，如表 10.4 所示。

表 10.4　Arrange 方法格式中"方式"的取值

符号常量	值	功　能
vbCascade	0	子窗体"层叠"排列
vbTileHorizontal	1	子窗体"水平平铺"排列
vbTileVertical	2	子窗体"垂直平铺"排列
vbArrangeIcons	3	子窗体被最小化后，其图标在父窗体的底部重新排列

3. QueryUnload 事件

QueryUnload 事件的格式为：

Private Sub MDIForm_QueryUnload(Cancel As Integer , UnloadMode As Integer)
　　……
End Sub

Private Sub Form_QueryUnload(Cancel As Integer , UnloadMode As Integer)
　　……
End Sub

其中：

当关闭一个 MDI 窗体时，QueryUnload 事件首先在 MDI 窗体发生，然后在各子窗体内发生。当一个子窗体或非 MDI 窗体关闭时，该窗体的 QueryUnload 事件在其 Unload 事件之前发生。

UnloadMode 参数的取值如表 10.5 所示。

表 10.5　UnloadMode 参数的取值

符号常量	值	功　能
vbFormControlMenu	0	已在窗体左上角的控制菜单框中选择"关闭"命令（或双击该控制框，或单击窗体右上角的"关闭"按钮）。
vbFormCode	1	在程序代码中调用 Unload 方法。
vbAppWindows	2	退出 Windows。
vnAppTaskManager	3	正在用 Windows 任务管理器关闭应用程序。
vbFormMDIForm	4	由于 MDI 父窗体关闭使得 MDI 子窗体关闭。

例 10.7　演示 MDI 的属性、方法和事件。

（1）创建 1 个新工程，设置 1 个 MDI 窗体 MDIForm1，在窗体 MDIForm1 上添加 1 个

ImageList1 控件和 ToolBar1 控件。设置 1 个子窗体 Form1，在子窗体 Form1 上放置 1 个文本框 Text1。

（2）设置窗体和控件属性，如表 10.6 所示。

表 10.6 属性设置

控件名称	属性名	属性值
MDIForm1	Caption	我的记事本
Form1	Caption	新文档 1
	MDIChild	True
Text1	Multiline	True
	ScrollBars	2 – Verlical
	Text	空
	Left	0
	Top	0

（3）在 MDIForm1 中编辑菜单，菜单项属性设置如表 10.7 所示。

表 10.7 菜单项属性设置

菜单级别	标　题	名　称	快捷键
菜单标题（主菜单）	文件（&F）	mnuFile	
一级子菜单	新建（&N）	mnuFileNew	Ctrl + N
一级子菜单	打开（&O）	mnuFileOpen	Ctrl + O
一级子菜单	保存（&S）	mnuFileSave	Ctrl + S
一级子菜单	另存为（&A）	mnuFileSaveAs	
一级子菜单	－	mnuFileDiv1	
一级子菜单	退出（&X）	mnuFileExit	
菜单标题（主菜单）	编辑（&E）	mnuEdit	
一级子菜单	剪切（&T）	mnuEditCut	Ctrl + X
一级子菜单	复制（&C）	mnuEditCopy	Ctrl + C
一级子菜单	粘贴（&P）	mnuEditPaste	Ctrl + V
菜单标题（主菜单）	窗口（&W）	mnuWindows	
一级子菜单	层叠（&C）	mnuWCascade	
一级子菜单	平铺（&T）	mnuWHorizontal	
一级子菜单	排列图标（&A）	mnuWArrange	

（4）利用 ImageList1 控件和 ToolBar1 控件创建工具栏。

（5）应用程序。

在 MDIForm1 代码窗口中，编写下列程序：

```
Option Explicit
Dim x As Integer
Public Sub FileNew( )        '建立子程序。
    Dim NewDoc As New Form1
    x = x + 1
    NewDoc. Caption = "新文档 " + Str $ (x + 1)
    NewDoc. Show
End Sub
Private Sub mnuFileExit_Click( )
    Unload Me
End Sub
Private Sub mnuFileNew_Click( )
    Call FileNew                                        '调用子程序。
End Sub
Private Sub mnuWArrange_Click( )
    MDIForm1. Arrange vbArrangeIcons                    '排列图标。
End Sub
Private Sub mnuWCascade_Click( )
    MDIForm1. Arrange vbCascade                         '层叠。
End Sub
Private Sub mnuWHorizontal _Click( )
    MDIForm1. Arrange mnuWHorizontal                    '平铺。
End Sub
Private Sub Toolbar1_ButtonClick( ByVal Button As MSComctlLib. Button)
    Select Case Button. Index
      Case 1
          Call FileNew    '调用子程序。
    End Select
End Sub
```

在 Form1 代码窗口中，编写下列程序：

```
Private Sub Form_Resize( )
    Text1. Height = ScaleHeight
    Text1. Width = ScaleWidth
End Sub
```

（6）演示操作。

程序运行时，选择"文件 \ 新建"菜单命令或单击工具栏上的"新建"按钮，显示新建的文档如图 10. 22 所示。

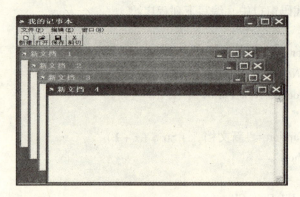

图 10.22　新建文档（层叠）界面

选择"窗口 \ 平铺"菜单命令，显示新建文档平铺界面如图 10.23 所示。

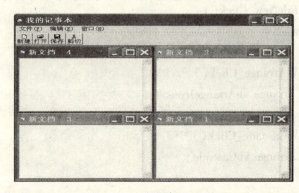

图 10.23　新建文档（平铺）界面

选择"窗口 \ 排列图标"菜单命令，显示新建文档最小化后的图标排列界面如图 10.24 所示。

图 10.24　新建文档排列图标

例 10.8　创建 MDI 应用程序。

（1）创建 1 个新工程，设置 1 个 MDI 窗体 MDIForm1，在窗体 MDIForm1 上添加 1 个

ImageList1 控件和 ToolBar1 控件，1 个通用对话框 CommonDialog1。设置 1 个子窗体 Form1，在子窗体 Form1 上放置 1 个文本框 Text1。

（2）设置窗体和控件属性，如表 10.8 所示。

表 10.8　属性设置

控件名称	属性名	属性值
MDIForm1	Caption	MDI 应用程序
Form1	Caption	新文档 1
	MDIChild	True
Text1	Multiline	True
	ScrollBars	2 – Verlical
	Text	空
	Left	0
	Top	0

（3）在 MDIForm1 中编辑菜单，菜单项属性设置如表 10.9 所示。

表 10.9　菜单项属性设置

菜单级别	标　题	名　　称	快捷键
菜单标题(主菜单)	文件(&F)	mnuFile	
一级子菜单	新建(&N)	mnuFileNew	Ctrl + N
一级子菜单	打开(&O)	mnuFileOpen	Ctrl + O
一级子菜单	保存(&S)	mnuFileSave	Ctrl + S
一级子菜单	另存为(&A)	mnuFileSaveAs	
一级子菜单	－	mnuFileDiv1	
一级子菜单	页面设置(&U)...	mnuFilePageSetup	
一级子菜单	打印预览(&V)	mnuFilePrintPreview	
一级子菜单	打印(&P)...	mnuFilePrint	
一级子菜单	－	MnuFileDiv2	
一级子菜单	退出(&X)	mnuFileExit	
菜单标题(主菜单)	编辑(&E)	mnuEdit	
一级子菜单	撤消(&U)	mnuEditUndo	
一级子菜单	－	mnuEditDiv1	
一级子菜单	剪切(&T)	mnuEditCut	Ctrl + X
一级子菜单	复制(&C)	mnuEditCopy	Ctrl + C
一级子菜单	粘贴(&P)	mnuEditPaste	Ctrl + V

菜单级别	标 题	名 称	快捷键
一级子菜单	删除(&D)	mnuEditDel	Del
一级子菜单	–	MnuEditDiv2	
一级子菜单	选择性粘贴(&S)…	mnuEditPasteSpecial	
一级子菜单	日期和时间(&D)	mnuEditDate	Ctrl + D
菜单标题(主菜单)	视图(&V)	mnuView	
一级子菜单	工具栏(&T)	mnuViewToolbar	
一级子菜单	状态栏(&B)	mnuViewStatusBar	
一级子菜单	Web 浏览器(&W)	mnuViewWebBrowser	
菜单标题(主菜单)	窗口(&W)	mnuWindows	
一级子菜单	层叠(&C)	mnuWCascade	
一级子菜单	横向平铺(&H)	mnuWHorizontal	
一级子菜单	纵向平铺(&V)	mnuWVertical	
一级子菜单	排列图标(&A)	mnuWArrange	
菜单标题(主菜单)	帮助(&H)	mnuHelp	

(4) 利用 ImageList1 控件和 ToolBar1 控件创建工具栏。

(5) 应用程序。

在 MDIForm1 代码窗口中，编写下列程序：

```
Option Explicit
Dim x As Integer
Private Sub mnuFileOpen_Click( )
    CommonDialog1. FileName = " License. Txt"          '设定对话框默认的文件名。
    CommonDialog1. Filter = "文本文件(*. Txt)|*. Txt|可执行文件(*. Exe)|*. Exe|演示文稿(*. ppt)|*. ppt"
    CommonDialog1. ShowOpen
    Form1. Text1. Text = CommonDialog1. FileName   '将选取的文件名显示在文本框中。
End Sub
Private Sub mnuFileSave_Click( )
    Call mnuFileSaveAs_Click
End Sub
Private Sub mnuFileSaveAs_Click( )
    CommonDialog1. FileName = " Common. tmp"          '设定对话框默认的文件名。
    CommonDialog1. Filter = "文本文件(*. Txt)|*. Txt|临时文件(*. Tmp)|*. Tmp|演示文稿(*. ppt)|*. ppt"
    CommonDialog1. ShowSave
    Open CommonDialog1. FileName For Output As #1     '打开 1 号 Common. tmp 文件。
    Print #1 , Form1. Text1. Text          '将 Text1 中的文本写入 1 号文件。
```

```
        End Sub
        Public Sub FileNew( )
            Dim NewDoc As New Form1
            x = x + 1
            NewDoc. Caption = " 新文档 " + Str $ ( x + 1 )
            NewDoc. Show
        End Sub
        Private Sub mnuFileExit_Click( )
            Unload Me
        End Sub
        Private Sub mnuFileNew_Click( )
            Call FileNew                                    '调用子程序
        End Sub
        Private Sub mnuWArrange_Click( )
            MDIForm1. Arrange vbArrangeIcons                '排列图标。
        End Sub
        Private Sub mnuWCascade_Click( )
            MDIForm1. Arrange vbCascade                     '层叠。
        End Sub
        Private Sub mnuWHorizontal_Click( )
            MDIForm1. Arrange vbTileHorizontal              '水平平铺。
        End Sub
        Private Sub mnuWVertical_Click( )
            Me. Arrange vbTileVertical                      '垂直平铺。
        End Sub
        Private Sub Toolbar1_ButtonClick( ByVal Button As MSComctlLib. Button)
            Select Case Button. Index
                Case 1
                    Call FileNew                            '调用子程序。
                Case 2
                    Call mnuFileOpen_Click
                Case 3
                    Call mnuFileSaveAs_Click
            End Select
        End Sub
在 Form1 代码窗口中，编写下列程序：
Private Sub Form_Resize( )
        Text1. Height = ScaleHeight
        Text1. Width = ScaleWidth
```

End Sub

程序运行时的界面如图 10.25 所示，可以通过菜单命令或工具栏按钮实现一些简单的操作。

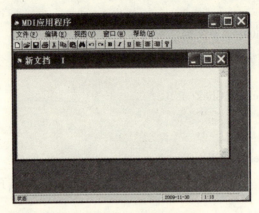

图 10.25　MDI 应用程序界面

习　题

10.1　在 Visual Basic 6.0 中，可以编辑哪几种菜单？

10.2　怎样建立下拉式菜单？弹出式菜单与下拉式菜单有何联系？

10.3　试述创建工具栏的步骤。

10.4　状态栏的作用是什么？如何建立状态栏？

10.5　创建 1 个新工程，设计 1 个 MDI 多文档界面，选择"文件 \ 新建"菜单命令打开"新建"对话框，选择"文件 \ 另存为"菜单命令打开"另存为"对话框。

10.6　菜单及工具条制作，其界面如图 10.26 所示。

要求：（1）必须有主菜单、一级和二级子菜单。

（2）工具栏中的按钮与图中的完全相同。

（3）通过菜单可以执行"打开"、"保存"和"关闭"命令。

（4）通过工具栏按钮可以实现"打开"和"保存"功能。

题 10.26　菜单及工具条制作

第11章　数据文件

Visual Basic 6.0 具有较强的文件处理功能，它提供了多个用于建立文件、保存文件、打开文件等操作文件系统的语句和函数，还提供了文件系统控件，用户可以很方便地进行文件存储以及读写数据文件。本章主要介绍文件及其结构、文件的打开与关闭、文件操作语句和函数以及顺序文件和随机文件的操作等。

11.1　文件概述

1. 文件及其结构

在开发应用软件时，往往需要处理许多数据，这些数据放在计算机的外部存储介质中。所谓"文件"是指记录在外部介质上的数据的集合。把一个文件存到磁盘上，就是一个磁盘文件，输出到打印机上，就是一个打印机文件。广义地说，任何输入输出设备都是文件。

程序运行时，有时需要从外部介质中读取或存储数据，这些工作均由数据文件来完成。为了能有效存取数据，数据必须以某种特定的方式存储，这种特定的方式就称为文件结构。

在 Visual Basic 6.0 中，文件由记录组成，记录由字段组成，字段由字符组成。

（1）字符（Character）。

字符是数据的最小单位。字符可以是单一字节、数字、标点符号或其他特殊符号等，一个西文字符用一个字节存放，而一个汉字字符则是由两个字节组成一个字。Visual Basic 6.0 支持双字节字符，当计算字符串长度时，一个西文字符和一个汉字都作为一个字符计算，但它们所占的内存空间（字节数）是不一样的。

例 11.1　字符串的长度。

演示："VB 程序设计"字符串的长度为 6。

"VB"字符串的长度为 2，所占字节数为 2。

"程序设计"字符串的长度为 4，所占字节数为 8。

将窗体 Form1 的 Caption 属性设置为"字符串的长度"，并编写下列程序：

```
Private Sub Form_Click()
    Dim a As String,b As String,c As String
    Form1. AutoRedraw = True
    FontSize = 12
    FontBold = True
```

```
        Print
        a = "VB 程序设计"
        Print ""VB 程序设计"字符串的长度为";Len(a)
        Print
        b = "VB"
        Print ""VB"字符串的长度为";Len(b)
        Print
        c = "程序设计"
        Print ""程序设计"字符串的长度为";Len(c)
End Sub
```

程序运行时的界面如图 11.1 所示。

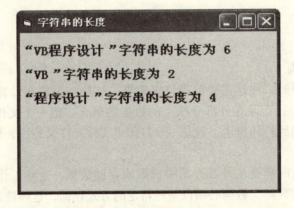

图 11.1　字符串的长度

（2）字段（Field）。

字段（又称为域）：是由若干个字符组成的，用来表示一项数据。

例如：数据库的字段有学号、姓名等数据项。

又例如："张博导"就是一个字段，它由 3 个汉字（3 个字符）组成。

（3）记录（Record）。

数据文件是由一条条的记录构成，记录是由一群相关的字段组成。

例如：每个学生的成绩（学号、姓名、数学、语文等科目的分数）可以视为一条记录。

在 Visual Basic 6.0 中，是以记录为单位来处理数据的。

（4）文件（File）。

由一些具有一条或一条以上的记录集合而成的数据单位称为文件。一个文件至少要有一条记录。

例如：某个班有 60 个学生，这 60 个学生的记录就构成了一个学生成绩文件。

2. 文件的类型

（1）按照数据的存取方式和结构，文件可以分为顺序文件和随机文件。

① 顺序文件。

顺序文件是普通的文件，文件中每一个字符都代表一个文本字符或者文本格式序列，用于读写在连续块中的文本，如换行符（NL）。对顺序文件进行处理时，必须按顺序从头开始一个个读取，信息处理完毕后，再按顺序写回文件中。

顺序文件结构比较简单，但不能灵活地存取和增减数据，适用于有一定规律且不经常修改的数据。

② 随机文件。

随机文件又称为直接存取文件，是由相同长度的记录集合组成，适用于读写有固定长度记录结构的文本或二进制文件。随机文件在读取数据时，不必从头到尾顺序读取，可以指定文件存取的位置，只要给出记录号，就能直接读取该记录，但其读取方式必须定位到记录的边界上。

随机文件的优点：数据的存取比较灵活、方便、速度较快、容易修改。

随机文件的缺点：占用空间较大，数据组织较为复杂。

（2）按照数据的编码方式，文件可以分为 ASCII 码文件和二进制文件。

① ASCII 码文件：是以 ASCII 码方式保存的文件，又称为文本文件。

② 二进制文件：占用空间较小，适用于任意结构的文件，没有数据类型和固定长度，数据与数据之间没有什么逻辑关系，它的读取方式可以定位到文件的任一字节位置。因此，对于二进制文件，允许程序按任何方式访问和更新数据。

图像文件、声音文件、可执行文件等就属于二进制文件，不能用普通的字处理软件来编辑二进制文件。当处理非文本文件时，使用方式是最有效的方法。

3. 文件的访问

在 Visual Basic 6.0 中，有三种文件访问的模式，它们是：顺序型、随机型和二进制型。这三种文件访问模式分别适用于：顺序文件、随机文件和二进制文件。Visual Basic 6.0 中可用于访问三种文件类型的语句和函数如表 11.1 所示。

表 11.1　语句和函数表

语句和函数	顺序文件	随机文件	二进制文件
Close	√	√	√
Get		√	√
Input（）	√		√
Input #	√		
Line Input #	√		
Open	√	√	√
Print #	√		
Put		√	√
Type...End Type		√	
Write #	√		

11.2 文件的打开与关闭

在 Visual Basic 6.0 中，数据文件的一般操作步骤为：

（1）打开（或建立）文件。一个文件必须先打开或建立后才能使用，如果这个文件存在，则打开文件，如果这个文件不存在，则建立文件。

（2）文件的读、写操作。在打开（或建立）的文件上执行输入输出操作。在通常情况下，由主存到外设叫做输出或写数据，由外设到主存叫做输入或读数据。

（3）关闭文件。

11.2.1 文件的打开

在对文件进行操作之前，必须先打开或建立文件。Visual Basic 6.0 中用 Open 语句来打开或建立一个文件，其语法格式为：

Open 文件名 ［For 打开方式］［Access 存取类型］［锁定］As ［#］文件号［Len = 记录长度］

其中：

（1）文件名：需打开的文件名（包括路径）。

（2）打开方式：指定文件的输入输出方式，可以是下述操作方式之一，如表 11.2 所示。若省略"打开方式"，则为随机存取方式（Random）。

表 11.2 "打开方式"指定的输入输出表

打开方式	功　　能	
Output	指定顺序输出（写）方式。从计算机向磁盘输出数据，新写入的数据将覆盖原来的数据。	必须先关闭已打开的文件，才能重新打开一个新文件。
Input	指定顺序输入（读）方式。从磁盘向计算机输入数据。	不必先关闭已打开的文件，就可以用不同的文件号重新打开一个新文件。
Append	指定顺序输出（写）方式。从计算机向磁盘添加数据。文件指针被定位在文件末尾，新写入的数据附加到原来文件数据的后面。	必须先关闭已打开的文件，才能重新打开一个新文件。
Random	指定随机存取方式（默认）。如果［Access 存取类型］缺省，则按读/写、只读、只写的顺序打开文件。	不必先关闭已打开的文件，就可以用不同的文件号重新打开一个新文件。
Binary	指定二进制方式文件。如果［Access 存取类型］缺省，则按读/写、只读、只写的顺序打开文件。	不必先关闭已打开的文件，就可以用不同的文件号重新打开一个新文件。

（3）存取类型：放在 Access 之后，用来指定访问文件的类型。

共有三种类型：

①Read：打开只读文件。

②Write：打开只写文件。

③Read Write：打开读写文件。只对随机文件、二进制文件及 Append 打开方式的文件有效。

（4）锁定：用于限制其他用户和进程对打开的文件进行读写操作。

锁定类型包括：

①Lock Share：任何机器上的任何进程都可以对该文件进行读写操作。

②Lock Read：不允许其他进程读该文件。

③Lock Write：不允许其他进程写这个文件。

④Lock Read Write：不允许其他进程读写这个文件。

⑤默认（缺省）：本进程可以多次打开文件进行读写。

（5）文件号：是一个整型表达式。文件号的范围为：1 ~ 511。

（6）记录长度：是一个整型表达式。记录长度：≤32767 个字节，默认为 512 个字节。对于二进制文件，将忽略 Len 字句。

例如：

①Open "D：\dzc. dat" For Output As #1

执行该语句，建立或打开 D 盘根目录下名称为 dzc. dat 的数据文件，该文件以 Output 输出（写入）方式打开或建立，文件号为#1（1 号），新写入的数据将覆盖文件原有的数据。

②Open "D：\dzc. dat" For Append As #1

执行该语句，建立或打开 D 盘根目录下名称为 dzc. dat 的数据文件，该文件以 Append 输出（写入）方式打开或建立，文件号为#1（1 号），新写入的数据附加到文件原有数据的后面。

③Open "D：\dzc. dat" For Input As #1

执行该语句，建立或打开 D 盘根目录下名称为 dzc. dat 的数据文件，该文件以 Input 输入（读取）方式打开或建立，文件号为#1（1 号）。

④Open "D：\dzc. dat" For Random As #1

执行该语句，建立或打开 D 盘根目录下名称为 dzc. dat 的数据文件，该文件以 Random 随机（读出或写入定长记录）方式打开或建立，文件号为#1（1 号）。

⑤Open "D：\dzc. dat" For Random Access Read As #1

执行该语句，打开 D 盘根目录下名称为 dzc. dat 的数据文件，读取 dzc. dat 文件以随机存取方式打开该文件，文件号为#1（1 号）。

⑥Open "D：\dzc. dat" For Random As #1 Len = 256

执行该语句，用 Random 随机方式打开 D 盘根目录下名称为 dzc. dat 的数据文件，文件号为#1（1 号），记录长度为 256 个字节。

11.2.2　文件的关闭

文件的读写操作结束后，可以通过 Close 语句来关闭。其格式为：

Close [[#] 文件号] [,[#] 文件号]……

例如：Close #1，#2　　'关闭 #1，#2 两个文件。

Close 语句用于关闭已打开的文件，格式中的"文件号"与 Open 语句中使用的"文件号"相同，如果省略文件号，则关闭所有打开的文件。在应用程序中，如果不用 Close 语句关闭已打开的文件，在某些情况下，有可能会丢失数据。

11.3　文件操作语句和函数

Visual Basic 6.0 提供了一些文件操作语句，使用这些语句可以在应用程序中对文件进行读、写等操作。

1. 文件指针

在 Visual Basic 6.0 中，文件被打开以后，自动生成一个（隐含的）指针，文件的读或写就从这个指针所指的位置开始。

（1）Seek 语句。

Seek 语句是用来设置文件中下一个读或写的位置。也就是说文件指针的定位是通过 Seek 语句来实现的，其语法格式为：

Seek　#文件号，位置

其中：

"位置"是一个表达式，用来指定下一个读或写的位置，其值范围为 $1 \sim 2^{31} - 1$。

① 对于用 Input、Output 或 Append 方式打开的文件，"位置"是从文件开头到"位置"为止的字节数，即执行下一个操作的地址。

② 对于用 Random 方式打开的文件，"位置"是一个记录号。

③ 在 Get 或 Put 语句中的记录号优先于由 Seek 语句确定的位置。

④ 当"位置"为 0 或为负数时，产生出错信息"错误的记录号"。

⑤ 当 Seek 语句中的"位置"在文件结尾之后时，对文件的写操作将扩展该文件。

（2）Seek 函数。

Seek 函数的格式为：

Seek（文件号）

Seek 函数返回文件指针的当前位置。其返回值的范围为 $1 \sim 2^{31} - 1$。

① 对于用 Input、Output 或 Append 方式打开的文件，Seek 函数返回文件中的字节位置即产生下一个操作的位置。

② 对于用 Random 方式打开的文件，Seek 函数返回下一个要读或写的记录号。

③ 对于顺序文件，Seek 语句把文件指针移到指定的字节位置上。Seek 函数返回有关下次将要读写的位置信息。

④ 对于随机文件，Seek 语句只能把文件指针移到一个记录的开始，Seek 函数返回的则是下一个记录号。

例如：a = Seek(#1)　　'将文件号为 1 的文件的记录指针位置赋值给变量 a。

2. FreeFile 函数

FreeFile 函数的功能：该函数返回下一个有效的文件号，即得到一个在程序中没有使用的文件号。

FreeFile 的函数格式为：

FreeFile [(RangeNumber)]

RangeNumber：设置返回可用文件号的范围。

设置为 0，则返回一个介于 1 ~ 255 之间的文件号（默认）。

设置为 1，则返回一个介于 256 ~ 511 之间的文件号。

例如：

Filenum = FreeFile( ) '用 FreeFile( )函数获得一个文件号并将它赋值给变量 Filenum。

例 11.2 用 FreeFile 函数获取一个文件号。

将窗体 Form1 的 Caption 属性设置为 "FreeFile 函数"，并编写下列程序：

```
Private Sub Form_Click( )
    Dim filename As String, filenum As Integer
    FontSize = 18
    FontBold = True
    Form1. AutoRedraw = True
    Open "dzc. fat" For Random As #1      '打开 dzc. fat 作为#1 号随机文件。
    filename = InputBox("请输入要打开的文件名：")
    filenum = FreeFile   '从 1 开始到 255，按顺序把第一个未使用的文件号赋值给变量 filenum。
    Open filename For Output As filenum   '以输出(写入)方式打开文件,文件号为 filenum 的值。
    Print filename;"文件被打开,文件号为:#";filenum;"。"
    Close #filenum
    Close #1
End Sub
```

程序运行时，单击窗体并输入要打开的文件名 dzc. dat 后，得到的界面如图 11.2 所示。

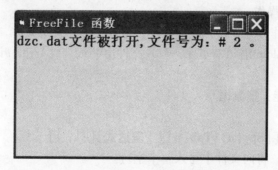

图 11.2 用 FreeFile 函数获取一个文件号

3. Loc 函数

格式为：Loc(文件号)

Loc 函数返回由"文件号"指定的文件的当前读写位置。对于顺序文件，Loc 函数返回的是文件被打开以来读或写的记录个数，而对于随机文件，Loc 函数返回的是一个记录号。

4. LOF 函数

格式为：**LOF(文件号)**

LOF 函数返回给文件分配的字节数，即文件的长度。文件的基本单位是记录，每个记录默认的长度是 128 字节，因此，LOF 函数返回的将是 128 的倍数，不一定是实际的字节数。

例如：用下面的程序可以确定一个随机文件中记录的个数：

RecordLength = 60 　　　'每个记录的长度为 60 个字节。

Open "d:\dzc.fat" For Random As #1

x = LOF(1) 　　　'把#1 号文件中的字节数（即文件的长度）赋值给变量 x。

RecordNum = x\RecordLength 　　　'为文件中记录的数目。

5. EOF 函数

格式为：**EOF(文件号)**

EOF 函数用于测试文件的结束状态。

对于顺序文件，如果已到文件的末尾，则 EOF 函数返回 True，否则，返回 False。对于随机文件，如果最后执行的 Get 语句未能读到一个完整的记录，则返回 True。

EOF 函数常用来在循环语句中测试是否已到文件的结尾，一般格式如下：

Do While Not EOF(1)

　　　语句 　　　'文件读写语句。

Loop

11.4　顺序文件

顺序文件的存储结构为顺序存取方式，文件只提供第一个记录的存储位置，要找其他记录必须从头开始读取，直到找到为止。顺序文件的数据按 ASCII 码格式存放。

1. 顺序文件的写操作

顺序文件的写操作分为 3 步：打开文件，写入文件和关闭文件。打开文件和关闭文件分别由 Open 语句和 Close 语句来实现，写入文件由 Print #或 Write #语句来完成。

（1）Print #语句。

Print #语句的功能：把数据写入文件。

其格式为：

Print　#文件号,[[Spc(n)|Tab(n)]][表达式][;|,]]

当省略表达式时，将向文件中写入一个空行。

例如：Print #1, x, s, y 　　　'将 x, s, y 三个变量的值写入#1 文件。

注意：Print x, s, y 　　　'将 x, s, y 三个变量的值"写"到窗体上。

例 11.3　用 Print #语句向文件中写入数据。

将窗体 Form1 的 Caption 属性设置为"写入数据",并编写下列程序:

```
Private Sub Form_Click()
    Dim a As String,b As String,c As String
    Rem 以输出(写入)方式打开 tel. doc 文件,文件号为#1。
    Open "d:\dzc\tel. doc" For Output As #1    '先在 D 区建一名为 dzc 的文件夹。
    a = InputBox("请输入姓名:","输入数据")
    b = InputBox("请输入电话号码:","输入数据")
    c = InputBox("请输入地址:","输入数据")
    Print #1, a, b, c    '将姓名、电话号码和地址写入 1 号文件。
    Close #1
End Sub
```

程序运行时,输入需要写入的姓名、电话号码和地址,将被写入 D 区 dzc 目录下的 tel. doc 文件中。

(2) Write #语句。

Write #语句的功能:与 Print #语句相同。用 Write #语句可以把数据写入顺序文件中。

其格式为:

Write   #文件号,表达式列表

当使用 Write #语句时,文件必须是以 Output 或 Append 方式打开,"表达式列表"中的各项以逗号隔开。

例如:

```
Write   #1, A, B, C                '把变量 A, B, C 的值写入文件号为 1 的文件中。
```

例如:

```
Write   #1,"AnyString", 23445   '把 AnyString 和 23445 写入 1 号文件中。
```

其中:

Write #语句与 Print #语句的主要区别:

① 用 Write #语句向文件写入数据时,数据在磁盘上以紧凑格式存放,能自动地在数据之间插入逗号,并能给字符串加上双引号。一旦最后一项被写入,就插入新的一行。

② 用 Write #语句写入的正数的前面没有空格。

例 11.4   用 Write #语句向文件中写入数据。

建立一个电话号码文件,存放教职工姓名和电话号码。用 Write #语句写入数据。

将窗体 Form1 的 Caption 属性设置为"Write #语句",并编写下列程序:

```
Private Sub Form_Click()
    Dim thname As String,tel As String
    Rem 以 Append(添加数据)方式建立或打开名为 tel. dat 的文件,文件号为 1。
    Open "d:\dzc\tel. dat" For Append As #1
    thname = InputBox("请输入教职工姓名:")
    While UCase(thname)<>"DONE"
```

```
        tel = InputBox("输入电话号码：")
        Write #1,thname,tel    '写入(添加数据)教职工姓名和电话号码。
        thname = InputBox("请输入教职工姓名：")
    Wend
    Close #1
    End
End Sub
```

注意：用 Open 语句建立的顺序文件是 ASCII 码文件，可以用字处理软件查看和修改。用字处理软件"记事本"可以查看 d:\dzc\tel.dat 的内容。

例 11.5 学生情况。从键盘上输入学生的姓名、学号、年龄和住址，然后把它们存放到磁盘中。

将窗体 Form1 的 Caption 属性设置为"学生情况"。

在标准模块中，定义如下记录类型：

```
Type student
    stname As String * 10
    stnum As Integer
    stage As Integer
    staddr As String * 50
End Type
```

在窗体代码窗口中，编写如下程序：

```
Option Explicit
Option Base 1
Private Sub Form_Click()
    Static st( ) As student          '定义数组 st( )为记录类型 student。
    Dim n As Integer,i As Integer
    Open "d:\dzc\stlist" For Append As #1    '在建立文件 stlist,准备写入数据。
    n = InputBox("请输入学生人数：")
    ReDim st(n) As student           '重新定义数组,有 n 个(1~n)元素。
    For i = 1 To n
        st(i).stname = InputBox("输入姓名：")
        st(i).stnum = InputBox("输入学号：")
        st(i).stage = InputBox("输入年龄：")
        st(i).staddr = InputBox("输入住址：")
Write #1,st(i).stname,st(i).stnum,st(i).stage,st(i).staddr  '将姓名, 学号, 年龄, 住址写入 1 号文件。
    Next i
    Close #1
    End
End Sub
```

· 264 ·

2. 顺序文件的读操作

顺序文件的读操作由 Input # 语句和 Line Input # 语句来实现。

（1）Input # 语句。

Input # 语句用于从打开的文件中读出数据，并将其赋值给指定的变量，其格为式：

Input #文件号，变量列表

例如：Input #1，x，s，y

执行该语句是从#1 文件中按顺序读取三个数据，分别赋值给 x，s，y。

例 11.6 把文件 stud. doc 中学生情况的数据读到内存，并在窗体中显示出来。

将窗体 Form1 的 Caption 属性设置为"学生情况的显示"。

在标准模块中，定义如下记录类型：

```
Type student
    stname As String * 10
    stnum As Integer
    stage As Integer
    staddr As String * 50
End Type
```

在窗体代码窗口中，编写如下程序：

```
Option Explicit
Option Base 1
Private Sub Form_Click( )
    Static st( )As student          '定义数组 st( )为记录类型 student。
    Dim n As Integer,i As Integer
    Open " stud. dat" For Input As #1       '打开文件 stud. dat，准备读出数据。
    n = InputBox("请输入学生人数：")
    ReDim st( n )As student          '重新定义数组,有 n 个(1～n)元素。
    FontSize = 12
    Print "姓名";Tab(21);"学号";Tab(30);"年龄";Tab(40);"住址"
    Print
    For i = 1 To n
Input #1 ,st(i). stname,st(i). stnum,st(i). stage,st(i). staddr   '将姓名,学号,年龄,住址从 1 号文件中读出。
    Print st(i). stname;Tab(21);st(i). stnum;Tab(30);st(i). stage;Tab(40);st(i). staddr
    Next i
    Close #1
End Sub
```

程序运行时的界面如图 11.3 所示。

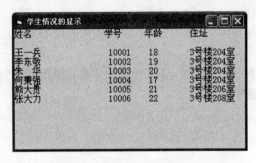

图 11.3　学生情况的显示

（2）Line Input # 语句。

Line Input # 语句从顺序文件中读取一个完整的行，并把它赋值给一个字符串变量。

其格式为：

Line Input #文件号，字符串型变量

Input # 语句是从打开的文件中读出一个数据项，而 Line Input # 语句是从顺序文件中读取一个完整的行，直至遇到回车符为止。

例如：Line Input #2，Record1 **$**

执行该语句后，计算机从#2 文件按顺序读取一条记录，赋值给字符串型变量 Record1 **$**。

例 11.7　数据的整行读取。用记事本建立一个名为 poetic1. txt 的文件，内放一首诗，存放在 D 盘的 dzc 目录下，要求将该诗从文件中读出，并在文本框中显示出来，然后把该文本框的内容存入另一个磁盘文件。

将窗体 Form1 的 Caption 属性设置为"数据的整行读取"，并编写下列程序：

```
Private Sub Form_Click( )
    Dim total As String,s As String
    Open "d:\dzc\poetic1. txt" For Input As #1    '打开要读取数据的文件 poetic1. txt。
    Text1. FontSize = 16
    Text1. FontName = "楷体_GB2312"
    Do While Not EOF(1)    '当记录没有到末尾时,执行循环。
        Line Input #1,s            '从 1 号文件中读取一个完整的记录并赋值给变量 s。
        total = total + s + Chr(13) + Chr(10)
    Loop
    Text1. Text = total
    Close #1
    Open "d:\dzc\poetic2. txt" For Output As #1      '建立要写入数据的文件 poetic2. txt。
    Print #1, Text1. Text      '将文本框中的文本写入#1 号文件 poetic2. txt 中。
    Close #1
End Sub
```

程序运行时的界面如图 11.4 所示。

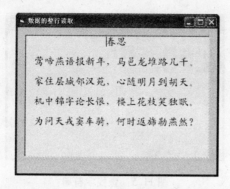

图 11.4 数据的整行读取

(3) Iuput $ 函数。

Iuput $ 函数的功能：Iuput $ 函数可以从数据文件中读取指定数目的字符。其格式为：

Iuput $ (n, #文件号)

例如：x $ = Input $ (100, #1)

执行该语句后，从文件号为 1 的文件中读取 100 个字符，并把它赋值给变量 x $。

例 11.8 从文件中查找指定的字符串。

将窗体 Form1 的 Caption 属性设置为"查找字符串"，并编写下列程序：

```
Private Sub Form_Click()
    Dim S As String,X As String,y As Integer
    Form1. AutoRedraw = True
    S = InputBox("请输入要查找的字符串：")
Open "C:\WINDOWS\wiaservc. log" For Input As #1  '打开要读取数据的文件,文件号为1。
    X = Input $ ( LOF(1), #1)     '把整个1号文件内容全部读取，并赋值给变量X。
    Close
    y = InStr(1, X, S)  '从X中查找要找的字符串在X中的位置，并将数值赋值给y。
    If y <> 0 Then
        Print "找到字符串";S;",位置在文件中的第";y;"位。"
    Else
        Print "未找到字符串";S
    End If
End Sub
```

程序运行时的界面如图 11.5 所示。

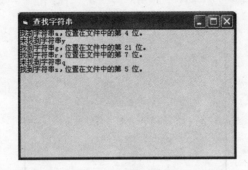

图 11.5　查找字符串

例 11.9　顺序文件的读写。

在窗体上建 3 个按钮，2 个文本框和 2 个框架，添加 1 个通用对话框。单击"写入"按钮，将 Text1 中的文本保存到自定义文件名的文件中。单击"读出"按钮，将选取的文件打开，逐条读出文件的记录，并在 Text2 中显示出来。

编写下列应用程序：

```
Option Explicit

Dim Fname As String                '声明文件名变量 Fname。

Dim Fnum As Integer                '声明计数变量 Fnum。

Dim s As String，dzc As String

Rem 将 Text1 中的文本保存到文件中。

Private Sub Command1_Click()

    Fnum = FreeFile()              '用 FreeFile() 函数获得一个文件号赋值给变量
                                    Fnum。

    CommonDialog1. FileName = " dzc"   '设定对话框的默认名。

    CommonDialog1. Filter = "文本文件(*. Txt) |*. text |可执行文件(*. Exe) |*. Exe"

    CommonDialog1. ShowSave        '打开 Save 对话框。

    Fname = CommonDialog1. FileName   '将建立的文件名赋值给 Fname 变量。

    Open Fname For Output As Fnum  '建立名为 Fname 的 Fnum 号文件。

    Print #Fnum，Text1. Text       '将 text1. Text 中的文本写入 Fnum 号文件中。

    Close Fnum                     '关闭 Fnum 号文件。

End Sub

Rem 打开 Filename 文件，将文件内容显示在 Text2 中。

Private Sub Command2_Click()

    CommonDialog1. FileName = "dzc"  '设定对话框的默认名。

    CommonDialog1. Filter = "文本文件(*. Txt) |*. text |可执行文件(*. Exe) |*. Exe"

    CommonDialog1. ShowOpen        '打开 Open 对话框。

    Fname = CommonDialog1. FileName   '将选取的文件名显示在文本框(赋值给 Fname 变量)。

    Fnum = FreeFile()              '用 FreeFile() 函数获得一个文件号赋值给变量 Fnum。

    Open Fname For Input As Fnum
```

```
        Do Until EOF(Fnum)                '执行循环到最后一条记录为止。
            Line Input #Fnum, s           '逐条读取文件的记录并赋值给变量 s。
            Text2. Text = Text2. Text & Chr(13) & Chr(10) & s
        Loop
        Close Fnum
End Sub
Private Sub Command3_Click()
        End
End Sub
Private Sub Form_Load()
        Fname = " "
End Sub
```

程序运行时的界面如图 11.6 所示。

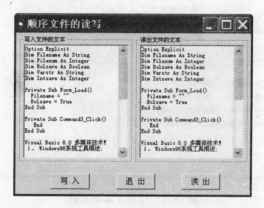

图 11.6　顺序文件的读写

例 11.10　用文件系统控件制作简单的文本浏览器。

应用程序为:

```
Private Sub Dir1_Change()
        File1. Path = Dir1. Path    '在文件列表框 File1 中,显示当前(选定的)目录下的所有文件。
        File1. Pattern = " *. txt; *. doc; *. htm; *. ppt"        '设置显示的文件类型。
End Sub
Private Sub Drive1_Change()
        Dir1. Path = Drive1. Drive    '在目录列表框 Dir1 中显示当前驱动器上所有的目录和子目录。
End Sub
Private Sub File1_Click()                    '在文本框中显示文本。
        Dim s As String
        ChDrive Drive1. Drive
        ChDir Dir1. Path
        Text1. Text = " "
```

```
   Open File1. FileName For Input As #1
   s = " "
   Do Until EOF(1)
      Line Input #1 , nextline
      s = s & nextline & Chr(13) & Chr(10)
   Loop
   Close #1
   Text1. Text = s
End Sub
```

程序运行时的界面如图 11.7 所示。

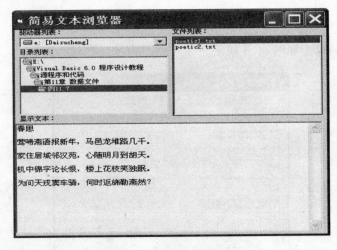

图 11.7　简易文本浏览器

11.5　随机文件

随机文件是一种以随机方式存取的文件，有下列特点：

（1）随机文件的记录是定长记录，即：在随机文件中，每条记录的长度都是相同的，而且每一条记录都有一个记录号。

（2）每个记录由若干个字段构成，每个字段的长度等于相应的变量的长度。

（3）各变量（数据项）要按一定的格式置入相应的字段。

（4）打开随机文件后，既可以读，也可以写。

1. 随机文件的打开与读写操作

（1）定义数据类型。

随机文件的每个记录含有若干个字段，这些字段可以放在一个记录类型中，记录类型用 Type…End Type 语句来定义。

（2）随机文件的打开。

打开随机文件的一般格式为：

Open "文件名" For Random As #文件号 [Len = 记录长度]

其中：

记录长度：等于各字段长度之和（以字节为单位）。默认长度为 128 字节。

例如：Open "d:\dzc\student. dat" For Random As #1 Len = 50

执行该语句，计算机打开 d 盘 dzc 文件夹中的随机文件"student. dat"，该文件中每一条记录的长度为 50 个字节，在程序中，该文件号为#1。

打开随机文件后，既可以进行读操作，也可以进行写操作。

（3）随机文件的写操作。

随机文件写入（即将内存中的数据写入磁盘）可以通过 Put 语句来实现，其格式为：

Put #文件号，[记录号]，变量名

Put 语句用于将一个变量的值写入由文件号指定的磁盘文件中。

例如：Put #2，7，Student   '将变量 Student 的值写入#2 文件的第七条记录中。

如果省略记录号，则写到最近执行 Get 或 Put 语句后，或由最近的 Seek 语句所指定的位置。省略记录号时，逗号不能省略。

例如：Put #2，Student

（4）随机文件的读操作。

随机文件的读操作由 Get 语句来实现，其格式为：

Get #文件号，[记录号]，变量名

Get 语句把由文件号所指定的磁盘文件中的数据读到变量中。

例如：Get #2，7，Student   '将#2 文件的第七条记录赋值给变量 Student。

如果省略记录号，则读取最近执行 Get 或 Put 语句后的记录，或由最近的 Seek 语句所指定的记录。并且省略记录号时，逗号不能省略。

例如：Get #2，Student

例 11.11 学生信息管理。建立一个学生信息管理的随机文件，然后读取文件中的记录，要求能实现增加记录和删除记录。

在标准模块窗口中编写下列程序：

```
Rem 定义记录类型
Type Student
     rdname As String * 10
     rdunit As String * 15
     rdage As Integer
     rdtel As String * 11
End Type
```

在窗体代码窗口中编写下列程序：

```
Option Explicit
Dim rdvar As Student            '定义 rdvar 为 Student 记录类型。
Dim n As Integer                'n 变量用于指定记录号。
Dim rdnum As Integer            'rdnum 用于指定记录的个数。
```

```
Dim a As String, i As Integer
Dim Getrds As Boolean
Rem FWrite 通用过程，执行输入数据及写入操作。
Sub FWrite()
    Do
        rdvar. rdname = InputBox("学生姓名：")
        rdvar. rdunit = InputBox("所在系：")
        rdvar. rdage = InputBox("学生年龄：")
        rdvar. rdtel = InputBox("电话号码：")
        rdnum = rdnum + 1              '记录的数目计数。
        Put #1, rdnum, rdvar          '写入记录的数目和记录(数据)。
        a = InputBox("More(Y/N)?")
    Loop Until UCase(a) = "N"
End Sub
Rem FRead1 通用过程，执行顺序读取文件操作。
Sub FRead1()
    Cls
    FontSize = 12
    For i = 1 To rdnum
        Get #1, i, rdvar              '读第 i 条记录并赋值给 rdvar 记录类型。
        Rem 在窗体上输出姓名、单位、年龄和工资：
        Print rdvar. rdname, rdvar. rdunit, rdvar. rdage, rdvar. rdtel
    Next i
End Sub
Rem FRead2 通用过程，执行按记录号读取文件操作。
Sub FRead2()
    Getrds = True
    Cls
    FontSize = 12
    Do
        n = InputBox("输入要读取数据的记录号：")
        If n > 0 And n < rdnum Then
            Get #1, n, rdvar          '读取记录号和记录(数据)。
            Rem 在窗体上输出姓名、单位、年龄、工资和当前读写的记录号。
            Print rdvar. rdname;" "; rdvar. rdunit;" ";
            Print rdvar. rdage;" "; rdvar. rdtel;""; Loc(1)
            MsgBox "单击'确定'按钮继续"
        ElseIf n = 0 Then
            Getrds = False
```

```
        Else
            MsgBox（"记录号不在指定范围,重新输入记录号!"）
        End If
        Loop While Getrds            '当 Getrds 为假时，结束循环。
End Sub
Rem Deletrd 通用过程，用于删除记录操作。
Sub Deletrd( n As Integer)
repeat：
        Get #1，n + 1，rdvar               '读取记录号为 n + 1 的记录。
        If Loc(1) > rdnum Then Go To finish    '返回当前的读写位置,若大于记录号则转
                                                 到 finish 后面的语句。
        Put #1，n，rdvar                    '写入到前一条记录号中，覆盖前一条记录。
        n = n + 1                          '将后面的记录依次写入前一条记录中。
        GoTo repeat
finish：
        rdnum = rdnum − 1
End Sub
Private Sub Form_Click( )
    Dim resp As Integer，p As Integer，msg As String，Newline As String
    Open "dzc. dat" For Random As #1 Len = Len( rdvar)
    rdnum = LOF(1)／Len( rdvar)
    Newline = Chr( 13) + Chr( 10)
    msg = "1. 建立文件"
    msg = msg + Newline + "2.顺序方式读记录"
    msg = msg + Newline + "3.通过记录号读文件"
    msg = msg + Newline + "4.删除记录"
    msg = msg + Newline + "0.退出程序"
    msg = msg + Newline + Newline + " 请输入数字选择："
Begin：
    resp = InputBox( msg,"学生信息管理")
    Select Case resp
            Case 0
                Close #1
                End
            Case 1
                FWrite
            Case 2
                FRead1
                MsgBox "单击'确定'按钮继续!"
```

```
            Case 3
                FRead2
            Case 4
                p = InputBox("输入要删除的记录号：")
                Deletrd（p）
        End Select
        GoTo Begin
    End Sub
```

程序运行时单击窗体，显示如图 11.8 所示的对话框。

图 11.8　学生信息操作选择对话框

输入数字 1，单击“确定”按钮，建立文件并输入学生信息。输入数字 2，单击“确定”按钮，则在窗体上显示文件 dzc.dat 的记录，如图 11.9 所示。

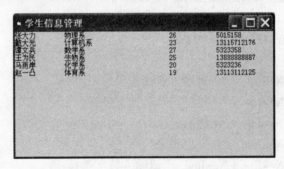

图 11.9　显示学生信息的记录

2. 用控件显示和修改随机文件

在 Visual Basic 6.0 中，可以用控件来显示和修改随机文件中的数据。

例 11.12　用控件来显示和修改随机文件中的数据。

创建如图 11.10 所示的窗体。

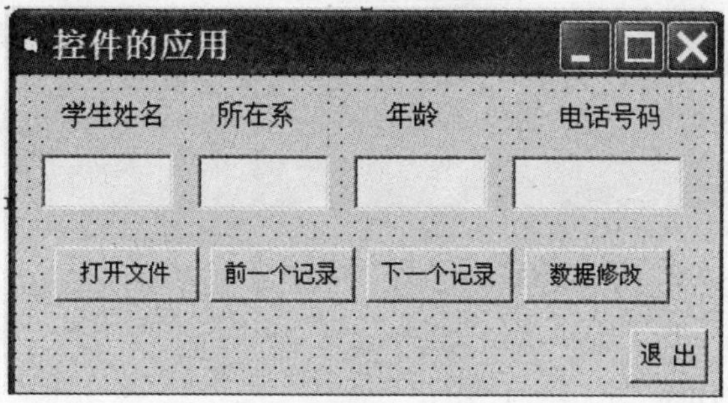

图 11.10 设计用控件显示和修改随机文件的窗体

在标准模块窗口中编写下列程序：

```
Rem 定义记录类型
Type Student
    rdname As String * 10
    rdunit As String * 15
    rdage As Integer
    rdtel As String * 11
End Type
```

在窗体代码窗口中编写下列程序：

```
Option Explicit
Dim rdvar As Student                        '定义 rdvar 为 Student 记录类型。
Dim n As Integer                            'n 变量用于指定记录号。
Dim rdnum As Integer                        'rdnum 用于指定记录的个数。
Dim a As String, i As Integer
Dim Getrds As Boolean
Dim resp As Integer, p As Integer
Dim msg As String, Newline As String
Rem 显示记录通用过程。
Sub display()
    Get #1, n, rdvar
    Text1(0).Text = rdvar.rdname
    Text1(1).Text = rdvar.rdunit
    Text1(2).Text = rdvar.rdage
    Text1(3).Text = rdvar.rdtel
End Sub
Rem 显示前一个记录。
Private Sub Command1_Click()
    If n > 1 Then
        n = n - 1
```

```
        display
    ElseIf n = 1 Then
        MsgBox"这是第一个记录"
    End If
End Sub
Rem 显示下一个记录。
Private Sub Command2_Click( )
    If n < rdnum Then
        n = n + 1
        display
    ElseIf n = rdnum Then
        msg = "这是最后一个记录" + Chr(13) + Chr(10)
        msg = msg + "是否关闭文件?"
        resp = MsgBox(msg,36,"请选择")
        If resp = 6 Then
            Close #1
            End
        End If
    End If
End Sub
Rem 打开文件。
Private Sub Command3_Click( )
    Open "dzc. dat" For Random As #1 Len = Len(rdvar)
    rdnum = LOF(1)/ Len(rdvar)
    n = 1
    display
End Sub
Rem 修改记录。
Private Sub Command4_Click( )
    rdvar. rdname = Text1(0). Text
    rdvar. rdunit = Text1(1). Text
    rdvar. rdage = Text1(2). Text
    rdvar. rdtel = Text1(3). Text
    Put #1 , n , rdvar
End Sub
Rem 退出。
Private Sub Command5_Click( )
    End
End Sub
```

程序运行时的界面如图 11.11 所示。用户可以通过单击界面上的 4 个命令按钮来打开随机文件 dzc. dat，查看文件中的记录，并且可以修改记录中的数据。

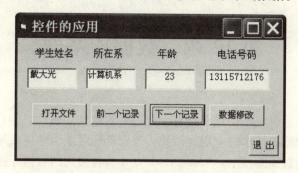

图 11.11　用控件显示和修改随机文件中的数据

习　题

11.1　什么是文件？什么是文件的结构？按照数据的存取方式和结构，文件可以分为哪几种类型？按照数据的编码方式，文件又可以分为哪几种类型？

11.2　文件的访问有哪几种模式？

11.3　在 Visual Basic 6.0 中，如何计算字符的个数和字符串的长度？

11.4　在通常情况下，Visual Basic 6.0 中的数据文件的操作分为哪几个步骤？

11.5　用 Open 语句来打开或建立一个文件时，其语法格式中的"打开方式"有哪几种？有什么不同？

11.6　在应用程序中，打开文件存取数据后，要用 Close 语句关闭已打开的文件，为什么？

11.7　在 Visual Basic 6.0 中，用什么语句来设置文件指针的位置？Seek 语句和 Seek 函数有何区别？

11.8　FreeFile 函数、Loc 函数和 LOF 函数的功能是什么？为什么说：LOF 函数返回的不一定是实际的字节数？

11.9　在顺序文件的写操作中，用 Print # 语句和 Write # 语句有什么区别？

11.10　在顺序文件的读操作中，用 Input # 语句和 Line Input # 语句有什么不同？

11.11　随机文件在存取数据的方式上有何特点？

11.12　在窗体中设置三个命令按钮，用于实现"Output 写盘"、"Input 读盘"、"Append 添加数据"的功能。另外设置一个文本框，用于显示读盘的结果。

11.13　编写一段程序，用 Print # 语句向文件中写入数据。

11.14　建立一个 dzc. dat 文件，存放学生的姓名、电话号码和家庭住址。

11.15　把一个文件的内容读到内存并在窗体上显示出来，然后存入另一个文件中。

11.16　建立一个 Student. dat 文件，存放学生的学号、姓名、各科成绩。然后用控件显示和修改文件中的数据，并能添加和删除记录。

第 12 章　数据库基础

数据库技术在计算机应用领域中具有十分重要的地位。在人们的日常生活、学习和工作中，都会涉及到数据库技术的应用。例如：工资管理系统、学生成绩管理系统、教务管理系统等都需要用到数据库技术。Visual Basic 6.0 具有强大的数据库操作功能，通过数据库控件、数据访问对象可以实现对数据库的访问，并能够建立多种类型的数据库，可以管理和使用这些数据库。本章主要介绍数据库基本知识以及 Data 控件和 SQL 语言。

12.1　数据库基本知识

Visual Basic 6.0 的数据访问包括本地数据库（Microsoft Access 类型）、外部数据库和符合 ODBC 标准的客户\服务器数据库。它是通过 Microsoft Jet 数据库引擎工具来支持对数据库的数据访问的。

Visual Basic 6.0 提供了两种主要的与数据库引擎接口的方法：Data 控件和数据库访问对象（DAO）。

数据库（Database）是一个按照一定方式组织并存储的信息集合。一个数据库由一个或多个数据表（Table 简称表）组成。

1. 关系数据库的基本结构

常见的数据库有关系型数据库、分层结构数据库和网络模型数据库。

关系型数据库是在关系模型的基础上建立起来的。它引进了规范化的理论，简单明了，易于理解，其数据的独立性高，是目前最流行的数据库。关系型数据库把数据组成一张或多张二维的表格（称为关系表），由多张彼此关联的表格群组形成数据库。

在本节中，我们仅就关系型数据库的基本结构作一个简单的介绍。

关系型数据库的一般结构为：

（1）表名称。

表的名称。如：Customers、Student 等等。

（2）字段。

表中的每一列称为一个字段（Field），每一个字段的数据类型相同，其表头称为字段名。每个字段必须有字段名、类型和长度等信息。在一个表中不能出现相同的字段名。

（3）记录。

表中的每一行数据称为一条记录。在表中不允许某一行全为空记录（即：某一行全为空白）。

所有的记录构成的二维表格称为数据表，单个或多个相关联的数据表的集合就称为数据库。如图 12.1 所示的 4 张表格组成了一个处理图书定单的关系数据库。

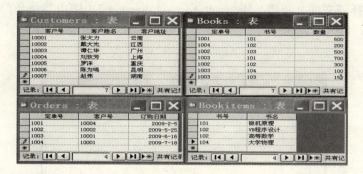

图 12.1 关系数据库

2. Visual Basic 6.0 中常用的数据库

在 Visual Basic 6.0 中，常用的数据库如表 12.1 所示。

表 12.1 常用的数据库

数据库的种类	扩展名
Microsoft Access 数据库	.mdb 文件
Dbase 数据库	.dbf 文件
Microsoft Excel 数据库	.xls 文件
FoxPro 数据库	.dbf 文件
Lotus 数据库	.wk1,wk3,wk4 或 wk5 文件
Paradox 数据库	.pdx 文件

3. 用可视化数据管理器（Visual Data Manager）创建数据库

（1）创建数据库文件。

① 在 Visual Basic 6.0 中，选择"外接程序\ 可视化数据管理器"命令，显示"Vis-Data"窗口，如图 12.2 所示。

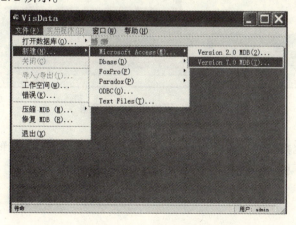

图 12.2 "VisData"窗口

② 选择"文件 \ 新建 \ Microsoft Access \ Version 7.0MDB"命令，打开"保存数据库"对话框，如图12.3所示。

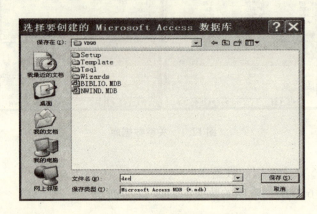

图12.3 "保存数据库"对话框

③ 在对话框中为要建立的数据库输入一个文件名（dzc.mdb），并单击"保存"按钮，则在VB98文件夹中建立了一个文件名为dzc.mdb的数据库。

（2）创建数据表。

① 设置完数据库的保存信息后，系统自动打开"可视化数据管理器"窗口，如图12.4所示。

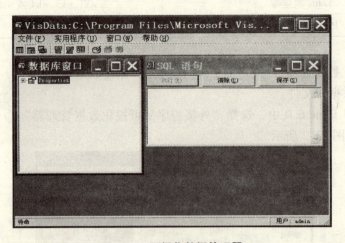

图12.4 可视化数据管理器

在"可视化数据管理器"窗口中，单击鼠标右键，然后在弹出的快捷菜单中选择"新建表"命令，弹出"表结构"对话框，如图12.5所示。

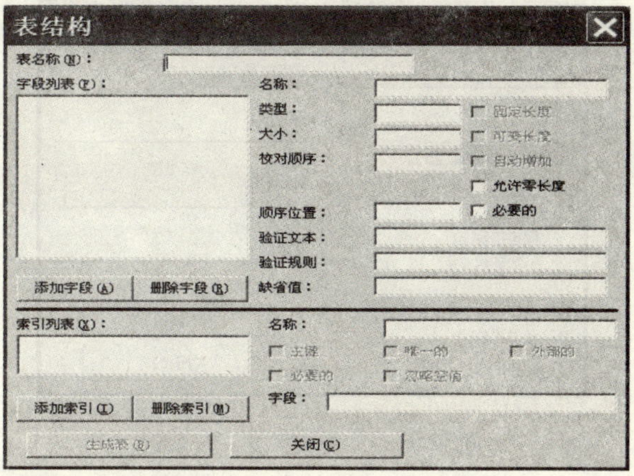

图 12.5 "表结构"对话框

"表结构"对话框的主要内容如下：

表名称：数据表的名称。

字段列表：显示当前表中已经包含的字段名。

名称：显示或修改当前在字段列表中选择的字段名称。

类型：显示当前在字段列表中选择的字段类型。

大小：显示当前在字段列表中选择的字段的最大长度（以字节为单位）。

固定长度：当前的字段长度是固定的（只对 Text 类型的字段起作用）。

可变长度：当前的字段长度是可变的（只对 Text 类型的字段起作用）。

允许零长度：将长度为零的字符串视为有效的字符串。

顺序位置：确定字段的相对位置。

必要的：表示字段必须是非 Null 值。

验证文本：用户输入的字段值无效时，应用程序将显示的消息文本。

验证规则：确定字段可以添加什么样的数据。

缺省值：在输入字段内容时，如果不输入该字段内容，则使用该值作为字段内容。

"添加字段"按钮：添加新的字段（含名称、类型、长度等）。

"删除字段"按钮：删除当前在字段列表中选中的字段。

"表结构"对话框的下半部分用于设置或显示当前表的索引信息（可以单击"添加索引"按钮来设置索引）。

② 在"表结构"对话框中，输入表名称：Customers（客户信息表），单击"添加字段"按钮，在弹出"添加字段"对话框中，输入字段名，并设置字段的数据类型和大小，如图 12.6 所示。

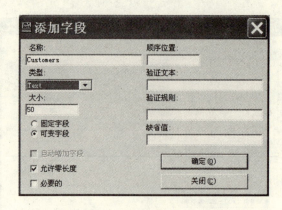

图 12.6 "添加字段"对话框

③ 每输入一个字段的信息后,单击一次"确定"按钮,设置完表中所有字段的信息后,关闭"添加字段"对话框,回到设置完表中所有字段的"表结构"对话框,如图12.7 所示。

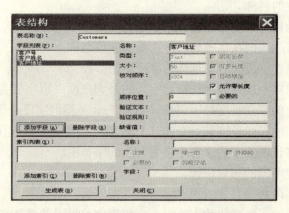

图 12.7 字段设置完成后的"表结构"对话框

单击"生成表"按钮,完成了一个表(结构)Customers 的创建。表一旦建立,则所创建的字段的类型和大小等属性就不能再改变了。

④ 重复①~③的操作步骤,可以创建上述的 Customers、Orders、Books 和 Bookitems 4个表的表结构(这四种数据表格均为空表,无记录)。

4. 打开、编辑已存在的数据库

(1) 选择"外接程序\可视化数据管理器"命令。

(2) 选择"文件\打开\Microsoft Access"命令。

(3) 选定数据库文件:dzc.mdb,单击"打开"按钮或双击 dzc.mdb 文件,即可打开数据库窗口。

(4) 在数据库窗口中,双击表格名:Customers(用户信息表),打开数据输入表格,进行编辑、增加和删除记录。如图12.8 所示。

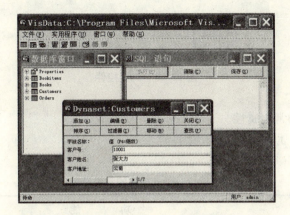

图 12.8　编辑表格中的数据

（5）单击"添加"按钮，显示如图 12.9 所示的窗口。

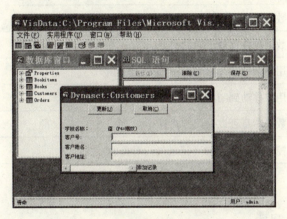

图 12.9　添加表格中的数据

输入一条记录，单击"更新"；再单击"添加"按钮，输入另一条记录，单击"更新"；重复操作，添加完数据后，单击"关闭"按钮。

重复上述操作，可对数据库表格中的数据进行输入、修改、删除和编辑等工作。

12.2　Data 控件

在应用程序设计中，怎样才能把界面、程序和数据库连接起来呢？Visual Basic 6.0 提供的数据（Data）控件是一种把程序设计和数据库连接起来的重要工具。

1. Data 控件的常用属性、方法和事件

在工具箱中可以找到数据控件（Data），将 Data 控件添加到窗体中，可以看到 Data 控件的外观如图 12.10 所示。

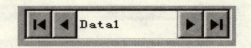

图 12. 10　Data 控件

（1）Data 控件的常用属性。

Data 控件的常用属性如表 12.2 所示。

表 12.2　Data 控件的常用属性

属性名称	功　　能
Connect	指示数据源的类型，默认值为 Access。
DatabaseName	设置数据控件使用的数据库名称和路径（即数据控件与哪个数据库进行连接）。
RecordSource	指定数据控件所连接的记录来源（可以是数据表名称）。
RecordsetType	指定数据控件存放记录的类型。
BOFAction	指当用户移动到开始时程序将执行的操作。
EOFAtion	指当用户移动到结尾时程序将执行的操作。
ReadOnly	设置数据库是否以只读方式打开。
Option	设置控件的 Recordset（记录集）对象的特性。

说明：

① RecordsetType 属性。

返回或设置一个值，确定数据控件存放记录的类型，其格式为：

Object. RecordsetType[= value]

其中：

Object 为对象表达式。

Value 有 3 种设置：0 为一个表类型记录集。

　　　　　　　　　　1 为一个 dynaset 类型记录集（默认设置）。

　　　　　　　　　　2 为一个快照类型记录集。

② BOFAction 属性。

设置为：0 控件定位到第 1 个记录。

　　　　1 将当前记录位置定位在第 1 个记录之前，记录集的 BOF 值为 True，触发数据控件对第 1 个记录的无效事件 Validate。

③ EOFAtion 属性。

设置为：0 控件重定位到最后一个记录为当前记录。

　　　　1 将当前记录位置定位在最后一个记录之后，记录集的 EOF 值为 True，触发数据控件对最后一个记录的无效事件 Validate。

2 向记录集加入新的空记录，可以对新记录进行编辑，当移动记录指针时，新的记录写入数据库。

（2）Data 控件的常用方法。

① AddNew 方法：用于添加一条新记录。

例如：Data1. Recordset. AddNew   '在 Data1 的记录集中添加新记录。

② Delete 方法：用于删除当前记录的内容（删除后将当前记录移到下一条记录）。

③ Edit 方法：对可更新的当前记录进行编辑修改。

④ Find 方法群组：用于查找记录。

FindFirst 方法：查找满足条件的第一条记录。

FindLast 方法：查找满足条件的最后一条记录。

⑤ Move 方法群组：用于移动记录。

MoveFirst 方法：移到第一笔记录。

MoveLast 方法：移到最后一笔记录。

MoveNext 方法：移到下一笔记录。

MovePrevious 方法：移到上（前）一笔记录。

⑥ Refresh 方法：用于更新数据控件的数据结构和集合内容，可以在数据控件上使用 Refresh 方法来打开或重新打开数据库。

⑦ Updata 方法：用于将修改的记录内容保存到数据库中。

（3）Data 控件的常用事件。

① Error 事件：在数据控件发生数据存取错误时触发，例如：

```
Private Sub Data1_Error(...)
    Select Case DataError
        Case 3024
        CommonDialog. ShowOpen
        ……
    End Select
End Sub
```

执行上述语句，如果由数据控件的 DatabaseName 属性所指定的数据库未找到，就显示一个"打开"对话框。

②Reposition 事件：在一条记录成为当前记录之后发生。常用该事件对当前记录的数据内容进行计算。

③Validate 事件：在一条记录成为当前记录之前发生，例如：

```
Private Sub Data1_Validate(...)
    If Text1. Data Change Then         '检查数据是否被修改。
        MsgBox "You Can't Change the ID number. "
        Text1. Data Change = False     '不保存修改的数据。
    End If
    ……
End Sub
```

2. 数据绑定控件

仅有数据控件并不能看到想要的数据库中的某一条记录，Visual Basic 6.0 提供了可以绑定在数据控件上的控件来辅助数据控件一起工作，将数据控件所得到的记录集显示出来。

在 Visual Basic 6.0 中，可以绑定在数据控件上的所谓的绑定控件有：TextBox、Label、CheckBox、PictureBox、Image、OLE、ListBox 和 ComboBox 控件等，这些控件又称为数据感知控件。

（1）数据绑定控件的相关属性。

① DataSource（数据源）属性：用来确定控件被绑定在哪个数据控件上（可以在属性窗口的下拉列表中选择需要绑定的数据控件）。

② DataField（字段或域）属性：用于设置所显示的是表中的哪个字段（可以在下拉列表中选择需要显示的字段名称）。

对于文本框控件而言，每一次只能显示一个记录中的一个字段。至于标签控件、复选框控件、图像框控件和图片框控件等，皆相似。必须对上述两个属性进行设置。当对一个控件的以上两个属性进行了设置后，则这个属性就被绑定在了某一个数据控件上。

（2）绑定数据控件的步骤。

将文本框（Text1）与数据控件（Data1）绑定的步骤：

① 将数据控件（Data1）放置在窗体上，将绑定控件（Text1）放置在窗体上。

②设置 Data1 的 DatabaseName 属性为：

"c:\Program Files\Microsoft Visual Basic\Vb98\dzc.mdb" 文件。

设置 Data1 的 RecordSource 属性为 "Orders" 表。

③ 设置 Text1 的 DataSource 属性为 Data1，设置 Text1 的 DataField 属性为 "定单号" 字段。设置完后，则 Text1 控件绑定在 Data1 控件上。

例 12.1　创建一个订购图书的客户信息的输入界面。文本框绑定 Data 控件，txtOrderNo、txtCuNo 和 txtData 分别显示 "Orders" 表的各字段。

① 在窗体 Form1 中设置 3 个标签，3 个文本框，1 个数据控件（Data1）和 4 个命令按钮。

② 窗体和控件的属性设置如表 12.3 所示。

表 12.3　属性设置

控件名称	属性名	属性值
Form1	Caption	客户信息输入
Label1	Caption	定单号：
Label2	Caption	客户号：
Label3	Caption	订购日期：

控件名称	属性名	属性值
Text1	（名称）	txtOrderNo
	Text	空
	DataSource	Data1
	DataField	定单号
Text2	（名称）	txtCuNo
	Text	空
	DataSource	Data1
	DataField	客户号
Text3	（名称）	txtDate
	Text	空
	DataSource	Data1
	DataField	订购日期
Command1	（名称）	cmdAdd
	Caption	添　加
Command2	（名称）	cmdDelete
	Caption	删　除
Command3	（名称）	cmdUpate
	Caption	修　改
Command4	（名称）	cmdEnd
	Caption	结　束
Data1	Caption	客户信息
	DatabaseName	c：\Program Files\Microsoft Visual Basic\Vb98\dzc. mdb
	RecordSource	Orders

窗体和控件的 BackColor 属性设为 "&H00C0C0C0&"。

命令按钮的 Style 属性设为 "1 – Graphical"。

③ 编写应用程序：

Private Sub cmdAdd_Click( )　　　　　　　　'添加记录。

　　　Data1. Recordset. AddNew

　　　Data1. Recordset. Update

```
        Data1. Recordset. MoveLast
    End Sub
    Private Sub cmdDelete_Click( )                    '删除记录。
        Dim mag
        mag = MsgBox("要删除吗?",vbYesNo,"删除记录")
        If mag = vbYes Then
            Data1. Recordset. Delete
Rem   当删除最后一个记录后，如果再删除就会出错，因此每次删除完将当前记录移
到最后一个。
            Data1. Recordset. MoveLast
        End If
    End Sub
    Private Sub cmdEnd_Click( )
        End
    End Sub
    Private Sub cmdUpate_Click( )              '修改记录。
        Data1. Recordset. Edit
        Data1. Recordset. Update               '将修改的记录内容保存到数据库中。
    End Sub
    Private Sub Data1_Validate(Action As Integer,Save As Integer)
        Dim mag
        If Save = True Then                    '确定是否修改，如不修改恢复原先内容。
            mag = MsgBox("要保存吗?",vbYesNo,"保存记录")
            If mag = vbNo Then
                Save = False
                Data1. UpdateControls
            End If
        End If
    End Sub
```

程序运行时的界面如图 12.11 所示。

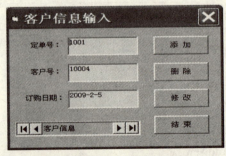

图 12.11   客户信息的输入界面

从应用程序界面上，用户可以添加、删除和修改记录。

12.3 SQL 语言

SQL（Structure Query Language）语言是一种结构化查询语言。是用于数据库查询的标准语言，广泛地应用于各种数据查询。通过 SQL 语言，可以很方便地实现在程序中对数据库进行查询、统计、创建、删除等功能。

1. SQL 常用命令

SQL 最常用的命令如表 12.4 所示。

表 12.4 常用的 SQL 命令

命 令	功 能
Select	在数据库中查找满足条件的记录。
Create	创建新表，包括字段和索引。
Delete	删除记录。
Insert	在表的末尾追加一条新记录。
Update	改变特定记录的字段值。
Drop	删除数据库中的表或索引。
Alter	通过添加字段或改变字段定义修改表。

说明：

Select－SQL 语法格式为：

Select 选定项 From 表名［Where 条件表达式］［Group By 分组字段］［Having 分组条件］［Order By 排序字段［Asc（升序）\Desc（降序）］］

2. SQL 常用语句

（1）Select_From 语句。

Select_From 语句用于从数据库中的一个或多个表中选取记录，其格式为：

Select［表格名称.］字段名称 From 表格名称

例如：Select 客户姓名 From Customers

执行该语句返回一个包含 Customers 表中"客户姓名"字段的数据对象。

具体操作步骤如下：

① 选择"外接程序\可视化数据管理器"命令，打开可视化数据管理器（VisData）。

② 选择"文件\打开\Microsoft Access"命令。

③ 打开数据库文件 dzc. mdb。

④ 在 SQL 语句窗口输入：Select 客户姓名 From Customers，如图 12.12 所示。

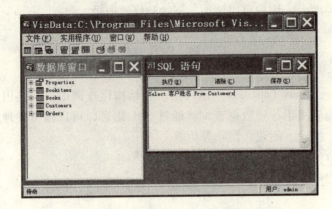

图 12.12　Select_From 查询语句

⑤ 单击"执行"命令按钮，在出现的对话框中再单击"否"命令按钮，出现客户姓名查询结果如图 12.13 所示。

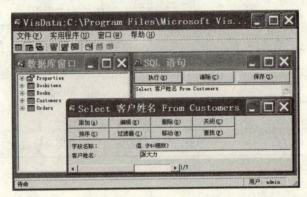

图 12.13　"客户姓名"查询

又例如：Select * From Customers

"*"表示所有字段。执行该语句返回一个包含 Customers 表中全部字段的数据对象，其界面如图 12.14 所示。

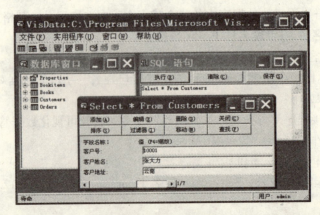

图 12.14　全部字段查询

（2）Order By 子句。

Order By 子句用于查询时排序，后跟 Asc（升序）或 Desc（降序）。

（3）Where 子句。

Where 子句用于对数据表任意列的数据进行比较，Where 子句永远跟在 Select_ From 语句后面。

① 最简单的 Where 子句形式。

格式为：

Where Column = Value

其中：

Column：代表了所求数据表中的列的名称。

Value：代表一个常量值。

例如：Select 客户姓名 From Customers Where 客户地址 = ' 江西'

即：从表 Customers 中查询出 "客户地址" 为 '江西' 的 "客户姓名"。结果为：戴 大光和程小刚。如图 12. 15 所示。

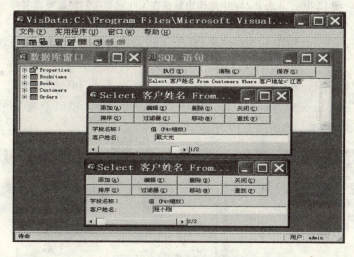

图 12. 15　从 Customers 表中按客户地址查询出江西的客户

② 可以用 And 和 Or 操作符来连接成一个 Where 子句，也可以用 = 、<> 、< 、> 、 >= 和 <= 等进行逻辑比较。

③ 在 Where 子句中使用 Between_And。

例如：

Select 定单号，书号 From Books Where 数量 Between 100 And 200

即：从表 Books 中查询出数量在 100 到 200 的定单号和书号，如图 12. 16 所示。

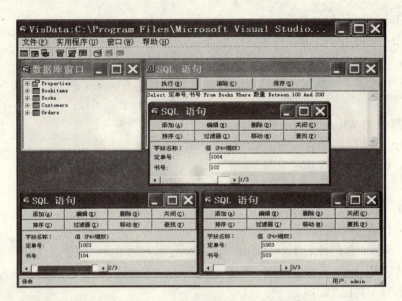

图 12.16　从表 Books 中查询出数量在 100 到 200 的定单号和书号

④ 在 Where 子句中使用 In 关键字，其值之间用逗号隔开，并用括号括上。

例如：

Select 客户姓名 From Customers Where 客户地址 In（'广州'，'上海'）

即：从表 Customers 中查询出"客户地址"为'广州'和'上海'的客户姓名。结果为：谭仁华和刘玫芳。如图 12.17 所示。

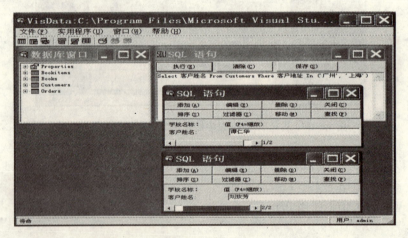

图 12.17　从表 Customers 中查询出"客户地址"为广州和上海的客户

⑤ 在 Where 子句中使用 Like 函数。

用于查询内容与 Like 函数的常量相似的记录。例如：

Select * From Bookitems Where Bookitems. 书名 Like '*物理' Order By 书号. Desc

即：从表 Bookitems 中查询出与"物理"相关的书，书号按降序排列，如图 12.18 所示。

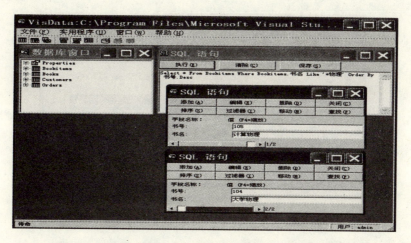

图 12.18　从表 Bookitems 中查询出物理书、书号按降序排列

若在 SQL 语句窗口中，单击"保存"按钮，可将查询语句保存在 OrderData 文件中，直接打开 dzc. mdb 数据库，选择查询，输入查询的书号，单击"确定"按钮，显示查询结果如图 12.19 所示。

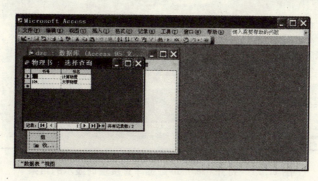

图 12.19　打开 dzc. mdb 数据库直接查询的结果

3. SQL 集合函数

SQL 集合函数有：

Avg：返回某一列中所有数值的平均值。

Count：返回列数。

Sum：返回某一列中所有数值的总和。

Max：返回某一列中的最大数值。

Min：返回某一列中的最小数值。

例如：Select Count（数量）As 记录数，Sum（数量）As 总数，Max（数量）As 最多数，Min（数量）As 最少数 From Books

执行该语句后，其结果如图 12.20 所示。

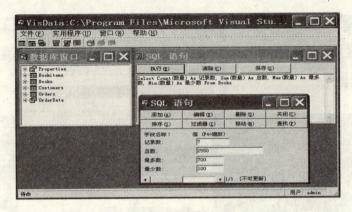

图 12.20　用 SQL 集合函数查询的结果

　　直接打开 dzc. mdb 数据库，选择查询，双击"BooksData"图标，显示查询结果如图 12.21 所示。

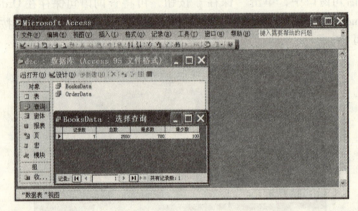

图 12.21　打开 dzc. mdb 数据库直接查询显示的结果

4. 其他 SQL 语句

（1）在数据表中添加一个记录。

其格式为：

Insert Into 数据表（字段名 1, 字段名 2, ...）Values（数据 1′, 数据 2′, ...）

　　例如：在数据表 Bookitems 中添加一条记录，"书号"为"106"，"书名"为"计算机文化基础知识"。

Insert Into Bookitems（书号，书名）Values（′106′，′计算机文化基础知识′）

执行该语句后添加的记录如图 12.22 所示。

（2）删除符合条件的记录。

其格式为：

Delete（字段名）From 数据表名 Where 子句

　　如果省略字段名时，则删除整条记录，省略 Where 子句将删除表中的每一条记录。

　　例如：将 Books 表中"数量"＜500 的记录删除。

Delete From Books Where 数量 < 500

注意：在使用 Delete 语句时，一定要先备份数据，以免造成错误的删除记录。

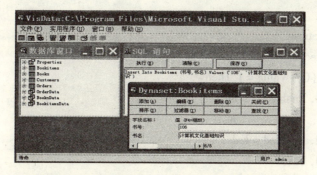

图 12.22　在数据表 Bookitems 中添加一条记录

5. 建立数据查询

建立数据查询"Test"的步骤：

（1）选择"外接程序\可视化数据管理器"命令，打开可视化数据管理器（VisData）。

（2）选择"文件\打开\ Microsoft Access"命令。

（3）打开数据库文件 dzc. mdb。

（4）在 SQL 语句窗口输入：

Select Bookitems. ***, Books.** ***, Customers.** ***, Orders.** *** From Bookitems, Books, Cus-
tomers, Orders Where （（（Books.** ［定单号］） = ［Orders］. ［定单号］） And （（Bookitems.**
［书号］） = ［Books］. ［书号］） And （（Customers. ［客户号］） = ［Orders］. ［客户号］） And
（（Orders.** ［定单号］） = "1001"））

（5）单击"保存"按钮，出现询问对话框，在文本框中输入"Test"，单击"确定"按钮，即创建了"Test"数据查询。

（6）单击"执行"按钮，出现询问对话框，单击"否"按钮，则会产生数据表，并得到将"Test"用单个记录的形式显示，如图 12.23 所示。

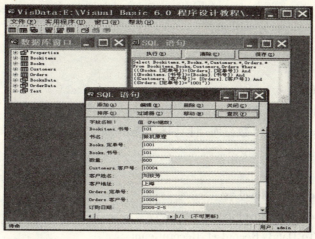

图 12.23　建立数据查询

例 12.2 数据库查询。建立一个数据库 Student. mdb。实现 1 ~ 6 年级男、女学生的查询。

应用程序为：

Dim Dbstr As String

Private Sub Check1_ Click（Index As Integer）

    If Check1（0）. Value = 1 Then

      Combo1. Enabled = True

    Else

      Combo1. Enabled = False

      Combo1. Text = " "

    End If

    If Check1（1）. Value = 1 Then

      Combo2. Enabled = True

    Else

      Combo2. Enabled = False

      Combo2. Text = " "

    End If

End Sub

Private Sub Command1_Click（ ）

    Dim Tempstr As String

    Tempstr = Dbstr

    If Check1（0）. Value = 1 And Not IsNull（Combo1. Text）Then

      Dbstr = Dbstr + " and ［性别］ = '" + Combo1. Text + '""

    End If

    If Check1（1）. Value = 1 And Not IsNull（Combo2. Text）Then

      Dbstr = Dbstr + " and ［班级］ = '" + Combo2. Text + '""

    End If

    Data1. RecordSource = Dbstr

    List1. Clear

    Dbstr = Tempstr

    Data1. Refresh

    If Data1. Recordset. BOF Or Data1. Recordset. EOF Then

      Result = MsgBox（"数据库空！",48,"提示"）

      Exit Sub

    End If

    Data1. Recordset. MoveLast

    Data1. Recordset. MoveFirst

    For I = 1 To Data1. Recordset. RecordCount

      List1. AddItem Data1. Recordset. Fields（0）& " " & Data1. Recordset. Fields（1）& " " & _

```
        Data1. Recordset. Fields(2)& " " & Data1. Recordset. Fields(3)& _
        " " & Data1. Recordset. Fields(4)& " " & Data1. Recordset. Fields(5)
        Data1. Recordset. MoveNext
        Next I
     Data1. Recordset. MoveFirst
End Sub
Private Sub Command2_Click( )
     Unload Me
End Sub
Private Sub Form_Load( )
     Dim I, Result As Integer
     Combo1. Enabled = False：Combo2. Enabled = False
     Combo1. Clear：Combo2. Clear
     List1. Clear
     Combo1. AddItem "男"
     Combo1. AddItem "女"
     Combo2. AddItem "一"
     Combo2. AddItem "二"
     Combo2. AddItem "三"
     Combo2. AddItem "四"
     Combo2. AddItem "五"
     Combo2. AddItem "六"
     .Data1. DatabaseName = App. Path + " \Student. mdb"
     Dbstr = "Select * from StudentQK Where ［学号］=［学号］and［姓名］=［姓名］and
［性别］=［性别］and _［年龄］=［年龄］and［班级］=［班级］and［家庭电话］=［家庭电
话］"
     Data1. RecordSource = Dbstr
     Data1. Refresh
     If Data1. Recordset. BOF Or Data1. Recordset. EOF Then
        Result = MsgBox("数据库空!",48,"提示")
        Exit Sub
     End If
     Data1. Recordset. MoveLast
     Data1. Recordset. MoveFirst
     For I = 1 To Data1. Recordset. RecordCount
        List1. AddItem Data1. Recordset. Fields(0)
        Data1. Recordset. MoveNext
     Next I
     Data1. Recordset. MoveFirst
```

End Sub

程序运行时的界面如图 12.24 所示。

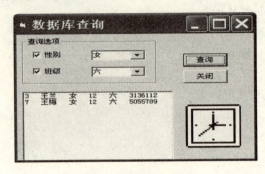

图 12.24　数据库查询

习　题

12.1　在 Visual Basic 6.0 中，常用的数据库分为哪几类？什么是关系型数据库？

12.2　试述用可视化数据管理器（Visual Data Manager）创建数据库的步骤。

12.3　在 Visual Basic 6.0 中，可以绑定在数据控件上的绑定控件有哪些？简述绑定数据控件的步骤。

12.4　SQL 语言中最常用的命令有哪几种？有什么功能？

12.5　记录、字段、表与数据库之间的关系是什么？

12.6　怎样用 SQL 语句修改特定表中的字段值？

12.7　怎样删除数据库中的表？

12.8　建立数据查询的步骤是什么？

第 13 章　开发应用程序

Visual Basic 6.0 是最方便快捷的软件开发工具，广泛地被用于应用程序的开发和多媒体课件的制作。它具有很丰富的图形操作功能，在计算物理、模拟技术等领域发挥了重要的作用。本章将主要介绍 Visual Basic 6.0 的图形操作方法、剪贴板的使用以及键盘事件和鼠标事件。简单介绍文字特技和开发应用程序课件等内容。

13.1　绘　图

1. 坐标系

在 Visual Basic 6.0 中，坐标是针对窗体或窗体上的控件而设置的，称为对象坐标系统。

（1）缺省坐标系。

Visual Basic 6.0 中的缺省坐标系，是以对象（窗体、图片框和框架等控件）的左上角为坐标原点（0，0），横坐标（X 轴）向右延伸，纵坐标（Y 轴）向下延伸，如图 13.1 所示。

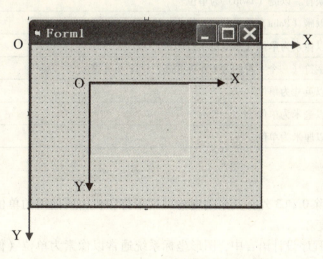

图 13.1　缺省坐标系

每个对象都有自己的尺寸，对象的 Left 和 Top 属性指定了该对象左上角距原点（0，0）在水平方向和垂直方向的位置，对象的 Width 和 Height 属性指定了该对象在水平方向的宽度和在垂直方向的高度。其单位均为：缇（Twip）。

在窗体上建立了一个控件后，该控件的 Left、Top、Width 和 Height 属性就被确定下来了。图 13.1 中的图片框的 Left、Top、Width 和 Height 属性如图 13.2 所示。

图 13.2　控件的位置属性

（2）标准刻度。

缺省坐标系以窗体左上角为坐标原点（0，0），以缇（Twip）为单位。用户还可以通过"ScaleMode"属性设置标准刻度来选择其他度量单位。ScaleMode 属性值如表 13.1 所示。

表 13.1　ScaleMode 属性值

ScaleMode 值	作　用
0 – User	用户自定义（不能用于打印机）
1 – Twip	缺省。以缇（Twip）为单位
2 – Point	以磅（Point）为单位（1 英寸≈72 磅）
3 – Pixel	以像素为单位（不能用于打印机）
4 – Character	字符（一个字符约为 1/6 英寸高，1/12 英寸宽）
5 – Inch	以英寸为单位
6 – Millimeter	以毫米为单位
7 – Centimeter	以厘米为单位

说明：

① 在表中，除 0 和 3 外，其余刻度均可用于打印机，所使用的单位长度就是打印机上输出的单位长度。

② 在传统的程序设计语言中，图形坐标系统通常以像素为单位（像素是组成屏幕上图形或字符的小点，"点"的大小与显示器的分辨率有关，分辨率越高，像素越小，反之越大）。

③ ScaleMode 属性可以在属性窗口中设置，也可以在程序代码中进行设置。

例如：

Form1. ScaleMode = 3　　　　　　　　　　'设置窗体 Form1 的刻度单位为像素。

又例如：

Picture1. ScaleMode = 2 '设置 Picture1 的刻度单位为磅。

（3）自定义刻度。

有时候，可能不希望用左上角（0，0）作为坐标原点，Visual Basic 6.0 允许自己定义坐标系。

① 定义一个坐标系的步骤：

首先，确定坐标系的原点。

原点通过 ScaleLeft 和 ScaleTop 属性定义，可以把原点定义在窗体上的任意位置。
其格式为：

［对象．］ScaleLeft = X '对象左端的 X 轴坐标。

［对象．］ScaleTop = Y '对象上端的 Y 轴坐标。

例如：将窗体 Form1 的坐标原点设为（x，y）：

Form1. ScaleLeft = x '将窗体最左端的横坐标设为 x。

Form1. ScaleTop = y '将窗体最上端的纵坐标设为 y。

又例如：

Form1. ScaleLeft = 100 '将窗体最左端的横坐标设为 100。

Picture1. Left = 100 '将 Picture1 最左端的横坐标设为 100。

其次，设置坐标刻度。

用 ScaleWidth 和 ScaleHeight 来设置水平方向和垂直方向的刻度。

例如：设置窗体的刻度：

Form1. ScaleWidth = 1000 '窗体内部宽度。

Form1. ScaleHeight = 500 '窗体内部高度。

即：将当前窗体内部宽度的 1/1000 设为水平单位，内部高度的 1/500 设为垂直单位。

例 13.1 自定义窗体的坐标原点以及刻度。

在窗体 Form1 中放置 1 个图片框和 1 个命令按钮，如图 13.3 所示。

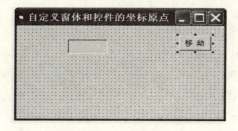

图 13.3 自定义刻度窗体设计

编写下列程序：

Private Sub Command1_Click( )

    Picture1. Left = 100 '将 Picture1 最左端的横坐标设为 100。

    Picture1. Width = 3000 '将 Picture1 的宽度设为 3000。

    Picture1. Height = 2000 '将 Picture1 的高度设为 2000。

End Sub

Private Sub Form_Load( )

    Rem 将窗体 Form1 的坐标原点设为(100,100):

        Form1. ScaleLeft = 100   '将窗体最左端的横坐标设为 100。

        Form1. ScaleTop = 100   '将窗体最上端的纵坐标设为 100。

        Form1. ScaleWidth = 4000   '窗体内部宽度。

        Form1. ScaleHeight = 3500   '窗体内部高度。

End Sub

程序运行时，单击"移动"按钮，显示的界面如图 13.4 所示。

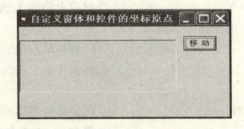

图 13.4   自定义刻度程序运行界面

② 用 Scale 方法设置坐标系。

其格式为：

[对象 .] Scale (x1，y1) - (x2，y2)

其中：(x1，y1) 和 (x2，y2) 分别为对象的左上角和右下角的坐标。这四个参数与上述四个属性的对应关系为：

ScaleLeft = x1   ScaleTop = y1

ScaleWidth = x2 - x1   ScaleHeight = y2 - y1

例 13.2   Scale 方法。

在例 13.1 中，编写下列程序：

Private Sub Command1_Click( )

        Picture1. Top = 100   '将 Picture1 顶端的纵坐标设为 100。

        Picture1. Left = 100   '将 Picture1 最左端的横坐标设为 100。

        Picture1. Width = 3000   '将 Picture1 的宽度设为 3000。

        Picture1. Height = 2000   '将 Picture1 的高度设为 2000。

End Sub

Private Sub Form_Load( )

    Rem 将窗体 Form1 的坐标原点设为(100,100):

    Form1. Scale(100,100) - (4100,3600)

End Sub

程序运行时，单击"移动"按钮，显示的界面如图 13.5 所示。

图 13.5 用 Scale 方法设置坐标系

（4）设置当前坐标。

CurrentX 和 CurrentY 用于设置当前水平和垂直坐标，即下次绘图的起点坐标，只能用于代码中。

例如：将当前坐标设置为原点的位置：

Form1. Scale(100,100) – (200,200)

即：设置(100,100)为窗体左上角的坐标，（200,200）为窗体右下角的坐标。其宽度和高度的刻度值均为 100 个单位。

Form1. CurrentX = 100

Form1. CurrentY = 100

即：将当前坐标的起点设置在(100,100)处，即以下的画图则以(100,100)为起点。

2. 颜色的设置

（1）RGB 函数。

RGB 是 Red （红色）、Green （绿色）、Blue （蓝色）的缩写。

RGB 函数通过三原色的值设置一种混合颜色，其格式为：

混合颜色值 = RGB （红色值，绿色值，蓝色值）

其中：

"红色值"、"绿色值"、"蓝色值"均为整数，取值范围为 0 ~ 255，代表混合颜色中每一种原色的强度。某个参数值越大，在混合颜色中该原色越亮。用 RGB 函数可以得到 16，777，216 种颜色。

部分常见的 RGB 值及其颜色如表 13.2 所示。

表 13.2 部分常见的 RGB 值及其颜色

RGB 函数	RGB 返回值	生成颜色
RGB(0,0,0)	&H00	黑 色
RGB(0,0,255)	&HFF0000	蓝 色
RGB(0,255,0)	&HFF00	绿 色
RGB(0,255,255)	&HFFFF00	青 色
RGB(255,0,0)	&HFF	红 色
RGB(255,0,255)	&HFF00FF	紫红色

RGB 函数	RGB 返回值	生成颜色
RGB(255，255，0)	&HFFFF	黄　色
RGB(255，255，255)	&HFFFFFF	白　色

例如：将窗体的背景色改为蓝色：

Private Sub Form_Click( )

　　Form1. BackColor = RGB(0,0,255)

End Sub

执行上述代码即可将窗体的背景色改为蓝色，如图 13.6 所示。

图 13.6　将窗体的背景色改为蓝色

例 13.3　模拟颜色定义框。

① 窗体设计。窗体上部设置 1 个图片框（显示混合颜色），下面设置 1 个标签（显示混合颜色的 RGB 函数的值），窗体下部设置 3 个水平滚动条（改变三原色的颜色），3 个图片框（显示三原色的颜色）和 3 个标签（显示三原色的设置值），如图 13.7 所示。

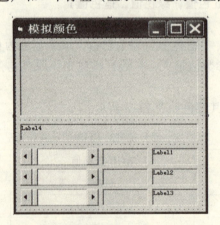

图 13.7　模拟颜色窗体设计

② 设置窗体和控件属性。

窗体和控件属性设置如表 13.3 所示。

表 13.3 属性设置

控件名称	属性名	属性值
Label1 Label2	Caption	空
Label3 Label4	BorderStyle	1 – Fixed Single
Hscroll1 Hscroll2	Min	0
Hscroll3	Max	255

③ 编写应用程序：

```
Sub Adjustcolor( )
    r = HScroll1. Value                        '由滚动条的值设定三原色的值。
    g = HScroll2. Value
    b = HScroll3. Value
    x& = RGB(r, g, b)                          '将 RGB 函数的值赋值给长整型变量 x。
    Picture4. BackColor = x&                    '在 Picture4 中显示混合颜色。
    Label4. Caption = "RGB Color#" + Str $ (x&)   '在 label4 中显示 RGB 函数的值。
End Sub
Private Sub HScroll1_Change( )
    Adjustcolor                                '调用 Adjustcolor 子程序。
    Rem 在 Picture1 中显示 HScroll1. Value(即 Red 的值)改变得到的颜色。
    Picture1. BackColor = RGB(HScroll1. Value,0,0)
    Rem 在 Label1 中显示 HScroll1. Value(即 Red)的值。
    Label1. Caption = Str $ (HScroll1. Value)
End Sub
Private Sub HScroll2_Change( )
    Adjustcolor                                '调用 Adjustcolor 子程序。
    Rem 在 Picture2 中显示 HScroll2. Value(即 Green 的值)改变得到的颜色。
    Picture2. BackColor = RGB (0, HScroll2. Value, 0)
    Rem 在 Label2 中显示 HScroll2. Value(即 Green)的值。
    Label2. Caption = Str $ (HScroll2. Value)
End Sub
Private Sub HScroll3_Change( )
    Adjustcolor                                '调用 Adjustcolor 子程序。
    Rem 在 Picture3 中显示 HScroll3. Value(即 Blue 的值)改变得到的颜色。
    Picture3. BackColor = RGB(0,0,HScroll3. Value)
    Rem 在 Label3 中显示 HScroll3. Value(即 Blue)的值。
    Label3. Caption = Str $ (HScroll3. Value)
End Sub
```

④ 程序运行时，调整 3 个水平滚动条，改变三原色的颜色，并在 Picture4 中显示出颜

色，如图 13.8 所示。

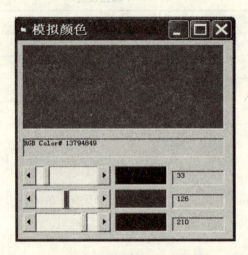

图 13.8　模拟颜色程序运行界面

（2）QBColor 函数。

Visual Basic 是由 Quick Basic 扩展而成的，它保留了 Quick Basic 的一些功能，QBColor 函数就是其中的一个，QBColor 函数的格式为：

颜色值 = QBColor (颜色参数)

其中，颜色参数是一个整数，取值为 0 ~ 15，可表示 16 种颜色。如表 13.4 所示。

表 13.4　**QBColor 函数指定的颜色**

颜色参数	颜　色	对应 RGB 颜色值	颜色参数	颜　色	对应 RGB 颜色值
0	黑　色	RGB(0,0,0)	8	灰　色	RGB(64,64,64)
1	蓝　色	RGB(0,0,191)	9	亮蓝色	RGB(0,0,255)
2	绿　色	RGB(0,191,0)	10	亮绿色	RGB(0,255,0)
3	青　色	RGB(0,191,191)	11	亮青色	RGB(0,255,255)
4	红　色	RGB(191,0,0)	12	亮红色	RGB(255,0,0)
5	紫红色	RGB(191,0,191)	13	亮紫红色	RGB(255,0,255)
6	黄　色	RGB(191,191,0)	14	亮黄色	RGB(255,255,0)
7	白　色	RGB(191,191,191)	15	亮白色	RGB(255,255,255)

例如：将窗体的背景色设置为红色：

Form1. BackColor = QBColor(4)

（3）内部常数指定的颜色。

内部常数指定的颜色如表 13.5 所示。

表 13.5　内部常用颜色值常数

颜色常数	十六进制数	颜　色
vbBlack	&H0	黑　色
vbRed	&HFF	红　色
vbGreen	&HFF00	绿　色
vbYellow	&HFFFF	黄　色
vbBlue	&HFF0000	蓝　色
vbMagenta	&HFF00FF	紫红色
vbCyan	&HFFFF00	青　色

例如：将窗体背景色变为黄色：

Form1. BackColor = vbYellow

3. 图形方法

图形方法适用于窗体和图片框，常用的图形方法如表 13.6 所示。

表 13.6　常用图形的方法（适用于窗体和图片框）

方　法	语　法　格　式	说　　明
Cls	Object. cls	清除所有图形和 Print 输出。
Pset	Object. Pset［Step］(x, y), ［Color］	将对象上的点设置为指定颜色。
Point	Object. Point (x, y)	返回指定点的颜色。
Line	Object. Line［Step］(x1,y1) - ［Step］(x2,y2), ［Color］, ［B］［F］	画线、矩形或填充框。
Circle	［Object.］ Circle［Step］(x,y), radius［,Color,Start,End, Aspect］	画圆、椭圆或圆弧。
Print	Object. Print［(Spc(n)|Tap(n))Expression Charpos］	在窗体或图片框上输出文本。

说明：

Object：对象（窗体或图片框名称），缺省时，指当前窗体。

Step：指定相对于由 CurrentX 和 CurrentY 属性提供的当前图形位置的 坐标（如：指定圆、椭圆或弧的中心的相对位置）。

x, y：设置点的水平（X轴）和垂直（Y轴）坐标。

Color：指定 RGB 颜色。

B：用对角坐标画出矩形，如果使用了 B 选项，则 F 选项规定矩形以矩形边框的颜色填充。

Radius：圆、椭圆、弧长的半径。

Start、End：分别指定弧的起点和终点位置（以弧度表示）。

Aspect：圆的纵横尺寸比。

Spc(n)：在输出中插入 n 个空白字符。

Tab(n)：将插入点定位在绝对列号上，n 为列号。

4. 创建图形

下面用实例来介绍创建图形。

例 13.4　绘点、直线、三角形和矩形。

在窗体中添加 1 个图片框和 2 个按钮，并在图片框中绘点、直线、三角形和矩形，用 Print 方法在图片框中输出文本。

编写下列程序：

```
Private Sub Command1_Click( )
        Picture1. DrawWidth = 2                       '画笔改粗。
        Rem 画点。
        Picture1. PSet(300,300)，vbRed        '在坐标（300，300）处画一个红点。
        Picture1. PSet(1000,300)，vbBlue      '在坐标（1000，300）处画一个蓝点。
        Rem 直线。
        Picture1. Line(100,500) – (3500，500)，vbGreen      '画一条绿色直线。
        Picture1. Line(100,800) – (3500,800)，vbYellow      '画一条黄色直线。
        Rem 画一个绿色的三角形。
        Picture1. Line(100，1500) – (100，3000)，vbGreen  '画"｜"。
        Picture1. Line(100，1500) – (2000，3000)，vbGreen '画"＼"。
        Picture1. Line(100，3000) – (2000，3000)，vbGreen '画"—"。
        Rem 以(2300,1500)和(3500,3000)为顶点画一个绿色的矩形。
        Picture1. Line(2300,1500) – (3500，3000)，vbGreen，B
        Rem 文本输出。
        Picture1. Print
        Picture1. Print Spc(10)；"点、直线、三角形和矩形"
End Sub
Private Sub Command2_Click( )
        Picture1. Cls
End Sub
```

程序运行时，单击"画图"按钮，显示的界面如图 13.9 所示。

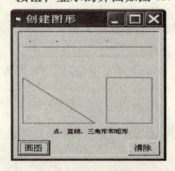

图 13.9　点、直线、三角形和矩形

例 13.5　在雷体中两个同心圆、一个圆弧和两个椭圆。

在窗体中添加 1 个图片框，并在图片框中画两个同心圆、一个圆弧和两个椭圆。

编写下列程序：

```
Private Sub Picture1_Click()
    Picture1. Circle(600,1500), 500, vbYellow              '画一个黄色的圆。
    Picture1. Circle(600,1500), 300, vbBlack               '画一个黑色的圆。
    Picture1. Circle(1500,1500), 500, vbYellow, 0, 3. 14/2  '画四分之一圆弧。
    Picture1. Circle(3000,1800), 500, vbGreen,,, 0. 6       '画一个绿色的椭圆。
    Picture1. Circle(3000,800), 600, vbRed,,, 1. 2          '画一个红色的椭圆。
End Sub
```

程序运行时显示的界面如图 13.10 所示。

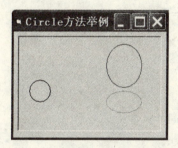

图 13.10　圆、圆弧和椭圆

注意：如果含有 Radius 和 Aspect 参数而省略 Color、Start、End 三个参数时，其逗号不能省略。例如：

```
Object. Circle (2500, 1600), 500,,,, 0. 8                  '画椭圆。
```

当纵横比 >1，半径是水平方向的，纵横比 <1，半径是垂直方向的。

例 13.6　在窗体中画正弦曲线。

在窗体中添加 1 个图片框，1 个时钟，3 个标签和 2 个命令按钮。

编写下列程序：

```
Dim SinX As Integer
Rem 建立子程序。
Sub DrawAxia()
    Rem 画 X，Y 坐标轴。
    Dim x1 As Integer, y1 As Integer, x2 As Integer, y2 As Integer
    Dim y As Integer
    Picture1. BackColor = QBColor(0)                        '黑色。
    Picture1. Cls
    Picture1. DrawStyle = 0
    x1 = 200
    y1 = Picture1. ScaleHeight − 200
    y = y1 / 2
```

```
        x2 = Picture1. ScaleWidth – 200
        y2 = 200
        Picture1. Line( x1 ,y1 ) – ( x1 , y2 ) , QBColor( 11 )            '亮青色。
        Picture1. Line( x1 ,y ) – ( x2 , y ) , QBColor( 11 )
        Picture1. Line( x1 – 50 , y2 + 120 ) – ( x1 , y2 ) , QBColor( 11 )
        Picture1. Line( x1 + 50 , y2 + 120 ) – ( x1 , y2 ) , QBColor( 11 )
        Picture1. Line( x2 – 120 , y + 50 ) – ( x2 , y ) , QBColor( 11 )
        Picture1. Line( x2 – 120 , y – 50 ) – ( x2 , y ) , QBColor( 11 )
End Sub
Private Sub Command1_Click( )
        Rem 单击"正弦信号"按钮，启动定时器。
        Picture1. AutoRedraw = True
        Call DrawAxia
        SinX = 1
        Timer1. Enabled = True
End Sub
Private Sub Command2_Click( )
        Timer1. Enabled = False
End Sub
Private Sub Timer1_Timer( )
        Rem 画正弦曲线。
        Dim x As Integer, y As Integer, z As Integer
        z = Picture1. ScaleHeight / 4
        Picture1. CurrentX = 200
        Picture1. CurrentY = ( Picture1. ScaleHeight – 200 )/ 2
        x = SinX / 180 * z
        y = Sin( 3. 14 / 180 * SinX ) * z
        Picture1. PSet Step( x , – y ) ,QBColor( 14 )            '亮黄色。
        SinX = SinX + 1
End Sub
```

程序运行时，单击"正弦信号"按钮，显示的界面如图 13.11 所示。

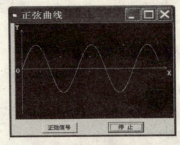

图 13.11   画正弦曲线

13.2 剪贴板

剪贴板（ClipBoard）对象用于操作 Windows 的剪贴板上的文本和图形。为了把文本或图形从一个地方（源）拷贝到另一个地方（目标），通常先把要拷贝的内容放到剪贴板中，然后再粘贴到目标处。如图 13.12 所示。

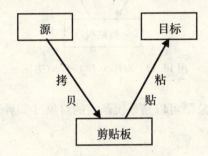

图 13.12 剪贴板原理图

Visual Basic 6.0 提供了剪贴板处理功能，利用这一功能，可以把数据（文本和图形）放到剪贴板内，也可以从剪贴板中取得数据。

剪贴板本身没有自己的属性和相关事件，但有几个与剪贴板有关的方法。

1. 文本剪贴板

文本剪贴板用来处理文本的剪切、复制和粘贴，与文本剪贴板有关的方法有以下几个：

（1）Clear 方法。

Clear 方法用于清除剪贴板的内容，在复制任何信息到剪贴板中之前，应该用 Clear 方法清除剪贴板的内容（Clear 方法对文本和图形均适用）。其格式为：

ClipBoard. Clear

（2）SetText 方法。

SetText 方法将文本复制到剪贴板上，替换先前存储在那里的文本，其格式为：

ClipBoard. SetText 源对象[，数据格式]

即：把由"源对象"指定的文本放入剪贴板。

"ClipBoard"：是预定义标识符。

"数据格式"：是一个整数值，缺省时为 1（符号常量 CF_TEXT），即文本。另一个值为 48896（符号常量 CF_LINT，十六进制 &HBF00），它用于动态数据交换。

（3）GetText 方法。

其格式为：

对象 . GetText([格式])

目标对象 = ClipBoard. GetText( )

GetText 方法把系统剪贴板当前的文本返回到"目标对象"中，也可以将它作为函数使用。

用 SetText 和 GetText 方法可以通过剪贴板来实现数据的剪切、复制和粘贴，如图

13.13 所示。

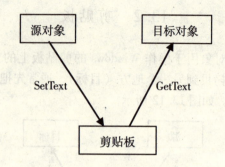

图 13.13　SetText **和** GetText **方法**

"源对象"和"目标对象"可以是系统预定的对象（如屏幕 Screen）和控件（如文本框）等。

（4）ClipBoard 的使用。

当使用 ClipBoard 时，文本框和组合框有可以选定文本的属性，这些属性与 ClipBoard 对象联合使用，可以实现数据的剪切、复制和粘贴。

文本框和组合框可用于选定文本的属性有 SelLength、SelStart、SelText。

① SelLength 属性：指所选定文本的字符数。

② SelStart 属性：指选定文本的起点。如果没有文本被选中，则指出插入点的位置。

③ SelText 属性：指所选定的文本，为字符串型。如果没有字符被选中，则为空字符串。

例 13.7　在窗体文本框 Text1 中复制文本，将复制的内容粘贴到文本框 Text2 中。在窗体中放置 2 个标签，2 个文本框和 4 个命令按钮。

编写下列程序：

```
Private Sub Command1_Click()              '剪切。
    Clipboard. Clear                      '清空剪贴板中的内容。
    Text1. SelStart = 0                   '将光标定在 Text1 起始位置。
    Text1. SelLength = Len(Text1. Text)   '选取 Text1 中（所有）文本的长度。
    Clipboard. SetText Text1. SelText     '将 Text1 中的文本复制到剪贴板中。
    Text1. Text = " "                     '清空 Text1 中的文本。
End Sub
Private Sub Command2_Click()              '复制。
    Clipboard. Clear                      '清空剪贴板中的内容。
    Text1. SelStart = 0                   '将光标定在 Text1 起始位置。
    Text1. SelLength = Len (Text1. Text)  '选取 Text1 中（所有）文本的长度。
    Clipboard. SetText Text1. SelText     '将 Text1 中的文本复制到剪贴板中。
End Sub
Private Sub Command3_Click()              '粘贴。
```

```
        Text2. Text = Clipboard. GetText( )          '将剪贴板中的文本复制到 Text2 中。
End Sub
Private Sub Command4_Click( )
        End
End Sub
```

程序运行时显示的界面如图 13.14 所示。

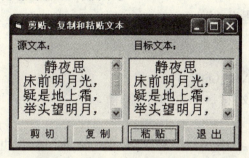

图 13.14 整体剪贴、复制和粘贴文本

该例的程序可以把一个文本框的全部内容放入剪贴板，也可以把剪贴板中的内容复制到另一个文本框。但是，这种方式有一定的局限性，不灵活。当希望把剪贴板中的文本复制到多个文本框时，用上述方法处理起来，效率不高。最好能使每个处于活动状态的文本框都能与剪贴板进行数据交换。

如果要实现从任何一个可以插入光标选定文本的地方复制文本，并且可以把剪贴板上的文本复制到任何一个可以插入光标来显示文本的地方，则需要用 Screen 对象的 Active-Control 属性。其格式为：

Screen. ActiveControl

此代码指明一模糊的对象，它可以用来代替任何一个能够显示和修改文本的对象。例如：当光标的位置在 Text1 中时，要复制 Text1 中的文本，Screen. ActiveControl 就代表 Text1。

即：用 Screen. ActiveControl 代替程序代码中的 Text1 和 Text2。

例 13.8 文本的剪贴、复制和粘贴。
编写下列程序：

```
Private Sub mnuEditCopy_Click( )              '复制。
        Clipboard. Clear                      '清空剪贴板中的内容。
        Rem 因为光标在 Text1 中，所以将 Text1 中选定的文本复制到剪贴板中。
        Clipboard. SetText Screen. ActiveControl. SelText
End Sub
Private Sub mnuEditCut_Click( )               '剪切。
        Clipboard. Clear                      '清空剪贴板中的内容。
        Clipboard. SetText Screen. ActiveControl. SelText  '将 Text1 中选定的文本复制到剪贴板中。
```

```vb
            Screen. ActiveControl. SelText = " "              '清空 Text1 中选定的文本。
     End Sub
     Private Sub mnuEditPaste_Click( )                    '粘贴。
            Screen. ActiveControl. SelText = Clipboard. GetText( )       '将剪贴板中的文本复制到
                                                                 Text1 中的光标处。
     End Sub
     Private Sub mnuFileExit_Click( )
            Unload Me
     End Sub
     Private Sub mnuFileNew_Click( )
            MsgBox "新建文件" ,vbOKOnly ,"新建"
     End Sub
     Private Sub Toolbar1_ButtonClick( ByVal Button As MSComctlLib. Button)
            Select Case Button. Index
                   Case 4                                '剪切。
                        Clipboard. Clear                       '清空剪贴板中的内容。
                        Clipboard. SetText Screen. ActiveControl. SelText       '将 Text1 中选定的文本
                                                                        复制到剪贴板中。
                        Screen. ActiveControl. SelText = " "'清空 Text1 中选定的文本。
                   Case 5                                '复制。
                        Clipboard. Clear                       '清空剪贴板中的内容。
                        Clipboard. SetText Screen. ActiveControl. SelText       '将 Text1 中选定的文本
                                                                        复制到剪贴板中。
                   Case 6                                '粘贴。
                        Rem 将剪贴板中的文本复制到 Text1 中的光标处。
                        Screen. ActiveControl. SelText = Clipboard. GetText( )
                   Case 10
                        CommonDialog1. CancelError = True
                        On Error GoTo ErrHandler
                        CommonDialog1. HelpCommand = cdlHelpForceFile       '设置好帮助命令。
                        CommonDialog1. HelpFile = " c : \Win98 \ help \ notepad. hlp"       '设置好欲
                                                                                   调 用 的 帮
                                                                                   助文件。
                        CommonDialog1. ShowHelp      '打开"帮助"对话框(启动帮助文件)。
                        Exit Sub
            ErrHandler:
                        Exit Sub
            End Select
     End Sub
```

程序运行时显示的界面如图 13.15 所示。

图 13.15　文本的剪贴、复制和粘贴

2. 图像剪贴板

Visual Basic 6.0 为图像剪贴板的操作提供了两种方法：SetData 和 GetData 方法，此外还有一个 GetFormat 方法，用来获取剪贴板中的数据格式。

（1）SetData 方法。

其格式为：

ClipBoard. SetData 源对象[,数据格式]

"源对象"是指图片框和图像框，"数据格式"可以取多种值。

SetData 方法的数据格式如表 13.7 所示。

表 13.7　SetData 方法数据格式表

值	符号常数	数据类型	
&HBF00	CF_LINK	用于动态数据交换（DDE）。	
1	CF_TEXT	文本数据。	
2	CF_BITMAP	位图数据。	均可以用于图像剪贴板。
3	CF_METAFILE	Windows 元文件（.WMF）。	
8	CF_DIB	与设备无关的位图格式。	
9	CF_PALETTE	调色板格式。	

（2）GetData 方法。

GetData 方法的格式为：

目标对象 = ClipBoard. GetData(数据格式)

目标对象通常写成"对象 . Picture"的形式。"数据格式"一般为 2、3 或 8。

例 13.9　复制图片。

在窗体上设置 2 个图片框，一个装入图形 calcultr. wmf，另一个图片框为空白，单击窗体把图形从一个图片框复制到另一个图片框中。calcultr. wmf 文件的路径为 C：\Program Files\Microsoft Visual Studio\common\Graphics\metafile\business\calcultr. wmf。

编写下列程序：

```
Private Sub Command1_Click( )
        Clipboard. Clear                                        '清空剪贴板。
        Clipboard. SetData Picture1. Picture,CF_Metafile        '将 Picture1 中的图像送到剪
                                                                 贴板。
        Picture2. Picture = Clipboard. GetData( CF_Metafile)    '将剪贴板中的图像放入 Pic-
                                                                 ture2 中。
End Sub
Private Sub Command2_Click( )
        Picture2. Picture = LoadPicture                         '清除 Picture2 中的图像。
End Sub
```

程序运行时显示的界面如图 13.16 所示。

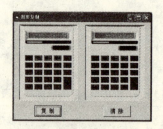

图 13.16　复制图片

（3）GetFormat 方法。

GetFormat 方法可以像函数一样使用，它返回一个逻辑值，用来表明剪贴板中的内容是否与"数据格式"相符合。如果符合，则返回 True(−1)，否则返回 False(0)。

例 13.10　编写程序，用 GetFormat 方法测试剪贴板中的数据格式。

```
Private Sub Form_Click( )
        Rem 声明符号常量。
        Const CF_TEXT = 1,CF_BITMAP = 2,CF_DIB = 8,CF_PALETTE = 9
        Dim x, y                                        '声明 x，y 为变体型变量。
        On Error Resume Next                            '设置错误处理。
        Rem 如果剪贴板中的内容为文本数据，则将 1 赋值给 x。
        If Clipboard. GetFormat( CF_TEXT) Then x = x + 1
        Rem 如果剪贴板中的内容为位图数据，则将 2 赋值给 x。
        If Clipboard. GetFormat( CF_BITMAP) Then x = x + 2
        Rem 如果剪贴板中的内容为与设备无关的位图格式，则将 4 赋值给 x。
```

```
If Clipboard. GetFormat(CF_DIB) Then x = x + 4
Select Case x
    Case 1
        y = "剪贴板中只含有文本"
    Case 2, 4, 6
        y = "剪贴板中只含有位图"
    Case 3, 5, 7
        y = "剪贴板中含有文本和位图"
    Case Else
        y = "剪贴板空"
End Select
MsgBox y
End Sub
```

运行程序后的结果如图 13.17 所示。

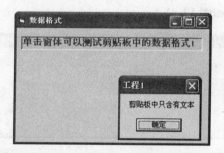

图 13.17　测试剪贴板中的数据格式

13.3　键盘事件和鼠标事件

1. 键盘事件

窗体和控件都能响应键盘事件，利用键盘事件，可以响应键盘的操作。

键盘事件是由键入产生的，对于接受文本的控件，通常要对键盘事件编程。

通常与键盘有关的事件有三个：KeyPress、KeyDown 和 KeyUp。窗体、命令按钮、文本框、复选框、列表框、组合框、图片框、滚动条以及与文本有关的控件都可以识别这三种键盘事件。在缺省状态下，这三个事件过程只有在窗体上没有其他有效控件时才会发生。

当窗体上有其他的控件时，必须先将窗体的 KeyPreview 属性设为"True"时，这三个事件过程才会在窗体上发生。否则，会在有焦点的控件上发生键盘事件。

这三个事件发生的先后顺序为：KeyDown、KeyPress、KeyUp。

（1）KeyPress 事件。

只有在用户按下键盘上的英文字母、数字、空格和回车键时才会发生 KeyPress 事件（其他诸如：Ctrl、Shift、Alt 和功能键 F1 ~ F12、定位键等特殊按键，只会触发 KeyDown

和 KeyUp 事件)。

KeyPress 事件的语法格式为：

Private Sub Form_KeyPress(KeyAscii As Integer)

......

End Sub

其中：

参数 KeyAscii：表示用户按键的 ASCII 码（将 KeyAscii 改变为 0 时，可取消击键，此时，对象便接受不到字符)，例如：按下 A 键的 KeyAscii 值为 65，按下 a 键的 KeyAscii 值为 97 等等。在程序中，可以用 Chr( ) 函数将 KeyAscii 码转换为一个字符：Chr(KeyAscii)。

例 13.11　口令程序。

用 KeyPress 事件编写口令程序，在文本框中输入口令，如果正确，则显示相应的信息，单击"确定"按钮后，出现信息框。如果不正确，则要求重新输入，如果 3 次均不正确，结束程序。窗体设计如图 13.18 所示。

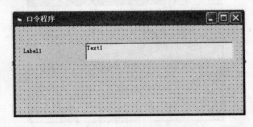

图 13.18　口令程序窗体设计

编写下列程序：

```
Private Sub Form_Load( )
    Text1. Text = " "
    Text1. FontSize = 10
    Label1. FontSize = 12
    Label1. FontBold = True
    Label1. FontName = "宋体"
    Label1. Caption = "请输入口令..."
End Sub
Private Sub Text1_KeyPress(KeyAscii As Integer)
    Static PWord As String
    Static Counter As Integer, Numberoftries As Integer
    Numberoftries = Numberoftries + 1
    Counter = Counter + 1
    PWord = PWord + Chr $ (KeyAscii)
    KeyAscii = 0
```

```
        Text1. Text = String $ ( Counter,"*" )
    If LCase $ ( PWord ) = "abcd" Then
        Text1. Text = " "
        PWord = " "
        MsgBox "口令正确,继续..."
        Counter = 0
        Numberoftries = 0
        Print "Continue..."
    ElseIf Counter = 4 Then
        Counter = 0
        PWord = " "
        Text1. Text = " "
        MsgBox "口令不对,请重新输入!"
    End If
    If Numberoftries = 12 Then End
End Sub
```

运行程序后的结果如图 13.19 所示,正确的口令为:abcd。

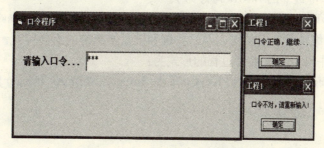

图 13.19　口令程序运行时的界面

　　例 13.12　KeyPress 事件的简单应用。

　　运行该程序时,用户从键盘输入英文或中文,但输入时内容不可见,当按回车键(KeyAscii = 13)时,程序才在窗体上显示出所输入的内容。

　　编写下列程序:

```
Option Explicit
Dim inputstring $
Private Sub Form_KeyPress(KeyAscii As Integer)
    Dim buffer $
    If KeyAscii = 13 Then                  '当该键的 KeyAscii 码为 13 时,输出字符串。
        Print inputstring $
    Else
        buffer $ = Chr $ ( KeyAscii )          '将 KeyAscii 码转换为该键对应的字符。
        inputstring $ = inputstring $ + buffer $      '与前面输入的字符连在一起。
```

```
    End If
End Sub
```

运行程序后的结果如图 13.20 所示。

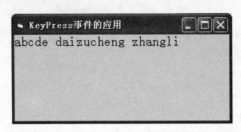

图 13.20　KeyPress 事件的应用

（2）KeyDown 事件和 KeyUp 事件。

当用户按下（KeyDown）或松开（KeyUp）一个键时发生。

KeyDown 事件和 KeyUp 事件返回的是"键"，而 KeyPress 事件返回的是"字符"的 ASCII 码。例如：当按字母键 a 时，KeyDown 事件所得的 KeyCode 码（KeyDown 事件的参数）与按字母键 A 相同，而对 KeyPress 事件来说，所得的 ASCII 码不一样（字母键 A 的 ASCII 码为 65，字母键 a 的 ASCII 码为 97）。

应该使用 KeyDown 事件和 KeyUp 事件过程来处理任何不被 KeyPress 事件识别的击键（诸如：功能键、编辑键、定位键以及这些键和键盘换档键的组合等）。

KeyDown 事件和 KeyUp 事件过程的形式为：

Private Sub Form_KeyDown(KeyCode As Integer , Shift As Integer)

　……

End Sub

和

Private Sub Form_KeyUp(KeyCode As Integer , Shift As Integer)

　……

End Sub

其中：

KeyCode：表示用户按键的 ASCII 码。如果用户输入的是英文字母，那么所传入的 ASCII 码会一律以大写为准，即不论当时 CapsLock 键的状态如何，一概传入该键的大写 ASCII 码。但大键盘的数字键与数字键盘上的数字键的 KeyCode 是不一样的。

Shift：用于表示 KeyDown 和 KeyUp 事件发生时，Alt、Ctrl 和 Shift 三个键的状态。当参数：

Shift = 1（二进制 0 0 1）表示 Shift 键被按住。

Shift = 4（二进制 1 0 0）表示 Alt 键被按住。

Shift = 6（二进制 1 1 0）表示 Ctrl + Alt 键同时被按住。

如表 13.8 所示。

表 13.8　**Shift** 的设置

					Alt	Ctrl	Shift

例 13.13　编写程序，显示按键的 KeyCode 码（按键的 ASCII 码）。

要求在窗体上按十个一行的格式输出。

编写下列程序：

```
Private Sub Form_KeyDown(KeyCode As Integer, Shift As Integer)
    Form1. AutoRedraw = True
    Static n As Integer
    n = n + 1
    If n Mod 10 = 0 Then
        Print Chr $ (KeyCode);" - - ";KeyCode;" ";
        Print
    ElseIf KeyCode = 13 Then        'KeyCode = 13 回车键
        n = 0
        Print：Print：Print
    Else
        Print Chr $ (KeyCode);"-- ";KeyCode;" ";
    End If
End Sub
```

运行程序后的结果如图 13. 21 所示。

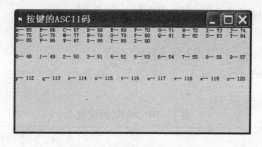

图 13. 21　按键的 ASCII 码

2. 鼠标事件

窗体和控件都能响应鼠标，利用鼠标事件，可以跟踪鼠标的操作。

（1）鼠标事件。

通常与鼠标有关的事件有五个：Click、DblClick、MouseDown、MouseUp、MouseMove。

① Click 事件。

对窗体而言，Click 事件在单击窗体空白区域或窗体上的无效控件时触发。但该事件无法判断单击时是鼠标左键、右键还是中键。

② DblClick 事件。

对窗体而言，DblClick 事件在双击窗体空白区域或窗体上的无效控件时触发。但如果在 Click 事件中有代码，则 DblClick 事件将永远不会被触发。

③ MouseDown 事件和 MouseUp 事件。

在按下鼠标（MouseDown）或者释放鼠标（MouseUp）按钮时触发。它们既能够区别鼠标的左、右和中键，又能够判别 Shift、Ctrl 和 Alt 等键与鼠标的组合操作。

这两个事件过程的语法形式为：

Private Sub Form_MouseDown（Button As Integer，Shift As Integer，X As Single，Y As Single）

  ……

End Sub

和

Private Sub Form_MouseUp（Button As Integer，Shift As Integer，X As Single，Y As Single）

  ……

End Sub

其中：

Button：用于标识该事件是按下鼠标的左键、右键或中键的状态。Button 的设置如表13.9 所示。

表 13.9　鼠标事件 Button 的设置

					中键	右键	左键

表13.9 中，只能有一位被设置，取 1，2，4 时，表示按下相应的键。

例如：按左键：Button = 1（二进制 0 0 1）

   按右键：Button = 2（二进制 0 1 0）

   按中键：Button = 4（二进制 1 0 0）

Shift：用于标识 Shift、Ctrl 和 Alt 键的状态。如表 13.10 所示。

表 13.10　Shift 的设置

				Alt	Ctrl	Shift

例如：

Shift = 1（二进制 0 0 1）表示按下 Shift 键

Shift = 2（二进制 0 1 0）表示按下 Ctrl 键

Shift = 4（二进制 1 0 0）表示按下 Alt 键

Shift = 3（二进制 0 1 1）表示按下 Ctrl + Shift 键

Shift = 6（二进制 1 1 0）表示按下 Alt + Ctrl 键

X、Y：返回鼠标指针的当前坐标。

例 13.14　编写一段程序，在窗体上演示 MouseDown 事件。

Private Sub Form_MouseDown(Button As Integer,Shift As Integer,X As Single,Y As Single)

　　If Button = 1 Then Print "按左键"　　　'当按下鼠标左键时，显示"按左键"。

　　If Button = 2 Then Print Tab (30);"按右键"

　　If Button = 4 Then Print Tab (15);"按中键"

End Sub

④ MouseMove 事件。

当鼠标在窗体上移动时发生。其格式为：

Private Sub Form_MouseMove(Button As Integer,Shift As Integer,X As Single,Y As Single)

　　……

End Sub

例 13.15　MouseMove 事件绘图程序。

在窗体上按住左键用字母"H"画图，按住中键用字符"?"画图，按住右键用字符"*"画图。

编写下列程序：

Private Sub Form_MouseMove(Button As Integer,Shift As Integer,X As Single,Y As Single)

　　CurrentX = X

　　CurrentY = Y

　　If Button = 1 Then

　　　Print "H"

　　ElseIf Button = 2 Then

　　　Print " * "

　　ElseIf Button = 4 Then

　　　Print "?"

　　End If

End Sub

（2）设置鼠标光标形状。

① MousePointer 属性。

对象的 MousePointer 属性用于设置鼠标指针的形状。在运行时对于控件，当鼠标经过时就会显示 MousePointer 属性设置的形状，如表 13.11 所示。

表 13.11　**MousePointer 属性值**

值	说　　明	值	说　　明	值	说　　明
0	默认	6	右上 – 左下尺寸线	12	静止状态
1	箭头	7	垂直尺寸线	13	箭头和沙漏

值	说 明	值	说 明	值	说 明
2	十字线	8	左上－右下尺寸线	14	箭头和问号
3	I 型	9	水平尺寸线	15	四向尺寸线
4	图标(矩形内的小矩形)	10	向上的箭头	99	通过 MouseIcon 属性指定的自定义图标。
5	尺寸线	11	沙漏(表示等待状态)		

例如：改变经过文本框 Text1 时鼠标指针的形状为沙漏。

Text1. MousePointer = 11

② MouseIcon 属性。

当 MousePointer 属性设置为 99 时，可以使用 MouseIcon 属性来确定鼠标指针的形状。有两种设置方法：在属性窗口中选择 MouseIcon 属性，在"加载图标"对话框中，选择一个图形文件（. ico 或 . cur 文件）为鼠标指针形状；或者在程序中调用 LoadPicture 函数来加载图形文件。

3. 拖放

所谓拖放是指用鼠标把一个对象从一个地方"拖拉"到另一个地方再放下。通常把原来位置的对象叫做源对象，而把拖动后的位置的对象叫做目标对象。

（1）属性。

① DragMode 属性。

DragMode 属性设置为：0 手动拖放（默认）。

                         1 自动拖放（对象不再接受 Click 和 MouseDown 事件）。

DragMode 属性可以在属性窗口中设置（1 - Automatic），也可以在程序代码中设置。例如：

Picture1. DragMode = 1   '将 Picture1 的 DragMode 属性设置为自动拖放。

② DragIcon 属性。

一旦拖动一个控件，这个控件就变成一个图标，等放下后再恢复成原来的控件。DragIcon 属性含有一个图片或图标的文件名，在拖动时作为控件的图标。例如：

Picture1. DragIcon = LoadPicture（" C：\Program Files \Microsoft Visual Studio \Common \Graphics \Icons \Computer \Disk06. ico"）

（2）事件。

① DragDrop 事件。

当把控件拖到目标对象之后，如果松开鼠标按键，则产生一个 DragDrop 事件，该事件的格式为：

Private Sub 对象名_DragDrop(Source As Control,X As Single,Y As Single)

    ……

End Sub

其中：

Source：是一个对象变量，其类型为 Control，该参数含有被拖动对象的属性。

X、Y：松开鼠标按钮放下对象时，鼠标光标的位置。

② DragOver 事件。

DragOver 事件用于图标的移动。当拖动对象越过一个控件时，产生一个 DragOver 事件。其格式为：

Private Sub 对象名_DragOver(Source As Control,X As Single,Y As Single,State As Integer)

......

End Sub

其中：

Source：与前面相同；

X、Y：是拖动时鼠标光标的坐标位置；

State：是一个整数值，其取值如下：

  0 鼠标光标正进入目标对象的区域。

  1 鼠标光标正退出目标对象的区域。

  2 鼠标光标正位于目标对象的区域之内。

（3）方法。

与拖放有关的方法有 Move 和 Drag 方法。

Drag 方法的格式为：

控件名 . Drag 整数

其中：

整数的取值为：

0 取消指定控件的拖放。

1 当 Drag 方法出现在控件的事件过程中，允许拖放指定的控件。

2 结束控件的拖动，并发出一个 DragDrop 事件。

例13.16 自动拖放。在窗体上建立 1 个图片框，并置入 Phone02. ico 图标文件，在属性窗口将 DragMode 属性设为 1 – Automatic。

编写如下程序：

```
Private Sub Form_DragDrop(Source As Control,X As Single,Y As Single)
    Picture1. Move X, Y                    '将源对象移到鼠标光标（x, y）处。
End Sub
Private Sub Form_Load( )
Rem 把 Picture1 的 Picture 属性赋值给 DragIcon 属性,可以在拖动时只显示图标,而不显示整个控件。
    Picture1. DragIcon = Picture1. Picture
    Picture1. DragMode = 1                 '把拖放方式设置为自动。
End Sub
```

例13.17 Windows 桌面。

在窗体上建立11 个图像框并加载图标，其中 Image1 装入空回收站图标，Image2 ~ Image11 的 DragMode 属性设为 1 – Automatic，当有图标在回收站消失时，回收站图标变满。双击回收站图标，各个控件再显示，并且回收站图标变空。

编写如下程序：

Private Sub Form_DragDrop(Source As Control,X As Single,Y As Single)

   Source. Move X，Y   '将源对象移到鼠标光标（x，y）处。

 End Sub

Private Sub Form_Load()

Rem 把 Picture1 的 Picture 属性赋值给 DragIcon 属性，在拖动时只显示图标。

   Image2. DragIcon = Image2. Picture

   Image3. DragIcon = Image3. Picture

   Image4. DragIcon = Image4. Picture

   Image5. DragIcon = Image5. Picture

   Image6. DragIcon = Image6. Picture

   Image7. DragIcon = Image7. Picture

   Image8. DragIcon = Image8. Picture

   Image9. DragIcon = Image9. Picture

   Image10. DragIcon = Image10. Picture

   Image11. DragIcon = Image11. Picture

 Rem 把拖放方式设置为自动。

   Image2. DragMode = 1：Image3. DragMode = 1

   Image4. DragMode = 1：Image5. DragMode = 1

   Image6. DragMode = 1：Image7. DragMode = 1

   Image8. DragMode = 1：Image9. DragMode = 1

   Image10. DragMode = 1：Image11. DragMode = 1

 End Sub

Private Sub Image1_DblClick()

Rem 让所有的控件再出现。

   Image2. Visible = True：Image3. Visible = True

   Image4. Visible = True：Image5. Visible = True

   Image6. Visible = True：Image7. Visible = True

   Image8. Visible = True：Image9. Visible = True

   Image10. Visible = True：Image11. Visible = True

 Rem 将回收站的图标变空。

   Image1. Picture = LoadPicture

   Image1. Picture = LoadPicture("C：\Program Files\Microsoft Visual Studio\Common_

   Graphics \ Icons \ Win95 \ Waste. ico")

 End Sub

Private Sub Image1_DragDrop(Source As Control,X As Single,Y As Single)

 Rem 让移动到 Image1 上的控件消失。

   Source. Visible = False

Rem 将 Image1 的 Picture 上的图标变成装满的回收站。

Image1. Picture = LoadPicture

Image1. Picture = LoadPicture("C：\Program Files\Microsoft Visual Studio\Common_
Graphics \ Icons \ Win95 \ Recyfull. ico")

End Sub

程序运行时的界面如图 13.22 所示。

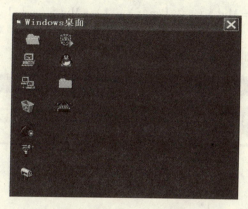

图 13.22　Windows 桌面

13.4　文字特技

例 13.18　走马灯。

（1）设计思路：让字符串"欢迎使用 Visual Basic 6.0 程序设计教程！"在某一区域内反复循环，产生从右往左移动的效果。

（2）窗体设计：在窗体上依次添加图片框 Picture1（作为标签的容器）、标签 Label1和定时器 Timer1。

（3）属性设置：窗体和控件的属性设置如表 13.12 所示。

表 13.12　属性设置

控件名称	属性名	属性值
Form1	Caption	走马灯
Label1	AutoSize	True（大小自动匹配）
	Font	宋体、规则、三号
Timer1	Interval	200（中断时间）

（4）编写下列程序：

Private Sub Form_Load()

　　Label1. Caption = "欢迎使用 Visual Basic 6.0 程序设计教程！"　'设置走马灯字符串。

```
        Label1. Move 0, 0              '将 Label1 控件平移到 Picture1 的左上角。
End Sub
Private Sub Timer1_Timer( )
        Dim s As String               '定义 s 为字符串变量。
        s = Label1. Caption
Rem 产生走马灯效果的语句, 每次使 s 字符串的第一个字母移到尾部。
        Label1. Caption = Mid $ (s,2,Len(s) - 1) + Mid $ (s,1,1)
End Sub
```

程序运行时的界面如图 13.23 所示。

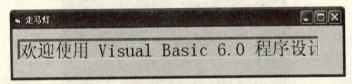

图 13.23　走马灯

例 13.19　逐字飞入。

（1）设计思路：让字符串中的每一个字符从一侧依次飞入。

以 X1 表示字符的当前位置，X2 表示字符所能到达的最终位置。让 X1 从显示区最右端开始并逐步左移，X2 为上一个字符输出位置的尾部，用定时器 Timer1 控制整个过程。在 Timer1 事件中，在 X1 位置上显示该字符，并逐步减少 X1 值（即该字符左移到新的位置，同时清除上一次位置上的该字符），当 X1 < X2 时（即该字符到达 X2 后），开始下一个字符的显示和移动。

（2）窗体设计：在窗体上添加图片框 Picture1，定时器 Timer1。

（3）属性设置：窗体和控件的属性设置如表 13.13 所示。

表 13.13　属性设置

控件名称	属性名	属性值
Form1	Caption	逐字飞入
Picture1	AutoRedraw	True（自动刷新）
	BackColor	黑色
	Font	宋体、规则、三号
	ForeColor	绿色
Timer1	Interval	50

（4）编写下列程序：

```
Option Explicit
Dim a As String, b As String      'a: 所要显示的字符串, b: 当前显示的字符。
```

```
Dim i As Integer                    '当前显示的字符在字符串中的位置。
Dim X1 As Single                    '显示字符的 X 轴坐标值。
Dim X2 As Single                    '字符最后所能到达的 X 轴坐标值。
Dim zw As Single, zh As Single      '字符的宽度和高度。
Private Sub Form_Load()             '变量初始化。
    a = "欢迎使用 Visual Basic 6.0 程序设计教程!"
    i = 0
    b = ""
    zw = 0
    zh = 0
    X2 = 100
    X1 = 0
End Sub
Private Sub Timer1_Timer()
    X1 = X1 - 400                   '每次左移 400 Twip。
    If X1 < X2 Then
Rem 下一个字符所能到达的最终位置 = 当前字符所能到达的最终位置 + 当前字符的宽度。
        X2 = X2 + zw
        i = i + 1
        If i > Len(a) Then          '如果 i 的值大于字符串的长度，重新赋值给 i 和 X2。
            i = 1
            X2 = 100
        End If
Rem 设置每个字符串均从 Picture1 宽度最左边（减 2 个像素）开始显示。
        X1 = Picture1. Width - ((Picture1. Width - X2) Mod 400)
        b = Mid(a, i, 1)            '在 a 中从 i 的位置上取一个字符。
        If b = " " Then
            X1 = X2
        End If
    End If
    zw = Picture1. TextWidth(b)
    zh = Picture1. TextHeight(b)    '设定字符的宽度和高度。
Rem 在原来的字符处涂上黑色盖住原来的字符。
    Picture1. Line(X1, 100) - (X1 + zw * 10, 100 + zh), &H0, BF
    Picture1. CurrentX = X1
    Picture1. CurrentY = 100        '设定本次该字符的输出位置。
    Picture1. Print b               '在上面设定的位置上输出字符。
End Sub
```

程序运行时的界面如图 13.24 所示。

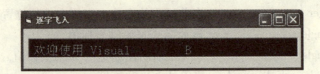

图 13.24 逐字飞入

例 13.20 滚动字幕。

（1）设计思路：将构成滚动字幕的字符预先存放在一个文本文件中，程序运行时，首先将文件中的内容读出并连接成字符串（包括回车键在内），然后将字符串赋值给文本框的 Text 属性，该文本框位于一个图片框的底部，利用定时器逐步减小文本框的 Top 属性值，使文本框在图片框内逐渐上移，产生文字自下而上的滚动效果。一旦文字上移完毕，立即重新开始。将构成滚动字幕的字符预先存放在文本文件 dzc1. txt 中。

（2）窗体设计：在窗体中添加 Picture1 作为 Text1 的容器（先在窗体上添加 Text1，然后将其剪贴到 Picture1 内），添加 Command1、Command2 和 Timer1。

（3）属性设置：窗体和控件的属性设置如表 13.14 所示。

表 13.14 属性设置

控件名称	属性名	属性值
Form1	Caption	滚动字幕
Picture1	AutoRedraw	True（自动刷新）
	Appearance	1 – 3D（三维立体外观）
Text1	Appearance	0 – Flat
	BorderStyle	0 – None
	Multitine	True（多行输出）
Timer1	Interval	300
	Enabled	False（不可用）
Command1	Caption	开始
	Font	宋体、规则、五号
Command2	Caption	暂停
	Font	宋体、规则、五号
Command3	Caption	继续
	Font	宋体、规则、五号

（4）编写下列程序：

```
Option Explicit
Dim Y As Single                'Y 为文本框在图片框中的 Y 坐标，设为单精度型变量。
Private Sub Command1_Click()
    Y = Picture1. Height        '将文本框的顶部设在图片框的底部。
```

· 330 ·

```vb
        Timer1. Enabled = True       '开启定时器。
    End Sub
    Private Sub Command2_Click( )
        Timer1. Enabled = False
    End Sub
        Private Sub Command3_Click( )
        Timer1. Enabled = True
    End Sub
    Private Sub Form_Load( )
        Dim s As String, n As String * 2              'n 为定长字符串。
        Timer1. Enabled = False                        '关闭定时器。
        Picture1. BackColor = QBColor(0)               '将图片框的背景色设为黑色。
        Text1. BackColor = RGB(0,0,0)                  '将文本框的背景色设为黑色。
        Text1. ForeColor = QBColor(11)                 '设置文本框的前景色。
        n = Chr $ (13) + Chr $ (10)                    '以 n 表示换行和回车。
        Text1 = " "
        Open App. Path + " \dzc1. txt" For Input As #1  '打开文件用于读入数据。
        While Not EOF(1)
            Line Input #1, s                           '将一行文本读入变量 s 中。
            Text1 = Text1 + s + n                      '连接所有文本行并放入 Text1 中。
        Wend
        Close #1                                       '关闭文件。
        Text1. FontSize = 12
        Set Font = Text1. Font
        Text1. Move 0, Picture1. Height     '将文本框移到图片框的底部，左对齐。
        Text1. Width = Picture1. Width      '调整文本框的宽度等于图片框的宽度。
        Text1. Height = TextHeight(Text1. Text)  '调整文本框的高度等于文本的高度。
    End Sub
    Private Sub Timer1_Timer( )
        Text1. Top = Y                      '将文本框的顶部移到 Y 位置。
        Y = Y – 100
        If Y + Text1. Height <0 Then          '如果文本框的最后一行已经移出图
片框。
            Y = Picture1. Height            '重新将文本框置于图片框的底部。
        End If
    End Sub
```
程序运行时的界面如图 13.25 所示。

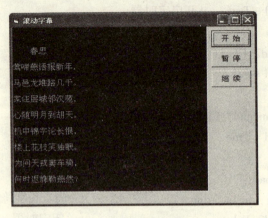

图 13.25 滚动字幕

13.5 开发应用程序课件

1. 模拟抛射体运动

在斜抛运动中，物体（可简化为质点）以初速度 V_0 沿与水平成 θ 角的方向被抛出，抛出时刻开始计时，取抛出点为原点，V_0 所向一侧的水平方向为 x 轴的正向，竖直向上的方向为 y 轴的正向。如图 13.26 所示，忽略空气阻力时，物体在 x 方向和 y 方向的加速度分别为 $a_x = 0$ 和 $a_y = -g$，故物体在 x 方向上作匀速直线运动，速度为 $V_0\cos\theta$，在 y 方向作上抛运动，初速度为 $V_0\sin\theta$。运动过程中，t 时刻速度矢量在 x，y 轴上的分量为：

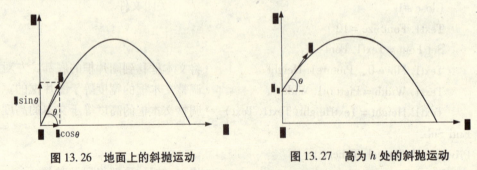

图 13.26　地面上的斜抛运动　　　　图 13.27　高为 h 处的斜抛运动

$$V_x = V_0\cos\theta$$
$$V_y = V_0\sin\theta - gt$$

物体的飞行时间为：$T_1 = \dfrac{2V_0\sin\theta}{g}$

物体的射高为：$Y_1 = \dfrac{V_0^2\sin^2\theta}{2g}$

物体的水平射程为：$X_1 = \dfrac{V_0^2\sin2\theta}{g}$

若物体在离地面高为 h 的 A 点处，以初速度 V_0 沿与 x 轴为 θ 角方向抛出，如图 13.27

所示。

t 时刻质点的运动方程为：

$$x = V_0 \cos\theta \cdot t$$

$$y - h = V_0 \sin\theta \cdot t - \frac{1}{2}gt^2$$

物体的射高为：$Y_2 = \dfrac{V_0^2 \sin^2\theta}{2g} + h$

物体的飞行时间为：$T_2 = \dfrac{V_0 \sin\theta + \sqrt{V_0^2 \sin^2\theta + 2gh}}{g}$

物体的水平射程为：$X_2 = V_0 \left(\dfrac{V_0 \sin\theta + \sqrt{V_0^2 \sin^2\theta + 2gh}}{g} \right) \cos\theta$

显然，射高、飞行时间、水平射程由 V_0、θ、h 三者共同决定。

例 13.21　模拟离地面不同高度的物体的斜抛运动和平抛运动的轨迹，并对抛射体运动的射高、飞行时间和水平射程进行求解。

（1）建立用户界面。在窗体中，设置了 1 个图片框 Picture1，用于显示模拟轨迹图形；1 个定时器 Timer1，用于控制画图过程；3 个框架 Frame1 ~ Frane3，用于将窗体上的控件分类；6 个文本框 Text1 ~ Text6，用于输入参数和显示计算结果；15 个标签 Label1 ~ Label15，其中 3 个用于标识坐标轴 X、Y 和原点 O，另外 12 个用于标识文本框中数据的含义及单位；8 个单选按钮 Option1 ~ Option8，用于模拟时选择初速度的范围；3 个命令按钮 Command1 ~ Command3，用于进行演示操作。

（2）设置控件的属性。

窗体和控件的属性设置如表 13.15 所示。

表 13.15　主要控件的属性设置

对象名称	属　性	属性值	对象名称	属　性	属性值
Form1	Caption	抛体运动轨迹模拟		（名称）	TxtX
Timer1	Interval	1	Text6	Text	空
Frame1	Caption	参数设置：		Enabled	False
Frame2	Caption	计算结果：	Option1	Caption	10 米/秒以下
Frame3	Caption	初速度范围：	Option2	Caption	10 ~ 20 米/秒
Text1	（名称）	Txth	Option3	Caption	20 ~ 40 米/秒
	Text	空	Option4	Caption	40 ~ 60 米/秒
Text2	（名称）	TxtV	Option5	Caption	60 ~ 100 米/秒
	Text	空	Option6	Caption	100 ~ 200 米/秒

续 表

对象名称	属 性	属性值	对象名称	属 性	属性值
Text3	(名称)	TxtJ	Option7	Caption	200～1000 米/秒
	Text	空	Option8	Caption	1000～2000 米/秒
Text4	(名称)	TxtY	Command1	(名称)	CmdPlay
	Text	空		Caption	演 示
	Enabled	False	Command2	(名称)	CmdStop
Text5	(名称)	TxtT		Caption	停 止
	Text	空	Command3	(名称)	CmdClear
	Enabled	False		Caption	清 除

（3）编写下列应用程序：

```
Option Explicit
Dim t As Integer
Sub Axia( )
    Dim x1 As Integer, y1 As Integer
    Dim x2 As Integer, y2 As Integer
    Label1. BackColor = QBColor(1)
    Label2. BackColor = QBColor(1)
    Label3. BackColor = QBColor(1)
    Picture1. BackColor = QBColor(1)
    Picture1. Cls
    x1 = 200
    y1 = Picture1. ScaleHeight - 200
    x2 = Picture1. ScaleWidth - 200
    y2 = 200
    Picture1. Line(x1,y1)-(x1,y2),QBColor(11)
    Picture1. Line(x1,y1)-(x2,y1),QBColor(11)
    Picture1. Line(x1-50,y2+120)-(x1,y2),QBColor(11)
    Picture1. Line(x1+50,y2+120)-(x1,y2),QBColor(11)
    Picture1. Line(x2-120,y1+50)-(x2,y1),QBColor(11)
    Picture1. Line(x2-120,y1-50)-(x2,y1),QBColor(11)
End Sub
Sub TxtEnabled( )
    TxtT. BackColor = QBColor(15)
    TxtY. BackColor = QBColor(15)
```

```vb
        TxtX. BackColor = QBColor(15)
        TxtT. Enabled = True
        TxtY. Enabled = True
        TxtX. Enabled = True
    End Sub
Private Sub CmdClear_Click( )
        Call TxtEnabled
        Txth. Text = " " : TxtV. Text = " " : TxtJ. Text = " "
        TxtY. Text = " " : TxtT. Text = " " : TxtX. Text = " "
        Picture1. Cls
        Call Axia
        Timer1. Enabled = False
        Txth. SetFocus
    End Sub
Private Sub CmdPlay_Click( )
        Picture1. AutoRedraw = True
        Call Axia : Call TxtEnabled
        Txth. SetFocus
        t = 1
        Timer1. Enabled = True
    End Sub
Private Sub CmdStop_Click( )
        Timer1. Enabled = False
    End Sub
Private Sub Form_Load( )
        Txth. BackColor = QBColor(15)
        TxtV. BackColor = QBColor(15)
        TxtJ. BackColor = QBColor(15)
    End Sub
Private Sub Timer1_Timer( )
        Dim x As Long, y As Long, n As Long, h As Long
        Dim v₀ As Single, a As Single,
        Dim z As Double, m As Double, s As Double, w As Double
        h = Val (Txth. Text) : Vo = Val (TxtV. Text) : a = Val (TxtJ. Text)
        If v₀ = 0 And a = 0 Then GoTo 100
        n = Picture1. ScaleHeight / 8
        Picture1. CurrentX = 200
        Picture1. CurrentY = Picture1. ScaleHeight - 200 - h
        m = (v₀ ^ 2) * (Cos(3. 14 / 180 * a)) ^ 2
```

```
        z = Tan(3. 14 / 180 * a)
        x = t / 80 * n
        If Option1. Value = True Then
            y = ( x * z - 9. 8 * ( x ^ 2)/ ( 2 * m * 400) + h)/ 180 * n
        ElseIf Option2. Value = True Then
            y = ( x * z - 9. 8 * ( x ^ 2)/ ( 2 * m * 100) + h)/ 180 * n
        ElseIf Option3. Value = True Then
            y = ( x * z - 9. 8 * ( x ^ 2)/ ( 2 * m * 20) + h)/ 180 * n
        ElseIf Option4. Value = True Then
            y = ( x * z - 9. 8 * ( x ^ 2)/ ( 2 * m * 10) + h)/ 180 * n
        ElseIf Option5. Value = True Then
            y = ( x * z - 9. 8 * ( x ^ 2)/ ( 2 * m * 5) + h)/ 180 * n
        ElseIf Option6. Value = True Then
            y = ( x * z - 9. 8 * ( x ^ 2)/ ( 2 * m) + h)/ 180 * n
        ElseIf Option7. Value = True Then
            y = ( x * z - 9. 8 * ( x ^ 2)/ ( 2 * m / 25) + h)/ 180 * n
        ElseIf Option8. Value = True Then
            y = ( x * z - 9. 8 * ( x ^ 2)/ ( 2 * m / 100) + h)/ 180 * n
        End If
        Picture1. PSet Step( x, - y) , QBColor( 14)
        t = t + 1
        If h = 0 Then
            If y < = 0 Then Timer1. Enabled = False
        Else
            If y < = - h Then Timer1. Enabled = False
        End If
        s = vo * Sin(3. 14 / 180 * a)
        w = Sqr(( s ^ 2) + 2 * 9. 8 * h)
        TxtY = Int((( s ^ 2)/ ( 2 * 9. 8) + h) * 100)/ 100
        TxtT = Int((( s + w)/ 9. 8) * 100)/ 100
        TxtX = Int( vo * Val( TxtT) * Cos(3. 14 / 180 * a) * 100)/ 100
        100
    End Sub
```

（4）编译并运行程序，得到抛射体运动轨迹图形。

图 13.28 所示为模拟在地面上以初速度 $V_0 = 90$ 米/秒沿与水平成 $\theta = 45°$ 角的方向作斜抛运动的轨迹图。

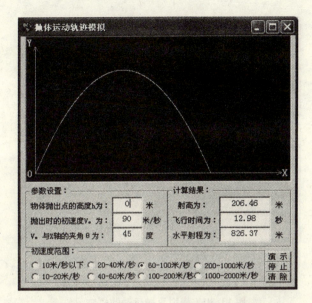

图 13.28　模拟地面上斜抛运动的轨迹图

图 13.29 所示为模拟在高 200 米处以初速度 $V_0 = 90$ 米/秒沿与水平成 $\theta = 45°$ 角的方向作斜抛运动的轨迹图。

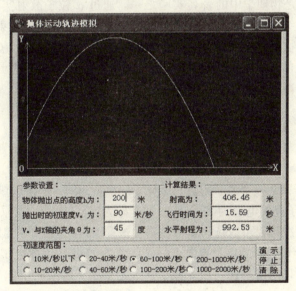

图 13.29　模拟高 h 处斜抛运动的轨迹图

图 13.30 所示为模拟在 800 米处，以初速度 $V_0 = 100$ 米/秒作平抛运动的轨迹图。

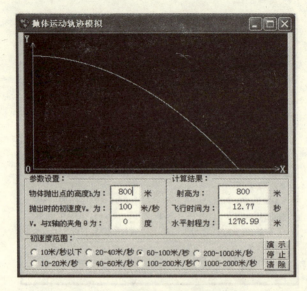

图 13.30　模拟平抛运动的轨迹图

用户只需在界面上输入相关的参数，即可模拟出不同条件下的抛射体运动轨迹。

2. 模拟 α 粒子散射运动轨迹

α 粒子散射实验是物理学中的著名实验之一。通过 α 粒子散射实验，卢瑟福在 1911 年提出了原子的核式结构模型，并提出了可以由实验验证的 α 粒子散射理论。

α 粒子是放射性物质放出的快速离子，其速度约为 $10^7 \mathrm{m \cdot s^{-1}}$，它是氦原子核，带正电，电量为电子电量的二倍，质量约为电子质量的 7300 倍。按照卢瑟福的散射理论，α 粒子的偏转角 θ 与瞄准距离 b 有如下关系：

$$\mathrm{ctg} \frac{\theta}{2} = 4\pi\varepsilon_0 \frac{mv^2}{2Ze^2} b$$

显然，散射角 θ 与瞄准距离 b 有对应关系，b 越大，θ 就越小；b 越小，θ 就越大；对某一 b，有一定的 θ。

设有一个 α 粒子射到一个原子附近，α 粒子的质量为 m，所带电量为 $2e$，其位置坐标为 (x, y)。金箔原子核的电量为 Ze，其位置坐标为 (x_0, y_0)，在原子核的质量比 α 粒子的质量大得多的情况下，可以认为原子核不会被推动，α 粒子的散射可看作离心力作用下的质点运动。由于 α 粒子的质量比电子的质量大 7300 倍，因此电子对 α 粒子运动的影响是微不足道的，可以忽略不计。当 α 粒子接近金箔原子核相距 r 时，α 粒子受到的库仑斥力为：

$$F = \frac{1}{4\pi\varepsilon_0} \frac{2Ze^2}{r^3} r$$

其中：

$$r = \sqrt{(x - x_0)^2 + (y - y_0)^2}$$

F 的两个分量为：

$$\begin{cases} F_x = ma_x = \dfrac{Ze^2}{2\pi\varepsilon_0}\dfrac{(x-x_0)}{r^3} \\ F_y = ma_y = \dfrac{Ze^2}{2\pi\varepsilon_0}\dfrac{(y-y_0)}{r^3} \end{cases}$$

α 粒子运动的加速度为：

$$\begin{cases} a_x = \dfrac{Ze^2}{2\pi\varepsilon_0 m}\dfrac{(x-x_0)}{r^3} = k\dfrac{(x-x_0)}{r^3} \\ a_y = \dfrac{Ze^2}{2\pi\varepsilon_0 m}\dfrac{(y-y_0)}{r^3} = k\dfrac{(y-y_0)}{r^3} \end{cases}$$

其中：$k = \dfrac{Ze^2}{2\pi\varepsilon_0 m}$

用递推算法可以求出某一时刻 α 粒子的速度和位置。为了简化计算，求速度时按匀加速运动计算，求位置时按匀速运动计算。如此递推，可以得到 α 粒子的速度为：

$$\begin{cases} v_{2x} = v_{1x} + a_x\Delta t \\ v_{2y} = v_{1y} + a_y\Delta t \end{cases}$$

α 粒子的坐标为：

$$\begin{cases} x_2 = x_1 + v_{2x}\Delta t \\ y_2 = y_1 + v_{2y}\Delta t \end{cases}$$

在初始时刻的位置和速度已知的情况下，根据以上公式计算，可以由计算机描绘出 α 粒子散射的运动轨迹，当改变 α 粒子的初始位置和初速度时，便可得到不同情况下，α 粒子散射的图形。

例 13.22　α 粒子散射运动轨迹的模拟。

（1）建立用户界面。在窗体中，设置了 1 个图片框 Picture1，用于显示模拟 α 粒子散射运动轨迹的图形；1 个定时器 Timer1，用于控制画图过程；2 个框架 Frame1 和 Frame2，用于将窗体上的控件分类；两个组合框 Combo1 和 Combo2，用于设置参数；4 个标签 Label1 ~ Label4，其中 1 个用于标识原子核的电量 Ze，1 个用于在图形上标识 α 粒子散射的瞄准距离 b，另外 2 个用于标识组合框中的参数设置的含义。4 个命令按钮 Command1 ~ Command4，用于进行演示操作。

（2）设置控件的属性。控件的属性的设置如表 13.16 所示。

表 13.16　主要控件的属性设置

控件名称	属　性	属性值	控件名称	属　性	属性值
Form1	Caption	α 粒子散射	Timer1	Interval	1
Label1	Caption	Ze	Label2	Caption	（空）
Label3	Caption	α 粒子的能量：	Label4	Caption	瞄准距离 b:
Frame1	Caption	参数设置	Frame2	Caption	演示操作

控件名称	属　性	属性值	控件名称	属　性	属性值
Command1	（名称）	CmdPlay	Command2	（名称）	CmdStop
	Caption	演示		Caption	停止
Command3	（名称）	CmdContinuance	Command4	（名称）	CmdClear
	Caption	继续		Caption	清除
Combo1	（名称）	ComboE	Combo2	（名称）	ComboB
	List	7.68Mev 6.20Mev 4.80Mev		List	1000，800，700 500，400，200 100，0，−100 −200，−400，−500 −700，−800，−1000
	Text	7.68Mev		Text	0

（3）编写下列应用程序：

```
Sub Axia( )
    Label1. BackColor = QBColor(1)
    Label2. BackColor = QBColor(1)
    Picture1. BackColor = QBColor(1)
    X1 = Picture1. ScaleWidth * 2 / 3
    Y1 = Picture1. ScaleHeight / 2
    Picture1. Circle(X1,Y1), 50, QBColor(11),,,1
    X2 = X1 + 100：Y2 = Y1 + 100
    Label1. Move X2, Y2, 300, 300
End Sub
Private Sub CmdClear_Click( )
    Picture1. Cls ：Label2. Visible = False
    Call Axia ：Timer1. Enabled = False
End Sub
Private Sub CmdPlay_Click( )
    Picture1. AutoRedraw = True
    Label2. Visible = True
    Label2. ForeColor = QBColor(15)
    Label2. Caption = "α b = 0"
    X1 = Picture1. ScaleWidth * 2 / 3
    Y1 = Picture1. ScaleHeight / 2
```

```
        Picture1. Circle( X1 ,Y1 ) , 50 , QBColor( 11 ) , , ,1
        Picture1. Circle( X1 ,Y1 ) , 600 , QBColor( 9 ) , , ,1
        Label2. Move 20 , 2100 , 600 , 150
        dt = 1 : Timer1. Enabled = True
End Sub
Private Sub CmdStop_Click( )
    Timer1. Enabled = False
End Sub
Private Sub CmdContinuance_Click( )
    Timer1. Enabled = True
End Sub
Private Sub Timer1_Timer( )
    If dt = 1 Then
        Xo = Picture1. ScaleWidth * 2 / 3
        Yo = Picture1. ScaleHeight / 2
        K = 0. 5 : B = Val( ComboB. Text )
        If B >= 2100 Then
          n = 0 : B = 2100
        ElseIf B  <=  - 2100 Then
          n = 0 : B = - 2100
        ElseIf B > 1700 And B < 2100 Or B < - 1700 And B > - 2100 Then
          n = 0. 2
        ElseIf B > 1000 And B <= 1700 Or B < - 1000 And B > = - 1700 Then
          n = 0. 4
        ElseIf B > 500 And B <= 1000 Or B < - 500 And B > = - 1000 Then
          n = 0. 5
        Else
          n = 1
          End If
        X = 20 : Y = Yo - B
        E = Val( ComboE. Text )
        If E >= 7 Then
          Vx = 0. 05
        ElseIf E < 7 And E > 5 Then
          Vx = 0. 04
        ElseIf E < = 5 And E > = 0. 5 Then
          Vx = 0. 03
        Else
          Label2. Caption = " "
```

MsgBox("您输入 α 粒子的能量偏小，请重新选择!")

End If

$Vy = 0 : R = Sqr((X - Xo)^2 + (Y - Yo)^2)$

$Ax = K * (X - Xo) / (R ^ 3)$

$Ay = K * (Y - Yo) / (R ^ 3)$

$Vx = Vx + n * Ax * dt : Vy = Vy + n * Ay * dt$

Picture1. CurrentX = X : Picture1. CurrentY = Y

$X = X + Vx * dt : Y = Y + Vy * dt$

Picture1. PSet (X, Y), QBColor(14)

End If

$X = X + Vx * dt : Y = Y + Vy * dt$

$R = Sqr((X - Xo)^2 + (Y - Yo)^2)$

$Ax = K * (X - Xo) / (R ^ 3)$

$Ay = K * (Y - Yo) / (R ^ 3)$

$Vx = Vx + n * Ax * dt : Vy = Vy + n * Ay * dt$

Picture1. PSet(X, Y), QBColor(14)

$dt = dt + 1$

If X > Picture1. ScaleWidth Or X < 20 Then

　　Timer1. Enabled = False

End If

End Sub

（4）编译并运行程序，得到 α 粒子散射运动轨迹的模拟图形。

图 13.31 所示为 α 粒子能量为 7.68MeV（即初速度不变），瞄准距离 b 取不同的数值时，α 粒子散射运动轨迹图形。从图中可以看出，瞄准距离 b 越大，散射角 θ 越小；b 越小，θ 越大。

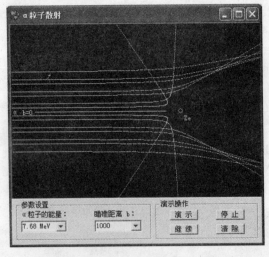

图 13.31　瞄准距离 b 值不同时 α 粒子散射运动轨迹

用户只需在界面上选定或输入相关的参数，即可以模拟出不同条件下 α 粒子散射的运动轨迹。

13.6 制作应用程序的安装盘

创建 Visual Basic 6.0 应用程序后，还应该将应用程序制作成安装盘（打包），用户可以将其安装在计算机中，使该应用程序脱离 Visual Basic 6.0 软件也可以运行。

可以创建的软件包有两种类型：

（1）标准软件包：用于通过软盘、光盘来发布应用软件。

（2）Internet 软件包：用于通过 Internet 来发布应用软件。

利用安装向导制作安装盘的步骤：

（1）保存需要安装的工程，并退出 Visual Basic 6.0。

（2）选择"开始 \ 程序 \ Microsoft Visual Basic 6.0 中文版 \ Microsoft Visual Basic 6.0 中文版工具 \ Package & Deployment 向导"命令，启动安装向导，屏幕显示如图 13.32 所示。

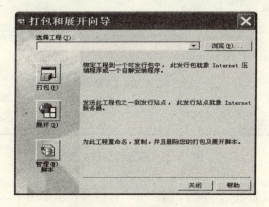

图 13.32 打包和展开向导

（3）单击"浏览"按钮，选定要打包的应用程序"α 粒子散射运动轨迹的模拟"，如图 13.33 所示。

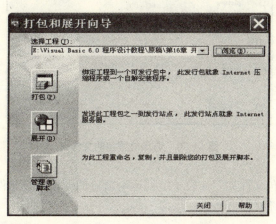

图 13.33 选定要打包的应用程序

(4) 单击"打包"按钮，屏幕显示如图 13.34 所示。

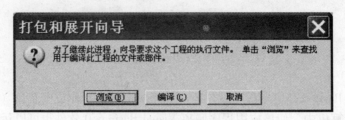

图 13.34　浏览或编译对话框

(5) 单击"编译"按钮，屏幕显示如图 13.35 所示。

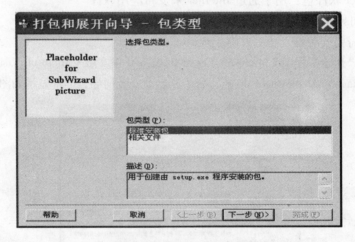

图 13.35　选择打包的类型

(6) 选择"标准安装包"，单击"下一步"，屏幕显示如图 13.36 所示。

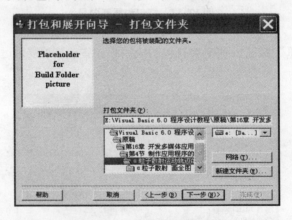

图 13.36　选择放置包的文件夹

(7) 选择打包文件夹"α 粒子散射运动轨迹的模拟安装软件"，单击"下一步"，屏幕显示如图 13.37 所示。

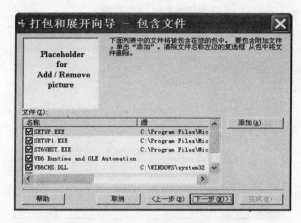

图 13.37 选择包所包含的附加文件

（8）确定需要发布的文件，选用默认设置，单击"下一步"，屏幕显示如图 13.38 所示。

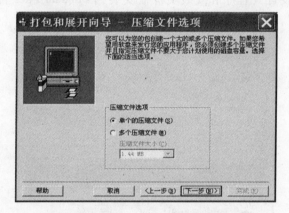

如图 13.38 选择压缩文件选项

（9）选择文件压缩方式，选用默认设置，单击"下一步"，屏幕显示如图 13.39 所示。

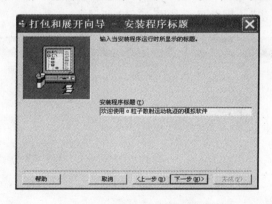

图 13.39 输入安装程序标题

（10）输入当安装程序运行时所显示的标题："欢迎使用 α 粒子散射运动轨迹的模拟

软件",单击"下一步",屏幕显示如图13.40所示。

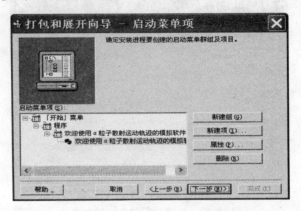

图13.40 确定启动菜单项

(11)选择默认设置(程序和安装文件被安装到 Program Files 目录下的某个子目录中),单击"下一步",屏幕显示如图13.41所示。

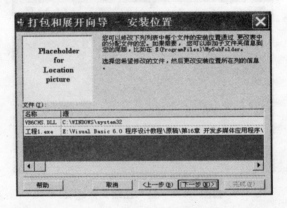

图13.41 选择文件的安装位置

(12)单击"下一步",屏幕显示如图13.42所示。

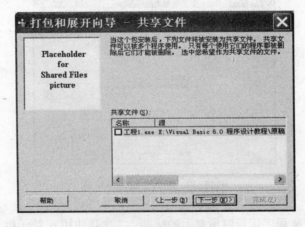

图13.42 设置共享文件

（13）设置共享文件，单击"下一步"，屏幕显示如图 13.43 所示。

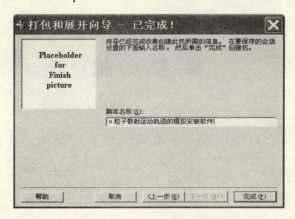

图 13.43　输入脚本名称

（14）设置脚本文件名："α 粒子散射运动轨迹的模拟安装软件"，单击"完成"，屏幕显示"打包报告"窗口。

（15）关闭"打包报告"窗口，再关闭"打包和展开向导"，完成应用程序的打包。以后，只要运行 setup. exe 程序，即可安装该应用程序了。

习　题

13.1　在窗体中，怎样自定义坐标原点和刻度？

13.2　试述设置颜色的几种方法。

13.3　编一段程序，按下 Alt + Shift + F6 键时，在窗体上显示"再见!"，并退出程序运行。

13.4　编一段程序，用鼠标事件在窗体上画图。

13.5　完成"例 13.21 模拟抛射体运动"的打包后，进行该应用软件的安装。

参考文献

1. 刘新民，蔡 琼，白康生．Visual Basic 6.0 程序设计．北京：清华大学出版社，2004

2. 刘炳文．Visual Basic 程序设计教程（第三版）．北京：清华大学出版社，2006

3. 康搏创作室，张红军，王 虹等．Visual Basic 6.0 中文版高级应用与开发指南．北京：人民邮电出版社，1999

4. 郑阿奇，曹 戈．Visual Basic 实用教程．北京：电子工业出版社，2000

5. 门槛创作室．Visual Basic 6.0 实例教程．北京：电子工业出版社，1999